U0865946

河南省研究生教育改革与质量提升工程
河南省专业学位研究生校企(产)联合精品教材(YJS2025XQC07)

系统可用性理论：方法、应用与案例

兑红炎　赵倩倩　杨　咏　夏婉筠　著

科学出版社
北　京

内 容 简 介

本书以系统可用性理论为基础，阐述了其与可靠性的不同，以维修决策、韧性策略及其应用为目标，系统地介绍了涵盖可用性、检测、维修性、韧性等特性的设计和分析，并创新性地增加了智能机器人系统的重要度、可用性、维修和韧性等相关研究内容和结论。本书注重介绍系统工程实践中的方法和流程，旨在帮助读者掌握系统工程的实际应用。读者能够了解到当前系统领域的热点问题、挑战和趋势，从而具备对未来发展的预测和应对能力。通过具体的案例分析和技术讨论，读者能够获得解决实际工程问题的能力，并在实际工程项目中应用所学知识。

本书可作为高等院校工业工程、系统工程、管理科学与工程、质量可靠性等专业本科生和研究生的教材，也适合相关领域的科研人员阅读。

图书在版编目（CIP）数据

系统可用性理论 ：方法、应用与案例 / 兑红炎等著. -- 北京 ：科学出版社，2025. 6. -- ISBN 978-7-03-081798-3

Ⅰ. N945. 17

中国国家版本馆 CIP 数据核字第 2025TK8099 号

责任编辑：王 哲 / 责任校对：胡小洁

责任印制：师艳茹 / 封面设计：蓝正设计

科学出版社 出版

北京东黄城根北街 16 号

邮政编码：100717

http://www.sciencep.com

涿州市般润文化传播有限公司印刷

科学出版社发行 各地新华书店经销

*

2025 年 6 月第 一 版 开本：720×1000 1/16

2025 年 6 月第一次印刷 印张：17 3/4

字数：360 000

定价：149.00 元

（如有印装质量问题，我社负责调换）

作 者 简 介

兑红炎，郑州大学管理学院，教授，博士生导师；河南省高校科技创新人才、河南省青年骨干教师、河南省杰青、河南省高层次人才。连续多年入选美国斯坦福大学发布的全球前 2%顶尖科学家榜单；主持国家自然科学基金、教育部人文社会科学研究项目、军委装备发展部基金、国防技术基础子课题等；荣获省部级自然科学二等奖和三等奖 3 项。

赵倩倩，郑州大学管理学院，讲师，硕士生导师。主要从事可靠性建模、维修策略优化和仿真模型开发等相关的研究工作。主持国家自然科学基金，参与韩国国家研究基金、政府与企业课题等。

杨咏，上海船舶设备研究所，研究员，教育部全国万名优秀创新创业导师。主要研究基础技术及通用共性技术、通用/共性基础设施质量特性体系及工程实践，主持和参与 10 余项重大科研项目，编写标准 10 项，荣获国防科技进步奖、中国船舶集团科技进步奖等 3 项。

夏婉筠，郑州大学博士，中原农业保险股份有限公司。主要研究智能系统可靠性与自动化技术的交叉领域，致力于通过技术创新解决实际问题，荣获河南省工程建设科学技术成果一等奖。

前　言

随着大数据、云计算和物联网等新一代信息技术的快速发展，现代化系统进入了全新的发展阶段。智能传感器、工业物联网平台和数据分析技术的成熟应用，使得系统具备了更高的智能化水平和数据化能力，可以实现生产过程的实时监测、预测维护、智能制造等功能，为工业企业提供了更多的增长点和发展机会。现代化系统成为在制造业中应用计算机、机器人、传感器和通信网络等高科技的先进生产方式。

现有系统侧重于性能方面的突破，但对于可靠性领域的研究同样不容忽视。在可靠性工程领域，应用人工智能技术和数据分析方法，对工业设备进行智能化管理和优化。它结合了传感器、数据采集与分析、机器学习、自动化控制等多种技术手段，利用历史故障数据以及实时设备状态数据，实现缺陷识别与故障判定，进行智能化维护，从而实现系统性能评估的智能化和定制化。现代系统在国民经济关键部门发挥着关键作用，其故障和失效往往造成较为严重的社会以及经济影响。因此，如何保障系统稳定而安全地运行是可靠性工程领域研究的主要问题。把握系统设备的质量特性使其稳定可靠成为制造强国建设的坚实物质技术基础。作为工业设备的质量特性的重要方面，系统可用性(可靠性、可维修性以及保障性)受到了广泛的关注。根据 GB/T 5271.14-2008 标准，可靠性(Reliability)被定义为“在给定时段和给定条件下，功能单元履行所需要功能的能力”；可维护性(Maintainability)被定义为“当维护是在采用例行的规程和资源进行时，在给定使用条件下，使功能单元维持在或恢复到能履行所要求功能的能力”；这里，使功能单元维持在或恢复到能履行所要求功能的状态的一组动作称为维修或者维护。如果单指修复，则两者可以混用，但是在表示“包括监控、调整、修复以及某些行政管理行动等”的一组活动时，使用维护更为合适。而保障性在此特指维护保障(Maintenance Support)，即“为维持功能单元而提供的资源，包括人力资源、支持设备、材料和备件、维修设施、文件和信息以及维修信息系统等”。本书中定义系统可靠性为一个系统、组件或者设备在给定的时间间隔内，在规定的条件下，无故障执行其预定任务/功能的能力，即可靠性关注的是系统或组件整体性能的长时间表现。它涉及设计质量、制造工艺、材料选择以及系统的维护和操作条件等多个方面，可通过多种指标进行量化，如可靠度、平均故障间隔时间(Mean

Time Between Failure，MTBF）、失效率（Hazard Rate）。因此，可靠性是一个更广泛的概念，涵盖了系统或组件在给定时间内无故障运行的整体能力和性能，其英文 Reliability 可译为可信赖的能力，简称为可靠性，如果就计量值进行考虑，则可译为可信赖度，简称为信赖度或者可靠度。

系统的可靠度的界定需要首先确定四要素：既定时间、条件、功能以及成功概率。时间与系统的运行场景相关，可以根据目标对象的特性用不同的单位表示，如日历时间、运行周期或运行距离等；系统功能在运行过程中会受到内外在应力的影响。因此，规定条件涵盖了影响可靠性的因素，如运行模式、压力水平、环境条件等（IEC 60050-192）。在进行可靠性分析之前，需要明确地界定系统应履行的功能，建立失效准则。最后，该系统、组件或设备于既定时间内，在特定的使用（环境）条件下，成功执行特定功能的概率，被称为可靠性函数或生存函数，也被称为可靠度，是一种定量度量。简单来说，可靠度是时间的函数，表示系统或组件在给定时间点之前仍然有效工作的可能性。可靠度与失效率密切相关。失效率表示系统在时间 t 发生故障的瞬时风险，可靠度函数则表示到时间 t 为止系统仍在运行的累积概率。

如果说可靠度是表征一个项目故障过程的度量，那么可用度则是将故障过程与恢复或修复过程结合在一起，表示在给定时间内系统、组件或设备独立于其已经经历的故障/修复周期数量而运行的概率。在工业和工程领域，“可用度”和“可用性”的概念经常出现在国际标准中，尤其是与设备、系统或服务的可靠性、维护性和功能性相关的标准里。这两个术语虽然在日常语言中有时混用，但在国际标准中有明确的专业定义和区分。可用性是一个广泛使用的术语，涉及系统、组件或设备在特定时间或条件下能够执行其预期功能的能力。根据 GB/T 5271.14-2008 标准，可用性（Availability）定义为“假定所需外部资源齐备，在给定条件下和给定瞬时或时段，功能单元所处于履行所要求功能状态的能力”。在 ISO 26262-1 国际标准中，可用性定义为“假设所需的外部资源可用，产品在给定条件下、在特定时间点或给定时间段内处于执行所需功能的状态的能力”。依据 IEC 60050 标准，可用性定义为“假设提供了必要的外部资源，在给定的条件下，目标对象在给定的时间点或给定的时间间隔内处于执行所需功能的状态的能力”。在 IEC 60300 标准中，可用性通常表示为可靠性（系统无故障运行的时间）和可维护性（故障后恢复到操作状态的速度）的组合。可用度则是可用性的一个量化指标，表示系统、设备或服务在某一特定时间段内处于可操作状态的比例（IEC 6150）。可用度通常以百分比形式表示，根据系统的运行时间与总时间（包括故障和维修时间）计算得出。同样地，IEC 61078（可靠性框图）和 IEC 60300 系列（可靠性管理）也明确了可用度的定义为“设备在规定的时间段内处于正常运行状态的时间与该时间段总时间的比值”。本书沿用 IEC 和 ISO 的标准，将可用性看成一个更广义的概念，而可用度是它的具体量化指标。

与可靠性与可用性的定义不同，韧性是可靠性、可用性概念的延伸，在 GB/T 5271.14-2008 标准中，韧性(Resilience)定义为对某一功能单元，在出现故障或差错时继续履行所要求的能力。韧性不仅反映了系统本身的抗毁性，还反映了系统在遭受损失后的恢复能力。在工程领域，随着工程系统韧性和韧性工程理论等概念逐渐被广大研究人员辨析、认可与接受，韧性在工程领域的应用迅速得到了广泛的关注并成为研究热点。针对以上问题，本书结合可用度理论给出系统的设计优化策略。本书融合了作者的科研成果，具有系统性强、学术性深、实用性高的特点。下面概述本书的主要工作。

1. 概述系统通用质量特性

系统通用质量特性是衡量系统质量的重要指标，对于提高其性能和降低使用成本具有重要意义，包括可靠性、维修性、测试性、保障性、安全性和环境适应性(ISO/IEC/IEEE 15288)。首先，说明系统通用质量特性的相关概念和专业术语；其次，指出达到质量要求需要确立的工作目标和基本原则；最后，明确系统内的工作项目并详细列举了实施要求。

2. 介绍系统以可靠性为中心的维修分析

对系统实施以可靠性为中心的维修分析(Reliability Centered Maintenance Analysis，RCMA)的目的在于通过确定适用且有效的预防性维修工作，以最少的资源消耗保持和恢复系统的安全性和可靠性的固有水平，并在必要时提供改进设计所需的信息。以设备的可靠性、设备故障后果作为制定维修策略的主要依据，以运行的经济性为出发点，从而达到优化维修的目的。同时通过提高系统的可靠性，减少故障率，延长系统的使用寿命。

3. 给出系统可用性模型

在系统的设计阶段，对可用性的分析是通过将上面定义的基于时间的元素替换为基本关系的各种形式来完成的，其中不同的组合制定了可用性的各种定义。系统可用性设计主要考虑设计是否在系统级别配置，以根据特定流程或系统操作标准满足特定可用性需求。针对设计的系统和更高的设备级别(即装配级别，而不是组件级别)，需要基于预期系统性能确定可用性需求　最终影响系统层次结构中的所有组件。

4. 提出基于可用性的系统检测模型

对于系统而言，在主系统的正常运行期间处于待机状态，其实际状态往往难以识别。通过定期或非定期的状态检测，可以监测备用组件的工作状态和健康状况，及时发现其问题并采取相应的措施进行维护和修复，延长系统的使用寿命，提高系统的可靠性和稳定性。重点讨论常见的检测类型，包括 PF 间隔、周期检测、非周期性的序贯检测、抽样检测等。此外，对识别隐藏故障的检测策略以及识别多状态系统劣化过程的检测策略分别进行分析和讨论。

5. 构建基于可用性的系统维修模型

在系统可修设备层面上，可维护性对可用性有很大的影响，简要介绍与系统可用性评估相关的维修概念。讨论如何分析一个维护系统的可靠性和可用性，并给出一些特定的维修策略的类型，如预防性维修和故障维修。并且对常用的维修效果进行介绍，给出不同的更换政策，包括时间型、基于寿命等。针对一些典型系统进行分析，包括单组件系统、单组件多状态系统、多组件系统、贮存系统、安全系统、备份系统以及其他一些特殊系统。

6. 提出基于可用性的系统韧性模型

系统在遭受灾害与维修恢复是交叉进行的，而且维修需要花费一定的时间，因此，对系统的韧性研究应该致力于对系统遭受灾害与维修交叉进行的瞬时韧性评估。通过引入竞争失效模型，补充在遭受灾害的原因，与现实情况更加符合，使得韧性模型更加完整。将生命周期划分为多个状态，利用一系列半马尔可夫过程描述在遭受多次灾害与进行维修恢复的状态转移过程，从而描述瞬时韧性。根据划分的多状态，从抵抗、吸收与恢复能力建立抵抗韧性指标、吸收韧性指标、恢复韧性指标，从而获得综合韧性。考虑需要满足正常工作所需要的可靠性以及成本限制，提出一种基于可靠性与成本的韧性优化模型。

7. 给出智能机器人系统的应用验证

智能机器人是一种具有高度机电耦合性的复杂机电系统，由多种类型的机械零部件和电子元器件构成。它们能够遵循预先编排的程序或接收人类的实时指挥来完成预定的操作任务，展现出强大的功能性和灵活性。以智能机器人系统为应用背景，本书验证提出的智能系统可用度模型、检测模型、维修模型和韧性模型，从而保证智能机器人系统在其生命周期内的使用和维护，更好地确保其稳定性和长期可靠性。

目　　录

第 1 章　系统通用质量特性

除了系统的功能性会影响其可用度外，通用质量特性在保证系统可用度方面同样起着重要的作用。通用质量特性包括可靠性、维修性、测试性、保障性、安全性和环境适应性，简称为“六性”。通用质量特性的研究工作覆盖系统的全寿命过程。通用质量特性是在论证中提出，在设计中落实，在研制生产中实现，在使用中发挥、保持和提高的。通用质量特性水平的形成和提高，需要通过一系列的设计、研制工作才能完成，一些重要通用质量特性指标甚至需要通过关键技术攻关来实现。通用质量特性水平能否达到设计要求，还必须通过试验手段来进行验证，通过使用方能确认。本章对系统的六大质量特性展开介绍。

随着计算机技术的发展和应用，工业设备逐渐进入了数字化时代。最早的工业智能系统的发展历史可以追溯到 20 世纪 50 年代和 60 年代，当时开始出现了最早的数字控制系统和自动化生产线，这些系统主要利用电子技术和控制理论来实现生产过程的自动化和智能化。到 20 世纪 80 年代和 90 年代，随着人工智能技术和专家系统的兴起，系统逐渐向智能化方向发展。专家系统被广泛应用于工业生产过程中的故障诊断、决策支持和生产调度等方面，为企业提高生产效率和质量提供了重要的支持。在 21 世纪，政府高度重视工业智能化的发展，提出了一系列支持政策和发展规划。由于大数据、云计算和物联网等新一代信息技术的快速发展，现代系统进入了全新的发展阶段。智能传感器、工业物联网平台和数据分析技术的成熟应用，使得现代系统具备了更高的智能化水平和数据化能力，可以实现生产过程的实时监测、预测维护、智能制造等功能，为工业企业提供了更多的增长点和发展机会。现代化系统成为了在制造业中应用计算机、机器人、传感器和通信网络等高科技的先进生产方式。

近年来，在供需两侧的共同推动下，现代系统领域的技术创新成果开始大规模地从实验室研究走向产业实践，智能化产业化进程不断加快。现有系统侧重于性能方面的突破，但对于可靠性领域的研究同样不容忽视。在可靠性工程领域，应用人工智能技术和数据分析方法，对工业设备进行智能化管理和优化。它结合了传感器、数据采集与分析、机器学习、自动化控制等多种技术手段，利用历史故障数据以及实时设备状态数据，实现缺陷识别与故障判定，进行智能化维护，从而实现系统性能评估的智能化和定制化。现代系统在国民经济关键部门发挥着重要作用，其故障和失效往往造成较为严重的社会以及经济影响。因此，如何保障系统稳定而安全地运行是可靠性工程领域研究的主要问题。

1.1 系统可靠性

1.1.1 可靠性相关概念

可靠性是指产品(组件或系统)在规定的条件下和规定的时间内，完成规定功能的能力。

基本可靠性是指产品在规定的条件下和规定的时间内，无故障工作的能力。基本可靠性反映产品对维修资源的要求。确定基本可靠性值时，应统计产品的所有寿命单位和所有的关联故障。

任务可靠性是指产品在规定的任务剖面内完成规定功能的能力。

固有可靠性是指设计和制造赋予产品的，并在理想的使用和保障条件下所具有的可靠性。

使用可靠性是指产品在实际的环境中使用时所呈现的可靠性，它反映产品设计、制造、使用、维修、环境等因素的综合影响。

寿命剖面是指产品从交付到寿命终结或退役这段时间内所经历的全部事件和环境的时序描述。它包括一个或几个任务剖面。

任务剖面是指产品完成规定任务这段时间内所经历的事件和环境的时序描述，其中包括任务成功或致命故障的判断准则。

1.1.2 可靠性工作目标

1. 可靠性管理要求

(1)系统总设计师对产品可靠性目标的实现全面负责；

(2)可靠性主管设计师协助产品总设计师制定可靠性工作项目并实施；

(3)产品可靠性设计师负责监督、指导、检查产品可靠性保证大纲的实施；

(4)质量保证部负责元器件检验、筛选及失效分析等工作的实施与监督；

(5)综合计划部负责将产品可靠性工作计划纳入科研计划中考核。

2. 定性要求

可靠性定性要求是为获得可靠的产品，对产品设计、工艺、软件及其他方面提出的非量化要求，可靠性定性要求主要包括：

(1)充分继承相似型号的成熟技术；

(2)实施简化设计、标准化设计，消除不必要的功能和逻辑多余组件，减少元器件和零件的品种、规格和数量；

(3)针对关键环节或可靠性较低的主要环节采用冗余设计；

(4)开展裕度设计、降额设计、热设计；

(5)开展贮存可靠性设计和耐环境设计；

(6)选择使用选用目录内及合格供方的元器件。

3. 定量要求

可靠性定量要求包括平均故障间隔时间(MTBF)和系统运行可靠度，需要考虑它们的规定值、最低可接受值以及置信度。

1.1.3 可靠性工作基本原则

一般按照系统相关标准执行，可结合型号具体特点，明确规定型号开展可靠性工作的基本原则。

1.1.4 可靠性工作项目及实施要求

1. 可靠性工作项目实施表

根据系统研制特点，确定研制各阶段可靠性工作项目，如表 1-1 所示。

表 1-1 可靠性工作项目实施表

序号	工作项目	负责部门	研制阶段			完成形式
			方案阶段	初样/试样阶段	状态鉴定阶段	
1	制定可靠性工作计划	型号办、设计师系统	△	○	○	文件
2	对转承制方和供方的监控	设计师系统与质量管理部门	△	△	△	合同、设计文件
3	可靠性评审	型号办	△	△	△	评审结论报告
4	建立故障报告、分析与纠正措施系统	设计师系统与质量管理部门	△	△	△	报告
5	建立故障审查组织	质量管理部门	△	△	△	故障调查委员会
6	可靠性建模与指标分配	设计师系统	△	△	○	设计文件、报告
7	可靠性预计	设计师系统	△	△	○	报告
8	故障模式影响及危害性分析	设计师系统	△	△	△	报告

续表

序号	工作项目	负责部门	研制阶段			完成形式
			方案阶段	初样/试样阶段	状态鉴定阶段	
9	故障树分析	设计师系统	○	△	△	报告
10	可靠性设计准则的制定与符合性检查	设计师系统	△	△	△	报告
11	元器件、标准件和原材料的选择与控制	设计师系统	○	△	△	设计文件、报告
12	确定功能测试、包装、贮存、装卸、运输和维修对产品可靠性的影响	设计师系统	△	△	△	报告
13	环境应力筛选	设计师系统	○	△	△	报告
14	可靠性研制试验	设计师系统	—	△	—	试验大纲、报告
15	可靠性鉴定试验	设计师系统	—	—	△	试验大纲、报告
16	寿命试验	设计师系统	○	△	△	试验大纲、报告
17	可靠性分析评价	设计师系统	△	△	△	报告

注：“△”表示必做；“○”表示选做；“—”表示不做。

2. 可靠性管理

1) 制定可靠性工作计划

在方案阶段初期编制可靠性工作计划，在后续阶段视情完善，可靠性工作计划通常由总体单位编制，由总师批准，经用户会签并通过评审，各分系统单位及重要单机产品根据总体单位编制的可靠性工作计划制定更加具体的可靠性工作计划。可靠性工作计划是产品研制计划的重要组成部分，应与产品其他研制计划相适应、相协调，并纳入产品的研制计划，统一组织实施、考核。可靠性工作计划的主要内容应包括可靠性工作项目、工作要求、完成时间、完成形式、责任单位、检查评价方式等。

2) 对转承制方和供方的监控

对转承制方和供方的可靠性工作进行及时有效的监督和控制，必要时应向转承制方提供可靠性技术培训，宣贯可靠性工作要求。承制方应在合同、任务书或其他技术文件中规定并实施以下监控内容：

(1) 应遵循的可靠性技术管理文件、标准规范；

(2) 可靠性定性、定量要求及其验证时机和方法；

(3) 对转承制方可靠性工作实施监督和检查的安排；

(4) 可靠性工作项目要求；

(5) 转承制方执行故障报告、分析与纠正措施系统(Failure Report Analysis and Corrective Action System，FRACAS)的要求；

(6) 承制方应参加的可靠性评审、可靠性试验的要求；

(7) 转承制方或供应方提供的可靠性数据资料和其他技术文件等要求。

3) 可靠性评审

对各研制阶段可靠性评审工作进行策划，可靠性评审节点及方式一般包括以下几方面：

(1) 型号可靠性工作计划评审，一般组织专项评审；

(2) 型号可靠性设计评审，结合型号方案设计、转阶段评审开展；

(3) 故障模式影响及危害性分析(Failure Mode Effects and Criticality Analysis，FMECA)评审，一般组织专项评审；

(4) 可靠性试验大纲、试验总结评审，须组织专项评审；

(5) 各类型设备运行试验出厂前，组织可靠性专项评审或结合出厂质量分析开展可靠性评审；

(6) 可靠性相关评审尽可能与维修性、测试性、安全性、保障性和环境适应性评审结合进行，必要时可单独进行；

(7) 可靠性评审应按相关标准的有关内容进行；

(8) 评审组织方应对可靠性评审中的问题进行跟踪并督促解决落实。

4) 建立故障报告、分析与纠正措施系统(FRACAS)

故障报告、分析与纠正措施系统一般可结合本单位质量问题归零工作来实现。各级产品在研制过程中，对在设计、制造、检验、试验、测试、操作及运行过程中出现的问题均应按规定填写故障报告表以及故障分析、纠正和预防措施实施报告表，同时应举一反三，以防止故障重复发生，实现产品可靠性增长。

5) 建立故障审查组织

建立故障审查组织，负责审查重大故障、故障发展趋势、纠正措施的执行情况和有效性。可成立专门的故障审查组织，或指定现有的某个机构负责故障审查工作，故障审查组织至少应包括设计、试验、生产和使用单位等各方面的代表，负责审查故障原因分析的正确性，审查纠正措施的执行情况和有效性，批准故障处理关闭。

3. 可靠性设计与分析

1) 可靠性建模与指标分配

可靠性建模与指标分配一般同步开展，形成可靠性建模与分配报告。根据任务剖面分别建立产品、分系统、单机的可靠性模型，包括可靠性框图和数学模型，并随研制阶段进展、技术状态变化对可靠性模型进行修改完善。

可靠性指标应按照从系统、分系统到单机的顺序进行逐级分配并预留适当的余量，确保分配结果覆盖可靠性指标涵盖的所有产品，分配结果是可验证的并满足指标要求。各级可靠性分配结果应列入研制任务书或设计技术要求中，作为开展可靠性设计的依据。可靠性指标分配时应考虑各组成单元的重要性、复杂性、继承性、工作环境严酷性、技术水平现实性、经济与周期局限性等因素，并根据工程经验进行必要的修正。可靠性分配的结果可随研制阶段进展、技术状态变化进行修改完善。

2) 可靠性预计

对各级产品开展可靠性预计工作，以确定是否需要改进设计或确定能够满足可靠性指标要求的设计方案。总体单位要向分系统、单机单位明确可靠性预计的环境条件、任务时间等参数。

3) 故障模式影响及危害性分析(FMECA)

与产品设计同步开展故障模式、影响及危害性分析工作，其实施程序与方法参照相关标准具体要求执行。故障模式、影响及危害性分析分析结果应形成专题报告，识别可靠性关键项目及涉及的重要特性，以确定管控措施，在设计评审、转阶段评审、产品验收、出厂评审时提交备查，对新研关键产品等应重点开展FMECA评审。

4) 故障树分析(Fault Tree Analysis，FTA)

根据型号总体和分系统指定的顶事件自上而下进行故障树分析，分析各个底事件对顶事件发生影响的组合方式和传播途径，识别导致顶事件发生的各种可能的故障原因，并采取措施预防故障发生。

5) 可靠性设计准则的制定与符合性检查

根据合同规定的可靠性要求，参照相关的标准和手册，并在认真总结工程经验的基础上制定专用的可靠性设计准则，供设计人员在产品设计中贯彻实施，应重视对相似产品曾经发生过的问题及其有效的纠正措施进行系统总结，纳入产品可靠性设计准则，以杜绝相同或相似问题的重复发生。

可针对型号研制特点制定专用可靠性设计准则，各研制单位结合型号可靠性设计准则及本单位的产品可靠性设计准则开展可靠性设计及符合性检查。

6)元器件、标准件和原材料的选择与控制

应控制元器件、标准件和原材料的选择和使用，加强质量控制，确保满足型号产品可靠性要求，同时降低寿命周期费用。根据型号特点和相关标准要求，制定元器件、标准件及原材料的选择和使用控制要求并形成控制文件，对元器件的选择、采购、监制、验收、筛选、保管、使用(含电装)、故障分析及相关信息等进行全面管理，必要时应进行破坏性物理分析。

在产品初样设计评审前，应进行元器件选用评审，确定元器件的有效贮存期，并按照要求进行超期复验。

7)确定功能测试、包装、贮存、装卸、运输和维修对产品可靠性的影响

功能测试、包装、贮存、装卸、运输和维修是系统服役期内经历的主要事件，须结合寿命剖面分析，建立系统在典型工况下的使用剖面，为开展影响分析、方案优化和寿命相关试验设计提供依据。

(1)功能测试对产品可靠性的影响：影响产品的通电寿命，机电类产品电刷、轴承等存在磨损；

(2)包装、贮存对产品可靠性的影响：包装和贮存方式主要对产品的温湿度和力学环境产生影响，如包装是否有减震措施、是否防潮、是否保温等，贮存条件是系统的长期环境，其温湿度值是影响可靠性和寿命的重要因素；

(3)装卸、运输对产品可靠性的影响：主要是装卸和运输过程中的温湿度和力学环境的影响，特别是长时间下的高温或低温环境对产品包装箱及箱内温度有一定影响，在装卸和运输过程中会产生振动和冲击，对结构完整性有一定影响；

(4)维修对产品可靠性的影响：维修过程涉及产品的分解、重装、测试等工作，在维修过程中人体静电、接插件的重新接插等可能会对产品的可靠性产生影响。

4. 可靠性试验

1)环境应力筛选

环境应力筛选是为了减少早期故障，对产品施加规定的环境应力，按照筛选程序实施，以发现和剔除制造过程中的不良零件、元器件和工艺缺陷的一种工序和方法。电子产品在交付前应进行环境应力筛选，其他产品可根据特点参照执行。

环境应力筛选分元器件级、单板级、整机级三个级别逐级进行筛选，具体实施程序和要求按相关标准和产品环境应力筛选技术要求执行。

2)可靠性研制试验

根据产品安排开展可靠性强化试验、可靠性增长摸底试验等，通过对产品施

加适当的环境应力、工作载荷，寻找产品中的设计缺陷，以改进设计，提高产品的固有可靠性水平。试验前设计师应制定各级产品可靠性研制试验大纲，在型号产品研制过程中应尽早开展可靠性研制试验。目前，通常可先开展单机产品级的可靠性强化试验，然后开展系统级的可靠性增长摸底试验。

3) 可靠性鉴定试验

可靠性鉴定试验的目的是验证产品的设计是否达到了规定的可靠性要求。可靠性鉴定试验一般应在第三方的试验机构进行，通常需设计单位配合第三方试验机构确定试验条件，主要参考相关标准规定的要求和方案进行，可靠性鉴定试验应在环境鉴定试验和环境应力筛选完成后进行。

4) 寿命试验

系统的寿命指标通常包括使用寿命和贮存寿命，使用寿命指标通常有允许机动运输距离、允许操作次数、允许测试次数或时间等。使用寿命相关试验可结合可靠性试验等试验项目开展也可单独开展。贮存寿命试验通常需要单独开展，主要包括自然贮存试验和加速贮存试验两种方式。自然贮存试验是通过分析产品自然贮存过程中记录的数据，对贮存寿命进行分析，产品包括专用于贮存试验的平行贮存试验件和实际贮存状态的系统工作组件和备件等；加速贮存试验是在不改变贮存失效机理的前提下，通过加大应力的方法在较短时间内获得产品贮存失效或性能退化信息，进而对产品的贮存寿命进行评估。自然贮存试验方法成熟、结论相对准确，但试验周期长；加速贮存试验试验周期短、效率高，能够提前评估寿命，但不如自然贮存试验准确。

5) 可靠性分析评价

设计师系统应在转阶段评审、产品验收、出厂评审、设计定型前，根据产品可靠性评估大纲，对可靠性大纲落实情况、可靠性设计与分析情况、可靠性试验验证情况、可靠性指标达到情况等进行分析和评估，形成可靠性分析或评估报告。

1.2 系统维修性

1.2.1 维修性相关概念

维修性是指产品(组件或系统)在规定的条件下和规定的时间内，按规定的程序和方法进行维修时，保持或恢复到规定状态的能力。

任务维修性是指产品在规定的任务剖面中，经维修能保持或恢复到规定状态的能力。

可达性是指维修产品时，接近维修部位的难易程度。

1.2.2　维修性工作目标

通过各阶段规范化的技术和管理途径，确保实现规定的以下维修性要求。

1. 维修性定性要求

1) 简化产品及维修操作

(1) 在满足功能的前提下，产品结构应简单，尽可能减少层次和组成单元的数量，简化零部件形状；

(2) 维修操作尽量简单，降低对维修人员技术水平的要求及工作量。

2) 可达性要求

(1) 各部分的配置应根据故障率高低、维修频率、维修难易、拆装方便等要素，统筹规划设备，合理划分模块、尺寸、重量，使凡需要检查、维护修理的零部件都具有良好的可达性，故障率高的部位应有最佳可达性；

(2) 产品布局应合理，避免交叉维修作业；

(3) 检测点应布置在便于接近的位置上；

(4) 维修操作应减少使用工具或不使用工具；

(5) 设备零部件拆装的周围应有足够的操作空间，应留适当的可视空间，使维修操作能够可见。

3) 模块化设计，提高标准化、互换性程度

(1) 采用模块化设计：产品应采用模块化设计，做到外场维修以更换外场可更换单元(Line Replaceable Unit，LRU)方式进行，内场维修以更换内场可更换单元(Shop Replaceable Unit，SRU)方式进行，基地级维修更换组件或元器件进行修复；模块应能单独测试、调整和生产，更换模块一般不应调整；

(2) 提高标准化、互换性程度：模块结构应设计成便于拆装、携带和搬运；应尽量采用通用组件、元器件，减少品种；LRU、SRU 应有良好的互换性和通用性；优选标准化产品；采用标准化模块系列。

4) 具有完善的防差错措施和识别标志

(1) 应避免或消除在使用操作和维修时造成人为差错的可能性，即使发生差错也应不危及人机安全，并能立即发觉和纠正；

(2) 结构上应有防差错措施和标志；

(3) 产品上应有必要的防差错和提高维修效率的标志；

(4) 测试点及与其他设备连接的连接器接头、接点应有明确标志或代号；

(5) 标志应按规范制作，大小、位置适当，鲜明醒目。

5) 检测诊断准确、迅速、简便

(1) 测试点配置应适应各个维修级别的需要，每个 LRU、SRU 都应设置测

试点；

(2) 测试点的选配应尽量适应原位检测的需要。

6) 符合维修的人机环工程要求

(1) 应考虑维修人员在举起、推拉、提起及转动物体等操作中人的体力限度；

(2) 更换 LRU 维修操作应尽量简化，工作负荷和难度应适当，以保证维修人员的持续工作能力、维修质量和效率；

(3) 对产品的维修部位应提供自然或人工的适度照明条件。

7) 预防性维修和战场抢修要求

(1) 预防性维修以状态监控为主，少量视情况维修；

(2) 采用机内测试和外场检测设备进行综合检测、监控，先期发现故障征兆进行预防性维修；

(3) 具有战场抢修性能。

2. 定量要求

维修性定量要求包括平均修复时间(Mean Time to Repair，MTTR)和最大修复时间。

1.2.3 维修性工作基本原则

系统中维修性工作基本原则如下：

(1) 按以可靠性为中心的维修思想，重点针对可靠性水平相对低的产品，加强维修性设计；

(2) 维修性工作纳入产品研制工作计划，统一规划，统一协调，统一落实，与工程研制进度相适应；

(3) 在选择维修性工作项目时，根据产品所处阶段、重要性、要求的严格程度、设计的复杂性、通用性以及所需的生产技术等因素对工作项目的适用性和有效性进行分析；

(4) 维修性与可靠性、保障性、安全性、测试性等其他相关工作有紧密的联系，因此应密切协调，并对规定的一些工作项目，尽可能与其他文件规定的类似项目结合进行；

(5) 在研制过程中应与设计同步开展维修性分析工作，采用有效的方法和控制程序，如利用维修性核查分析等方法，并采取纠正维修性缺陷的措施，以提高产品的维修性。

1.2.4　维修性工作项目及实施要求

1. 维修性工作项目实施表

根据系统研制特点，确定研制各阶段维修性工作项目如表 1-2 所示。

表 1-2　维修性工作项目实施表

序号	工作项目	负责部门	方案阶段	研制阶段		定型阶段	完成形式
				初样阶段	试样阶段		
1	建立维修性工作体系	型号办	△	△	△	△	文件
2	制定分系统维修性大纲	设计师系统	△	△	△	△	设计大纲
3	制定维修性工作计划	质量与计划管理部门	△	△	△	△	计划
4	对转承制方与供方监控	设计师系统与质量管理部门	○	△	△	△	设计大纲、合同
5	维修性评审	质量管理部门	△	△	△	△	报告
6	维修性培训	质量管理部门	○	△	○	○	培训计划表与培训总结
7	建立维修性数据收集、分析和纠正措施系统	设计师系统	△	△	△	△	报告
8	维修性会签	设计师系统	△	△	△	△	设计大纲、报告会签
9	制定维修方案	设计师系统	○	△	○	○	报告
10	制定维修性设计准则	设计师系统	△	○	○	—	设计大纲
11	维修性设计	设计师系统	△	△	△	△	维修性建模
12	维修性指标分配	设计师系统	△	△	△	△	设计大纲
13	维修性预计	设计师系统	△	△	△	○	图样、报告
14	维修性分析	设计师系统	○	△	△	○	报告
15	维修性核查	设计师系统	○	△	△	○	报告
16	维修性试验	设计师系统	—	○	○	△	报告
17	维修性评价	设计师系统	○	○	○	△	大纲、报告

注：“△”表示必做；“○”表示选做；“—”表示不做。

2. 维修性管理

1）建立维修性工作体系

原则上维修性工作体系与可靠性工作体系相同。系统的维修性工作体系的构成及职责如下：

(1) 部门型号指挥系统（含各级质量、计划等管理）：负责制定、监督、考核维修性工作计划；负责协调解决维修性工作中的问题；负责提供维修性工作保障条件以及其他。

(2) 设计师系统（含维修性专业人员）：负责制定维修性大纲；负责研究各级、各类产品维修性设计、分析、试验、评估方法；负责完成各级、各类产品维修性设计、分析、试验、评估工作；负责协调解决维修性技术以及其他。

2）制定分系统维修性大纲

各分系统应针对系统的特点，细化制定分系统维修性大纲，并应经过评审。

3）制定维修性工作计划

维修性工作计划是产品研制计划的重要组成部分，维修性工作计划应与产品其他研制计划相适应、相协调。各研制阶段，型号总体、分系统、单机等各层次均应贯彻维修性大纲要求，制定详细的维修性工作计划，主要内容至少应包括维修性工作项目、工作要求、完成时间、完成形式、责任单位、质量控制方式、资源保障条件等。

维修性工作计划应纳入产品的研制计划，统一组织实施、考核。

4）对转承制方与供方监控

承制方应对转承制方与供方的维修性工作进行及时有效的监督和控制，承制方和供方应在合同、任务书或其他技术文件中规定并实施以下监控内容：

(1) 维修性定性与定量要求及其落实情况；

(2) 应遵循的维修性技术管理文件、标准规范及其落实情况；

(3) 维修性工作项目、要求及其落实情况；

(4) 承制方应参加的技术评审和试验项目；

(5) 转承制方和供方应向承制方提供的维修性数据、文件资料等。

5）维修性评审

维修性评审一般可结合设计评审、转阶段评审、验收评审、出厂评审等进行，在评审报告中，要有专门的章节对产品的维修性工作开展情况、维修性要求满足情况等进行论述。

6）维修性培训

应针对系统维修文件规定的维修性工作项目，分类归纳成若干专题，组织对设计师系统及相关人员进行业务培训，使其达到合格上岗要求。

7）建立维修性数据收集、分析和纠正措施系统

各研制阶段建立维修性数据收集、分析和纠正措施闭环系统，及时收集产品研制、生产和使用中出现的所有维修性问题，进行分析并采取纠正措施，为产品维修性改进提供支持，并对维修性数据收集、分析和纠正措施过程进行记录。总体设计部门建立维修性数据收集、分析和纠正措施系统。主要内容包括：

（1）建立维修性问题报告程序、分析程序，将纠正措施落实到设计、试验中的程序，并监督其实施；

（2）研制过程中发现维修性问题时，应及时填写维修性信息登记表，详细记录问题，完成问题处理后及时将纠正措施等在统计表中填写完整并报送质量主管部门。

为了实现系统维修性信息的闭环管理，维修性信息按照型号、结构层次采用分级管理模式，总体及各分系统应在研制任务书、设计技术要求或合同中明确规定应收集的维修性信息，并形成自下而上、自上而下的维修性数据双向传递机制。

8）维修性会签

以下技术文件应经过维修性总体设计人员会签：

（1）分系统任务书或设计技术要求；

（2）分系统维修性大纲；

（3）分系统维修性分析或评估报告。

3. 维修性设计与分析

1）制定维修方案

维修级别是按系统维修所处场所划分的等级。为了减少平均修复时间，提高可用度，降低对操作、维修人员的技能要求，对系统进行分级维修。明确各维修级别应该完成的维修内容。设计师系统应考虑系统组件的安装位置、现场维修条件、维修难度等差异，对现场可维修更换项目进行梳理，列出现场可维修更换项目清单。清单应包括分系统名称、单机名称和现场维修内容。

2）制定维修性设计准则

设计师系统应根据任务需求，结合专业、系统或产品特点制定维修性设计准则或明确适用于系统的维修性设计准则。

3）维修性设计

设计师系统应根据任务需求及各级产品的具体特点，遵循维修性设计准则开展维修性设计。维修性设计要素一般包括简化维修操作、可达性、标准化和互换性、可检测性、防差错、维修安全性、抢修性等。

4）维修性建模

通过建立维修性模型，表达系统与各单元维修性的关系、维修性参数与各种

设计及保障之间的关系，用于维修性的分配、预计、维修性设计方法的决策、维修性指标的优化等，并作为维修性设计的完成形式，随着研制阶段进展对维修性模型进行修改完善。主要建模内容包括：

（1）建立维修流程模型：总体单位根据使用模式，建立维修流程模型；

（2）建立维修性数学模型：在维修流程模型的基础之上尽可能建立维修性数学模型。

维修性建模方法可参照系统相应标准中提供的程序和方法，根据维修流程的特点选择适用的模型，维修流程尽量细化。

5）维修性指标分配

维修性指标应按照从产品、分系统到单机的顺序进行逐级分配，分配的最低层次是可验证、可维修或更换的单元。各级维修性指标分配结果应列入研制任务书或设计技术要求中，作为开展维修性设计的依据。

维修性指标分配时应考虑各组成单元的故障率及预计维修和测试的难易程度等因素，并根据工程经验进行必要的修正。维修性指标分配要留有适当余量。

6）维修性预计

通过维修性预计，发现影响产品维修性的主要因素，找出薄弱环节，采取设计措施，提高维修性。后续阶段视情况对维修性模型进行修改完善。主要内容包括利用维修性模型，对各维修级别的维修性定量要求进行预计。可按照相关规定进行维修性预计。维修性预计随着研制的深入而逐步深化，在必要时要对预计结果进行适当修正。

7）维修性分析

在系统研制过程中开展维修性分析，维修级别分析以及以可靠性为中心的维修分析应按相关标准执行。

4. 维修性试验与评价

1）维修性核查

维修性核查在定型阶段开展相关分系统的维修性核查，核查内容主要包括：

（1）简化产品维修操作；

（2）可达性要求；

（3）标准化和互换性；

（4）可检测性；

（5）防差错；

（6）维修安全性；

（7）维修人素工程；

（8）抢修性。

2) 维修性试验

维修性试验可结合研制阶段的功能(性能)试验、综合试验、匹配试验、联合试验、定型试验等进行。必要时，应组织专门的维修性试验；在条件不具备时，可采取工程分析、模拟仿真、演示验证等方式。

在上述各类试验和使用任务中，根据现场可维修更换项目参加试验和任务情况收集维修性数据，填写维修性数据记录表，为维修性定量指标的评估提供数据支持。各类试验中的维修性数据记录表如表 1-3 所示。

表 1-3　各类试验中的维修性数据记录表

系统名称	试验名称	故障单机	故障修复时间/min			
			故障检测时间	维修或更换时间	校验时间	合计

3) 维修性评价

设计师系统应在转阶段评审、产品验收、出厂评审前，按照产品维修性评估大纲，对维修性工作情况等进行分析，纳入评审报告。设计定型前，对维修性大纲落实情况、维修性设计与分析情况、维修性验证情况、维修性要求达到情况等进行分析和评价，形成系统维修性评价报告。

1.3　系统测试性

1.3.1　测试性相关概念

测试性是指产品(组件或系统)能及时、准确地确定其状态(可工作、不可工作或性能下降)并隔离其内部故障的一种设计特性。

固有测试性是指仅取决于设备或设备硬件的设计，不受测试激励数据和响应数据影响的测试性。

机内测试(Built-in Test，BIT)是指设备或设备内部提供的检测和隔离故障的自动测试能力。

故障检测率(Fault Detection Rate，FDR)是指用规定的方法正确检测到故障与故障总数之比，用百分数表示。

故障隔离率(Fault Isolation Rate，FIR)是指用规定的方法将检测到的故障正确隔离到不大于规定模糊度的故障数与检测到的故障数之比，用百分数表示。

诊断是指检测和隔离故障的活动。

诊断要素是指构成诊断能力的要素，包括自动和人工测试、维修辅助信息、技术资料、人员和培训等。

诊断方案是指对设备或设备诊断的范围、功能和运用的初步安排。

1.3.2 测试性工作目标

系统开展测试性工作的目标是：根据测试性指标要求，为了提高系统的使用性、维修性，通过规范化的技术途径与方法，利用相关标准或有效的工程经验，与其他工作相协调、相结合开展各项测试性工作与相关试验，确保达到规定的测试性指标，以提高系统完好性和任务成功性，减小 MTTR，减少对维修人员和其他资源的要求，降低寿命周期费用，并为工程管理提供必要的信息。

各分系统应根据总体工作计划制定各自的测试性工作计划，在工作计划中应根据总系统使用情况，制定各自的故障检测率、故障隔离率、虚警率指标。

1.3.3 测试性工作基本原则

测试性工作基本原则主要包括：

(1)测试性要求充分论证，并与可靠性、维修性、保障性和安全性等相关特性及资源相协调，保证与任务需求、使用要求、维修保障策略一致；

(2)测试性工作应纳入产品的研制工作中；应采用系统工程和并行工程的方法，实现测试性工作与其他各类工程活动的综合协调、同步实施；

(3)测试性设计与分析、试验与评价应反复迭代、不断改进和完善；对研制和试验中发现的产品测试性问题与缺陷，应在设计状态鉴定前采取有效措施切实予以纠正；

(4)应将测试性与其他有关诊断要素进行协调和综合，以制定一种综合的诊断方案。

1.3.4 测试性工作项目及实施要求

1. 维修性工作项目实施表

测试性工作项目、适用的研制阶段及完成形式如表 1-4 所示。

表 1-4 测试性工作项目实施表

序号	工作项目	负责部门	研制阶段			完成形式
			方案	试样	生产使用	
1	建立测试性工作体系	设计师系统	△	△	△	产品测试性大纲
2	制定测试性工作计划	型号办	△	△	△	产品测试性工作计划

续表

序号	工作项目	负责部门	研制阶段			完成形式
			方案	试样	生产使用	
3	对转承制方与供方的监督与控制	设计师系统与质量管理部门	△	△	△	技术要求/任务书、审查报告
4	测试性评审	质量管理部门	△	△	△	①产品测试性评审建议、结论及主要遗留问题 ②设备测试性评审建议、结论及主要遗留问题
5	测试性数据收集、分析和管理	设计师系统	○	△	△	①测试性信息收集要求 ②信息管理系统
6	测试性增长管理	设计师系统	○	△	○	①测试性信息收集要求 ②测试性分析评价报告
7	建立测试性模型	设计师系统	○	△	—	①系统测试性模型 ②设备测试性模型
8	测试性分配	设计师系统	△	△	—	产品测试分配报告
9	测试性预计	设计师系统	○	△	—	①系统测试性指标预计报告 ②设备测试性指标预计报告
10	FMEA-测试性信息	设计师系统	△	△	—	①系统测试性 FMEA 报告 ②设备测试性 FMEA 报告
11	测试性培训	型号办	△	△	△	培训计划表与培训总结
12	测试性会签	设计师系统	○	○	○	设计文件、报告会签
13	制定测试性设计准则	设计师系统	△	△	—	测试性设计准则报告
14	固有测试性设计与分析	设计师系统	○	△	○	①系统测试性设计分析报告 ②设备测试性设计分析报告
15	诊断设计	设计师系统	—	△	—	产品诊断设计报告
16	测试性核查	设计师系统	—	△	—	①测试性核查方案 ②测试性核查报告
17	测试性验证试验	设计师系统	—	△	—	测试性验证试验
18	测试性分析评价	设计师系统	—	△	—	测试性分析报告

注：“△”表示必做；“○”表示选做；“—”表示不做。

2. 维修性管理

1）建立测试性工作体系

原则上测试性工作体系与可靠性工作体系以及维修性工作体系相同。

2）制定测试性工作计划

目的是明确并合理地安排工作项目，以确保系统满足任务书或合同规定的测试性要求。制定测试性工作计划主要内容包括：测试性要求和测试性工作项目要求；各项测试性工作项目的实施准则；负责测试性工作管理和实施的机构及其职责，以及保证计划得以实施所需的组织、人员和经费资源的配备；测试性工作与研制计划中可靠性、维修性和综合保障等其他工作协调的说明；对测试性评审工作的具体安排；测试性增长目标和增长方案的拟定；测试性试验与评价工作的具体安排；关键问题及其对实现测试性要求的影响，解决这些问题的方法或途径；工作进度等。适用对象为产品总体即系统、各分系统及设备，适用时机为各研制阶段。

实施要求主要包括：测试性工作计划应随着研制的进展不断完善；测试性工作计划应经评审和订购方认可；测试性工作计划应纳入全系统研制工作总计划中。

测试性工作计划完成形式为产品测试性工作计划。检查评价方式为专项评审。

3）对转承制方和供方的监督与控制

订购方对承制方、承制方对转承制方和供方的测试性工作进行监督与控制，以确保承制方、转承制方和供方有效完成测试性工作项目，交付的产品符合规定的测试性要求。

对转承制方的监督和控制主要内容包括：

（1）明确转承制方所负责产品的测试性定性和定量要求及验证方法；

（2）明确转承制方测试性工作项目的要求；

（3）审查转承制方的测试性工作计划；

（4）参加转承制方设计评审、转阶段评审、测试性试验等活动，对测试性工作进行监督和控制；

（5）审查转承制方的测试性文件和报告，如测试性设计与分析报告、测试性试验报告、测试性分析评价报告等。

适用对象为转承制方，适用时机为各研制阶段。对转承制方负责产品的测试性要求应纳入相关的技术要求、任务书或合同中，主要包括：

（1）测试性设计检查在产品的测试性设计评审（可与设计评审结合进行）中进行，产品设计评审时提供测试性设计分析报告；

(2) 转承制方应当按照要求向总体单位提供相关的测试性报告，主要包括：测试性工作计划、测试性设计分析报告、测试性失效模式和效果分析(Failure Mode and Effect Analysis，FMEA)报告、测试性分析评价报告等；

(3) 产品转阶段研制总结及出厂质量评审时，需对前一阶段开展的测试性工作进行总结，对产品当前的测试性水平做出初步分析，并对研制过程中发现的测试性问题的处理、采取的措施、改进设计等进行检查；

(4) 对转承制方的监督和控制完成形式主要包括：任务书、技术要求或合同中的设备的测试性要求；测试性工作执行情况审查报告和结论。

对任务书、技术要求等进行审签，结合产品的方案、设计等进行型号评审。

4) 测试性评审

目的是保证所选定的设计和试验方案、实能进度与测试性要求的一致性。

测试性评审工作内容主要包括两个方面：系统测试性及其工作项目要求的科学性和合理性，系统测试性要求是否符合诊断方案，是否按照测试性工作项目要求制定并落实测试性工作计划、测试性验证试验方案、测试性组织机构的落实情况；初样、试样研制阶段评审内容包括：测试性指标分配、FMECA 等分析报告，测试性准则符合程度，测试性工作计划实施情况，测试性验证试验中发现的问题及其解决的情况。

适用对象为产品各分系统及设备，适用时机为各研制阶段。

分系统、单机测试性评审一般可结合设计评审、转阶段评审、验收评审等进行，在评审报告中，要有专门的章节对产品的测试性设计、分析及试验情况等进行论述。

测试性评审完成形式主要包括：

(1) 产品测试性工作评审报告、建议、结论及主要遗留问题；

(2) 设备测试性工作评审报告、建议、结论及主要遗留问题。

检查评价方式为专项评审或型号评审。

5) 测试性数据收集、分析和管理

收集、分析和管理研制、生产和使用过程中与测试性有关的数据，为测试设计分析、评价和改进提供信息。工作内容是确定测试性数据收集要求，按要求进行测试性数据收集和分析。适用对象为产品和设备，适用时机为方案、初样、试样和生产使用阶段。

测试性数据收集应与可靠性、维修性、保障性和环境适应性数据收集过程相结合。具体实施要求主要包括：

(1) 总体设计部门制定《产品测试数据收集要求》，设备承制单位按要求收集测试性数据；

(2) 设备承制单位应按要求进行测试性数据收集，并进行测试性数据分析。

其分析过程包括缺陷报告、原因分析、纠正措施的确定和验证以及反馈到设计、生产中的过程。

完成形式主要包括：产品测试数据收集要求、产品测试性设计分析报告、设备测试性设计分析报告。检查评价方式是对文件进行审签。

6) 测试性增长管理

目的是及时发现测试性问题并安排纠正措施，以实现测试性增长。

工作内容包括从研制初期对重要设备实施测试性增长管理，对产品研制的各项有关试验发现的测试性问题进行分析与改进，提高产品的测试水平。

适用对象为重要设备，适用时机为工程研制阶段和状态鉴定阶段。

具体实施要求包括：

(1) 注重对测试性数据的收集与分析；

(2) 对发现的测试性问题及时进行改进；

(3) 总结具有继承性的成熟产品的研制经验，针对存在的测试性薄弱环节，采取改进完善措施。

完成形式主要包括：测试性收集要求、测试性分析评价报告。检查评价方式是对文件进行审签。

3. 测试性设计与分析

1) 建立测试性模型

目的是建立产品的测试性模型，用于分配、预计、设计和评价产品的测试性。

测试性模型包括测试性图示模型和数学模型。测试性图示模型是指直接用于测试性设计分析的图示模型，包括简单的功能流程图、层次框图、多信号流图以及包含测试点或者 BIT 功能部分的仿真原理图。测试性数学模型是描述产品参数和产品特性关系的数学关系式。

适用对象为产品和设备，适用时机为方案阶段，后续阶段视情况对建立的测试性模型进行修改完善。

具体实施要求主要包括：

(1) 在建立测试性模型时应明确建模方法；

(2) 明确测试性指标和约束条件。

完成形式主要包括：产品测试性模型、设备测试性模型。检查评价方式是对文件进行审签。

2) 测试性分配

目的是根据诊断方案、可靠性、任务关键性和技术风险等要求，将产品的测试性定量要求逐层分配到规定的产品层次，以明确各层次产品的测试性定量要求。

主要内容包括：总体设计部门将产品测试性指标分配到具有独立功能、独立研制的设备级产品；各设备承制单位应根据测试性工作要求进一步分配到具有独立功能、独立研制的组件级产品。

适用对象为产品和设备，适用时机为方案阶段，后续阶段视情况对测试性分配进行修改完善。具体实施要求包括：

(1) 测试性指标分配方法应采用成熟的、简便的方法，在该方法基础上允许加入经验修正或调整；

(2) 测试性分配值应列入研制任务书或技术要求中，在工程研制过程中，根据新研产品的测试性预计、分析结果，可对产品测试性分配情况进行适当调整，但不能影响总体指标的实现，调整后的指标经批准后实施，并报任务提出方和总体设计部门；

(3) 所有的测试性分配值，均应与测试性模型及其更改相一致。由订购方提供设备时，应提供相应的测试性信息。

完成形式主要包括：产品测试性分配报告、设备测试性分配报告。检查评价方式为型号评审。

3) 测试性预计

目的是根据测试性设计资料估计产品的测试性水平是否能满足规定的测试性定量要求。

适用对象为产品、分系统及电子设备，适用时机为方案阶段。后续研制阶段可视情况对预计结果进行修改完善。

具体实施要求主要包括：

(1) 总体设计部门根据测试性模型进行产品测试性预计；

(2) 设备承制单位进行设备测试性预计；

(3) 测试性预计报告应包括功能框图、组件测试方法清单、选用的测试性预计模型、测试性预计过程和预计结果、未能检测与隔离的功能等。

主要完成形式为产品测试性预计报告。检查评价方式为文件审签。

4) FMEA-测试性信息

目的是在 FMEA 基础上收集和分析相应的故障检测和故障隔离等方面的相关资料，为产品的测试性设计、分析及试验与评价提供相关信息。工作内容是在工程研制阶段和设计状态鉴定阶段进行 FMEA，以获取产品的测试性信息，例如，故障模式、影响、各种故障检测和隔离方法等。

适用对象为产品和设备，适用时机为方案阶段，后续视情况进行修改完善。

具体实施要求主要包括：

(1) 参照相关标准和相关文件提供的程序和方法，对 BIT、自动测试和人工测试等方法开展详细分析；

(2)在 FMEA 中，首先应确定 LRU 以上各层次产品的所有重要的故障模式，对产品使用没有影响或是出现概率很小的故障模式可以忽略；

(3)FMEA 的深度和范围取决于测试性要求、维修级别、产品的复杂程度及其特点。对于简单设备，其要求只限于基层级测试。FMEA 深度只到 LRU，对比较复杂的设备，可能对基层级测试都有要求，这种设备的 FMEA 深度要求达到 SRU；

(4)该项工作应与可靠性、维修性所进行的 FMEA 工作相结合。

完成形式主要为 FMEA 测试性信息分析报告。检查评价方式为型号评审。

5)固有测试性设计与分析

目的是从设计早期阶段开始，将固有测试性设计到产品中，并对设计结果进行分析和评价。固有测试性设计主要包括：产品的结构设计；诊断体系结构设计；贯彻测试性设计准则并进行符合性检查。

适用对象为产品和设备，适用时机为方案阶段，后续视情况进行修改完善。

产品的结构设计应考虑以下问题，以便提供更好的测试特性：

(1)产品在结构与功能等方面的合理划分；

(2)系统或设备应能够预置到一个唯一的初始化状态，以保证对给定的故障进行重复测试时能得到相同的响应；

(3)测试控制(可控性)，提供专用测试输入信号、数据通路和电路，使测试系统能够控制产品内部的元器件工作，从而检测和隔离内部故障；

(4)测试观测(观测性)，提供测试点、数据通路和电路，使测试系统能观测产品内部故障的特征数据，用于故障检测和隔离；

(5)元器件选择，在选择能满足性能要求的元器件时，应优先选用具有测试性特征的集成电路或组装件。

主要完成形式包括：产品测试性分析报告、设备测试性分析报告。检查评价方式为进行专项评审。

6)诊断设计

目的是进行嵌入式诊断设计和外部测试设计，以满足规定的产品测试性指标要求。在固有测试性设计基础上，采用相关建模分析等方法来确定各层次产品的诊断策略和诊断算法。

适用对象为产品和设备，适用时机为工程研制阶段，后续视情况进行修改完善。

具体实施要求主要包括：

(1)进行 BIT、性能监测、测试信息传输等的设计，将嵌入式诊断能力综合到每个产品的详细设计中；

(2) 确定嵌入式诊断信息的存储、显示和输出方式；

(3) 对需要外部诊断的产品进行测试点的详细设计和电气及物理接口的设计；

(4) 设计外部测试和诊断的流程；

(5) 采取措施保证所有维修级别的测试兼容性。

主要完成形式包括：产品诊断设计报告、设备诊断设计报告。检查评价方式型号评审。

7) 制定测试性设计准则

制定测试性设计准则目的是将测试性要求及使用和保障约束转化为具体产品的使用准则，以指导和检验产品测试性设计。

适用对象为产品和设备，适用时机为方案阶段，后续视情况进行修改完善。

具体实施要求主要包括：

(1) 制定测试性通用准则；

(2) 各个分系统对于具体单机产品进行测试性准则评估，如果通用测试性准则适用，则按照通用测试性准则设计；如果不适用，则制定针对单机的专用测试性准则；

(3) 测试性准则的拟定，应考虑能够保证产品在整个寿命周期内使用与维修保障的经济有效性。

主要完成形式为产品通用测试性设计准则。检查评价方式为型号评审。

4. 测试性试验与评价

1) 测试性核查

目的是识别测试性设计缺陷，以便采取纠正措施，实现测试性的持续改进与增长。

在研制过程中，对产品和设备反复进行测试性核查。对测试性核查发现的测试性设计缺陷，进行原因分析并制定纠正措施。

适用对象为产品和设备，适用时机为工程研制阶段和状态鉴定阶段。

具体实施要求包括：

(1) 总体设计部门制定详细的测试性核查方案，用于指导测试性核查工作的开展；

(2) 最大限度地利用研制过程中各种试验，包括各种验证试验、维修性和可靠性试验等获得的故障检测与隔离数据，必要时还可采用注入故障方式获取需要的测试性试验数据；

(3) 利用各种成熟的建模与仿真技术，维修性核查资料、相似产品经验教训等，开展测试性核查工作，以便尽早发现设计缺陷，改进测试性设计；

(4) 通过对故障模式及测试方法分析、测试性预计等测试性设计与分析工作进行核查，发现问题采取改进措施，提高测试性。

主要完成形式包括：测试性核查方案、测试性核查报告。检查评价方式为型号评审。

2) 测试性验证试验

目的是验证产品的测试性是否符合规定的要求。在状态鉴定阶段，对产品进行测试性验证试验。

适用对象为产品，适用时机为工程研制阶段和状态鉴定阶段。

具体实施要求包括：

(1) 总体设计部门制定产品测试性验证试验方案；

(2) 总体设计部门配合承试单位编制产品测试性验证试验大纲或实施方案；

(3) 总体设计部门配合承试单位开展产品测试性验证试验；

(4) 测试性验证试验前后需要进行评审，必要时，还应安排试验过程中评审。

主要完成形式包括：产品测试性验证试验方案、产品测试性验证试验大纲、产品测试性验证试验总结。检查评价方式为专项评审。

3) 测试性分析评价

目的是通过综合利用产品的各种有关信息，分析评价产品是否满足规定的测试性要求。

工作内容主要是收集与产品和设备相关的各种测试性信息进行综合分析，分别对产品和设备测试性水平进行评价。

适用对象为产品和设备，适用时机为工程研制阶段、状态鉴定阶段和生产使用阶段。

具体实施要求主要包括：

(1) 充分利用产品及其组成部分的各种试验数据和试运行数据、相似产品的有关数据，并参考各阶段评审结果等资料进行综合分析，评价产品是否满足规定的测试性要求；

(2) 产品和设备分别进行测试性分析评价。

主要完成形式包括：产品测试性分析评价报告、设备测试性分析评价报告。检查评价方式为型号评审。

1.4　系统保障性

1.4.1　保障性相关概念

保障性是指产品(组件或系统)设计特性和计划的保障资源能满足平时系统使用要求的能力。以保障及时测试与维修和保障消耗品供给为目标，确保产品的可靠性恢复。

设计特性是指系统本身与保障有关的各种特性，包括可靠性、维修性、测试性以及安全性等，其中最主要的是可靠性和维修性，这些特性都是由设计赋予的。

保障资源是指为保证系统的使用和保障。而规划的各种资源和条件应该在系统研制过程中同步考虑运行规划和研制，并在系统交付使用的同时提供这些保障资源以满足使用要求。

1.4.2　保障性工作目标

通过各阶段规范化的技术和管理途径，确保实现规定的以下维修性要求：

1) 研制总要求中的保障性要求

(1) 充分吸取成熟系统保障性方面的经验与教训，加强系统的综合保障工作，以提高保障性水平；

(2) 优先采用通用化、系列化、组合化的设备、工具、组件，使综合保障工作具有连续性；

(3) 减少使用和维修保障工作项目，缩短使用和维修保障时间，降低对使用和维修保障资源的要求；

(4) 根据各系统产品特点，在研制任务书或技术要求中对系统提出具体的保障性要求。

2) 系统“好保障”五项设计要求

(1) 实现整系统交付、整系统测试，缩短系统中的技术准备时间，满足运行要求；

(2) 用户能够安全、快捷地自主完成所应进行的日常检查、维护保养、模块化对接、工作前检查及诸组件产品组装等全部作业；

(3) 用户能安全、快捷地自主使用承研承制单位提供的测试设备对系统进行功能检查，判断系统是否满足运行要求；

(4) 用户能安全、快捷地自主完成对系统以及内部产品的校准标定；

(5) 所规划的保障资源能满足用户完成上述自主保障工作的要求。

1.4.3　保障性工作基本原则

系统保障性工作基本原则如下：

(1) 应将保障性要求作为性能要求的组成部分；

(2) 提前策划保障问题，使有关保障的要求有效地影响设计；

(3) 充分开展保障性分析，权衡并确定保障性设计要求和保障资源要求；

(4) 贯彻综合保障的思想，实现与可靠性、安全性、维修性、测试性的综合优化；

(5) 应注意综合保障各要素在寿命周期各阶段的协调；

(6) 保障资源与产品研制同步安排，以保证用户使用；

(7) 在规划保障资源过程中应充分利用现有资源，并强调标准化要求；

(8) 应尽早考虑停产后的保障问题；

(9) 自主可控，保证关键器材、设备等有稳定的供应。

1.4.4 保障性工作项目及实施要求

1. 保障性工作项目实施表

根据系统研制特点，确定研制各阶段保障性工作项目如表 1-5 所示。

表 1-5 保障性工作项目实施表

序号	工作项目	负责部门	实施阶段				完成形式
			方案阶段	研制阶段	状态鉴定	生产与使用阶段	
1	建立保障性工作体系	型号办	△	△	△	△	文件
2	制定分系统保障性大纲	设计师系统	△	△	△	△	设计文件
3	制定保障性工作计划	型号办	△	△	△	△	计划
4	对转承制方与供方的监督与控制	设计师系统与质量管理部门	○	△	△	△	设计文件、合同
5	保障性信息收集与管理	设计师系统与质量管理部门	△	△	△	△	评审结论报告
6	保障性评审	型号办	○	△	△	△	报告
7	保障性培训	型号办	○	○	○	○	培训计划表与培训总结
8	保障性会签	设计师系统	△	△	△	△	设计文件、报告会签
9	确定产品保障性设计项目	设计师系统	△	△	△	—	设计文件、报告
10	确定保障性设计方案	设计师系统	△	○	—	—	报告
11	保障性分析	设计师系统	○	○	—	—	报告
12	确定保障方案	设计师系统	△	○	—	—	报告

续表

序号	工作项目	负责部门	实施阶段				完成形式
			方案阶段	研制阶段	状态鉴定	生产与使用阶段	
13	保障资源的研制	设计师系统	○	△	△	—	报告
14	保障性试验与评价	设计师系统	○	△	△	○	报告

注："△"表示必做；"○"表示选做；"—"表示不做。

2. 保障性管理

1) 建立保障性工作体系

系统保障性工作体系的构成及职责如下：

(1) 型号指挥系统(含各级质量、计划等管理部门)：负责制定、监督、考核保障性工作计划；负责组织型号产品各级的保障性技术评审；负责协调解决保障性工作中的问题；负责提供保障性工作保障条件以及其他。

(2) 设计师系统(含保障性专业人员)：负责制定保障性大纲；负责研究各级、各类产品保障性设计、分析、试验、评估方法；负责完成各级、各类产品保障性设计、分析、试验、评估工作；负责协调解决保障性技术问题以及其他。

2) 制定分系统保障性大纲

各分系统应按照系统各自的特点，细化制定分系统保障性大纲，并经过外部评审。

3) 制定保障性工作计划

保障性工作计划是产品研制计划的重要组成部分，应与产品其他研制计划相适应、相协调，并纳入产品的研制计划，统一组织实施及考核。保障性工作计划的主要内容至少应包括保障性工作项目、工作要求、完成时间、完成形式、责任单位、质量控制方式、资源保障条件等。

4) 对转承制方与供方的监督与控制

承制方与供方应对转承制方的保障性工作进行及时有效的监督与控制。承制方与供方应在合同、任务书或其他技术文件中规定并实施以下监控内容：

(1) 保障性定性与定量要求及其落实情况；

(2) 应遵循的保障性技术管理文件、标准规范及其落实情况；

(3) 保障性工作项目、要求及其落实情况；

(4) 承制方应参加的技术评审和试验项目；

(5) 转承制方应向承制方提供的保障性数据、文件资料等。

5）保障性信息收集与管理

为了实现保障性信息的闭环管理，保障性信息按照型号产品结构层次采用分级管理模式，总体及各分系统应在研制任务书、设计技术要求或合同中明确规定应收集的保障性信息，并形成自下而上、自上而下的保障性数据双向传递机制。

保障性信息一般包括：

（1）以往产品可借鉴的保障性相关信息；

（2）使用与维修要求；

（3）使用与维护工作清单；

（4）人员的保障要求；

（5）保障设备要求；

（6）保障设施要求；

（7）包装与供应要求；

（8）保障性设计项目清单；

（9）保障性设计方案；

（10）保障性分析的结果；

（11）其他保障性相关信息。

6）保障性评审

保障性评审一般可结合设计评审、转阶段评审、验收评审、出厂评审等进行，在评审报告中，要有专门的章节对产品的保障性工作开展情况、保障性要求满足情况等进行论述。

7）保障性培训

应针对规定的保障性工作项目，分类归纳成若干专题，组织对设计师系统及相关人员进行业务培训，使其达到合格上岗要求。

8）保障性会签

以下技术文件应经过保障性总体设计人员会签：

（1）分系统任务书或设计技术要求；

（2）分系统保障性大纲；

（3）分系统保障性分析或评估报告。

3. 保障性设计与分析

1）确定产品保障性设计项目

各级产品在保障性要求分析与确认、系统使用及日常维护流程保障性薄弱环节梳理和在役类似产品保障性薄弱环节梳理分析的基础上，提出在产品中应该解决且能够解决的项目清单，逐级上报，型号总体在进行综合权衡后，确定产品保障性设计项目，形成系统保障性设计项目清单，如表 1-6 所示。

表 1-6　系统薄弱环节及保障性设计项目梳理表

序号	薄弱环节	所属设备/系统	产品	不满足“好保障”五项要求					对应的保障性设计项目	是否在本产品改进	制约因素	备注
				1	2	3	4	5				

2）确定保障性设计方案

针对确定的保障性设计项目，应分别从保障性设计特性的设计、保障资源的设计两个方面采取技术措施，形成系统保障性设计方案，并将保障性设计方案中的相关内容补充完善到产品总体技术方案中，相应的要求也应落实到各级产品研制任务书中。确定保障性设计方案的总体思路是：

（1）对于使用保障不满足要求（用户不能独立自主完成操作或用户能自主完成，但对技能要求偏高、操作复杂费时、容易出差错等）的项目，一般应采用新的技术途径和技术方案重新开展设计；

（2）对于维修保障不满足要求（设备不具备实时监测功能；发生概率高的故障难以发现并准确定位、快速排除；设备虽有此功能，但用户无法自主完成）的项目，应开展保障性与可靠性、维修性和测试性的综合协同设计，以改进提高其维修保障水平；

（3）对于保障资源不满足要求的项目，应进行保障资源规划，提出新研或改进保障设备、补充完善技术文件资料、备品备件优化等针对性的措施。

3）保障性分析

系统在初样开始进行保障性分析工作，工作项目主要是根据确定了的保障性设计项目，由型号总体提出“保障性分析工作要求”，相关分系统按照总体要求，采用以可靠性为中心的维修分析、使用与维修工作任务分析等方法开展保障性分析工作，最终形成产品 LRU 清单、保障资源清单等信息统计表，解决系统的维修工作类型、进行维修的时机、维修级别及其任务、维修所需要的资源等问题。

4）确定保障方案

依据研制总要求中的相关要求，以及系统总体技术方案、保障性设计方案、保障性分析结果、型号总体对系统部署后的使用保障、维修保障和保障资源进行规划，确定系统在使用过程中所需的各项保障资源要求，提出保障资源清单等，形成系统的保障方案。保障方案应提前规划，根据研制进展及时调整。

5）保障资源的研制

保障资源的研制应纳入产品研制计划，与产品主系统同步完成保障资源的研制工作。

6）保障性试验与评价

保障性试验与评价包括保障性设计特性的试验与评价、保障资源的试验与评价。系统技术指标中与保障性有关的设计参数主要包括可靠性、维修性、测试性。这三类参数的保障性设计特性的试验与评价分别从各自专业的角度进行。保障资源的试验与评价在状态鉴定与用户协商确定保障资源的试验与评价实施方案后开展。

1.5　系统安全性

1.5.1　安全性相关概念

安全性是指在产品(组件或系统)在运行期间，不发生人员死亡、设备毁坏、财产损失等事故的能力。

危险可能性是指导致产生某种危险的各个事件发生可能性的总和。

危险严重性是对某种危险可能引起的事故的最严重程度的估计。

残余危险是指尚未从产品中消除的危险或危险条件，它的潜在后果有灾难性的、严重的或轻度的危害度。

风险是指对于危险的潜在后果的度量，它考虑所涉及事件发生的可能性以及对人员、财产和环境造成后果的严重性。

1.5.2　安全性工作目标

安全性工作目标主要是满足安全性设计要求，包括：

(1)通过安全性设计消除已知的危险或将其风险降低到可接受水平；

(2)考虑危险因素的安全性；

(3)考虑系统接口的安全性；

(4)避免人员受到危险化学物质、电击、辐射、高处坠落、刃口及高低温的伤害；

(5)减少恶劣环境所导致的危险；

(6)系统设计时应降低在使用和维护中人为差错所导致的风险；

(7)尽量减轻事故中人员的伤害和系统的损坏。

1.5.3　安全性工作基本原则

安全性工作基本原则包括以下几点：

(1)坚持安全第一的原则，在各种方案选择、各种因素权衡时，把安全性放在首位；

(2)坚持安全性工作与可靠性工作相结合，以高可靠性设计为基础；

(3)在充分分析和研究的基础上，论证确定产品的安全性要求，安全性要求应合理、科学、可实现并可验证；

(4) 遵循预防为主、早期投入的指导方针，在研制早期就尽可能开展安全性工作，以降低危险的数量及其发生可能性，通过及时、有效、经济的方式将安全性综合到产品设计中；

(5) 安全性工作必须纳入研制计划，并根据产品特点和安全性要求，对安全性工作进行统筹策划，确保协调开展；

(6) 软件的开发必须符合软件工程化的要求，对关键软件应有安全性要求并规定其验证方法；

(7) 加强安全性工作的组织和管理，按照权责一致的原则，明确各单位和机构在安全性工作中的职责；

(8) 尽可能通过规范化的工程途径，利用有关标准或有效的工程经验，开展各项安全性工作，其实施结果应形成报告；

(9) 必须加强对研制和生产过程中安全性工作的监督与控制，严格进行安全性评审，为转阶段、出厂等关键节点决策提供依据。

1.5.4　安全性工作项目及实施要求

1. 安全性工作项目实施表

根据系统研制特点，确定研制各阶段安全性工作项目如表 1-7 所示。

表 1-7　安全性工作项目实施表

序号	工作项目	负责部门	实施阶段			完成形式
			方案阶段	研制阶段	定型阶段	
1	建立安全性工作体系	型号办	△	△	△	文件
2	制定分系统安全性大纲	设计师系统	△	△	△	设计文件
3	制定安全性工作计划	型号办	△	△	△	计划
4	对转承制方与供方的监督与控制	设计师系统、质量管理部门、型号办	○	△	△	设计文件、合同
5	安全告知	设计师系统	△	△	△	设计文件
6	危险跟踪与风险处置	设计师系统与质量管理部门	—	△	△	报告
7	安全性信息收集和管理	设计师系统与质量管理部门	○	△	△	设计文件、报告
8	安全性评审	型号办	○	△	△	报告

续表

序号	工作项目	负责部门	实施阶段			完成形式
			方案阶段	研制阶段	定型阶段	
9	安全性培训	型号办	○	○	○	培训计划表 与培训总结
10	安全性会签	设计师系统	△	△	△	设计文件、报告会签
11	安全性控制	设计师系统与 质量管理部门	△	△	△	设计文件、报告
12	制定安全性设计准则	设计师系统	△	○	—	设计文件、报告
13	开展安全性设计	设计师系统	△	△	○	图样、报告
14	危险分析	设计师系统	○	△	△	报告
15	安全性验证	设计师系统	○	△	○	报告
16	安全性评价	设计师系统	○	△	△	报告

注：“△”表示必做；“○”表示选做；“—”表示不做。

2. 安全性管理

1) 建立安全性工作体系

原则上安全性工作体系与可靠性工作体系相同。系统安全性工作体系的构成及职责如下：

(1) 型号指挥系统（含各级计划、质量等管理部门）：负责制定、监督、考核安全性工作计划；负责组织产品各级的安全性技术评审；负责协调解决安全性工作中的问题；负责提供安全性工作保障条件以及其他。

(2) 设计师系统（含安全性专业人员）：负责制定安全性大纲；负责研究各级、各类产品安全性设计、分析、试验、评估方法；负责完成各级、各类产品安全性设计、分析、试验、评估工作；负责协调解决安全性技术问题以及其他。

2) 制定分系统安全性大纲

各分系统应按照产品安全性大纲，针对本系统的特点，细化制定分系统安全性大纲，并经过外部评审。

3) 制定安全性工作计划

安全性工作计划是产品研制计划的重要组成部分，应与产品其他研制计划相适应、相协调，并纳入产品的研制计划，统一组织实施、考核。安全性工作计划的主要内容至少应包括安全性工作项目、工作要求、完成时间、完成形式、责任单位、质量控制方式、资源保障条件等。

4) 对转承制方与供方的监督与控制

产品承制方应对转承制方与供方的安全性工作提出要求并进行监督与控制，承制方应在合同、任务书或其他技术文件中规定并实施以下监控内容：

(1) 安全性定性/定量要求及其落实情况；

(2) 应遵循的安全性技术管理文件、标准规范及其落实情况；

(3) 安全性工作项目、要求及其落实情况；

(4) 承制方应参加的技术评审和试验项目；

(5) 转承制方应向承制方提供的安全性数据、文件资料等。

5) 安全告知

各参研单位设计人员应在产品任务书、制造验收技术条件等有关技术文件中，对产品安全相关的内容进行提示或告知，主要包括：

(1) 应对产品中有关液体、固体、气体化学性质、毒性、放射性、电压、温度、湿度、压力、起重、运输、包装等易对人员、产品构成的危险有害因素进行告知；

(2) 应对可能出现的危险因素进行说明；

(3) 应明确产品外观及包装上对可能出现的危险因素及应急处理措施标识要求。

6) 危险跟踪与风险处置

型号产品应按相关要求，执行危险跟踪与风险处置，既可建立独立的安全信息系统，也可结合故障报告、分析与纠正措施系统(FRACAS)进行。各参研单位设计部门在产品生产、装配、试验、贮存、运输、测试、使用、销毁等过程中发现安全隐患或发生安全事故时，应向各单位主管部门报告，并启动分析处理工作，分析隐患/事故原因，必要时从设计上加以改进或采取防护、告警等措施。

7) 安全性信息收集和管理

为了实现产品安全性信息的闭环管理，安全性信息按照型号产品结构层次采用分级管理模式，总体及各分系统应在产品规定的安全性信息收集和管理要求中规定应收集的安全性信息，并形成自下而上、自上而下的安全性数据双向传递机制。

安全性信息一般包括：

(1) 一般危险源及能源清单；

(2) 初步危险分析表；

(3) 系统危险分析过程记录及结果；

(4) 使用与保障危险分析过程记录及结果；

(5) 职业健康危险分析过程记录及结果。

安全性试验相关信息：在跌落试验、破坏性验证试验及其他安全性相关的试验中应记录试验名称、参试产品名称及编号、安全性要求、设计使用条件、安全系数、试验危险因素及试验安全性控制措施、产品失效数等。

8）安全性评审

在转阶段、出厂等关键节点，产品应进行安全性专项评审。安全性专项评审内容一般包括以下几方面：

（1）安全性设计情况及采取的安全性保证措施；

（2）安全性分析工作情况（如危险分析等）；

（3）安全性试验项目及试验结果；

（4）安全性遗留工作；

（5）后续安全性工作策划。

9）安全性培训

型号办及各参研单位应针对规定的安全性工作项目，分类归纳成若干专题，组织对设计师系统及相关人员进行业务培训，使其达到合格上岗要求。

10）安全性会签

以下技术文件应经过安全性总体设计人员会签：

（1）总设计师对分系统任务书或设计技术提出的要求；

（2）分系统安全性大纲；

（3）分系统安全性分析或评估报告；

（4）分系统安全性试验方案及试验结果分析报告。

11）安全性控制

（1）生产过程安全性控制。

设计部门与生产部门应对生产过程的安全性实施控制：生产单位应全面识别和分析生产过程的危险源，制定生产过程安全性保证措施；对涉及人员安全的关键工艺须进行安全性评审；控制工程更改和超差、代料，避免更改、超差、代料降低产品生产和使用安全性；从生产方面采取措施难以将风险等级降低到可接受水平时，生产部门应向设计部门反馈，设计部门应从设计上采取措施。

（2）试验安全性控制。

设计部门与试验部门应对各类试验过程的安全性实施控制，以消除或降低试验中的灾难性危险和严重性危险：大型试验及各种存在危险源的试验，试验总设计部门应组织全面识别和分析试验过程的危险源，包括对人员、产品、设备、设施、环境的影响，制定试验过程的安全性保证措施；试验前应形成安全性分析报告，并经审定；试验总设计部门应在试验方案中提出试验全过程安全性要求及应急预案，各分系统均应制定运行试验的应急预案；试验部门应在试验实施方案或有关文件中明确相关方的安全职责及试验现场安全管理机制；在试验前，试验方案、试验实施方案及应急预案等应通过安全性评审。

3. 安全性设计与分析

1）制定安全性设计准则

设计师系统应根据产品任务需求，结合专业、系统或产品特点制定安全性设计准则或明确适用于系统的安全性设计准则。

2）开展安全性设计

设计师系统应按照安全性设计准则，针对各级产品的具体特点及潜在的危险模式开展安全性设计，安全性设计方法一般包括：

(1) 首先在设计上消除危险因素；若不能消除时，应通过设计方案选择使危险因素造成的风险降到最低限度；

(2) 当不能通过设计消除危险因素或降低风险时，则应采取安全防护措施以消除风险带来的安全隐患；

(3) 当安全防护措施不能控制危险因素时，应采用告警装置；

(4) 当以上方法都不能满足要求时，则要制定专门的规程防范危险，并进行培训。

3）危险分析

危险源识别方法一般包括：

(1) 危险源包括一般危险源、故障危险源和使用与保障危险源，对危险源的识别应针对这三类危险源分别开展；

(2) 一般危险源是指易燃易爆品、有毒物质、高压力、辐射物等，可按照产品组成逐项检查筛选得到；

(3) 故障危险源是指具有可能造成人员伤亡、职业病、系统损坏、财产损坏或环境损坏的故障模式的产品等，可根据 FMEA 等可靠性分析结果得到；

(4) 使用与保障危险源是指在使用和保障活动中可能出现事故的产品、设备、设施等，可结合任务流程和使用剖面，针对系统使用阶段中的所有事件及操作，逐项梳理可能导致事故的产品、设备、设施等。

4. 安全性验证

在危险源识别和危险分析的基础上，结合各项地面研制试验，对采取的安全性设计措施、应急预案等开展安全性验证。必要时，应组织专门的安全性试验。在条件不具备时，可采取工程分析、模拟仿真、演示验证等方式。

5. 安全性评价

设计师系统应在转阶段评审、产品验收、出厂评审、设计定型前，根据产品安全性评估大纲，对安全性大纲落实情况、安全性设计与危险分析情况、安全性验证情况、安全性要求达到情况等进行分析和评价，形成安全性分析或评价报告。

1.6 系统环境适应性

1.6.1 环境适应性相关概念

环境适应性是指产品(组件或系统)在其寿命期内预计可能遇到的各种环境的作用下能实现其所有预定功能和性能以及不被破坏的能力，关注环境对产品可靠性与安全性的影响。

自然环境：如温度、湿度、灰尘、风、烟雾、太阳辐射以及微生物等。

诱发环境：如振动、冲击、电磁干扰、噪声、摇摆、跌落、加速度以及污染物等。

1.6.2 系统环境适应性要求

1. 环境适应性的管理要求

在产品的论证、研制、生产和使用过程中，应对产品环境工程各项工作实施全面的管理，制定相应的产品环境工程工作计划/环境适应性大纲，并纳入研制计划。随着设计工作的进展和产品环境适应性工作的开展对工作计划/大纲进行修改和调整。

在产品的论证、研制、生产和使用过程中，相关部门应加强对有关该产品环境信息的收集，主要包括产品寿命期环境剖面、产品所要承受的自然环境和平台环境、产品所经历的环境试验(包括具体试验条件)、产品所出现的故障、故障原因分析及采取的纠正措施。同时对有关环境信息进行科学合理的管理，为环境适应性设计、试验与评价等提供充分的信息支持。

2. 环境分析要求

环境适应性保证工作应首先通过环境分析确定产品的寿命期环境剖面和环境适应性要求，并在产品研制任务书或有关合同文件中予以明确。其次应通过环境分析确定环境技术条件及代替实际产品试验的方案。这里应明确在产品论证、方案阶段实施环境分析。

3. 环境适应性设计要求

在产品研制过程中，设计师应根据规定的环境适应性要求开展环境适应性设计。环境适应性设计应从两方面着手：一是采取改善环境或减缓环境影响的措施；二是选用耐环境能力强的结构、材料、元器件和工艺等。

4. 环境试验与评价要求

在方案和工程研制阶段，应进行环境适应性研制试验、必要的使用环境试验和自然环境试验，将设计缺陷诱发为故障，为改进设计提供信息并验证改进措施的有效性，从而提高产品的环境适应性；还应进行环境响应特性调查试验，查明产品的环境响应特性、耐环境能力极限及薄弱环节等，为实施后续试验与评价以及制定产品综合保障计划提供有用的信息。

在试验鉴定阶段，应进行环境鉴定试验和必要的使用环境试验，验证所设计产品的环境适应性是否满足规定的要求，为鉴定提供决策依据。

在生产阶段，应进行环境验收试验、环境例行试验，验证产品生产过程稳定性，为批量生产产品验收提供决策依据。

在使用阶段，应开展必要的使用环境试验和自然环境试验，为评价产品的环境适应性提供信息。

1.6.3　产品寿命期各阶段环境适应性工作项目

1. 产品研制阶段的划分

产品研制过程分为论证阶段、方案阶段、工程研制阶段、批量生产阶段。各阶段根据产品及其研制生产的实际情况划分。

2. 各阶段主要环境适应性工作

各阶段需要进行的环境适应性工作项目如表 1-8 所示。

表 1-8　环境适应性工作项目实施表

序号	工作项目类别	工作项目名称	适用阶段	完成形式
1	环境适应性管理	制定产品环境工程工作计划/环境适应性大纲	论证阶段提出初稿；方案阶段完成正式稿；后续阶段按需要进行修改和完善	产品环境工程工作计划/环境适应性大纲
2		环境适应性工作评审	研制和生产	评审报告
3		环境信息管理	寿命周期各阶段	各种经过处理的信息
4		对供应方的监督和控制	工程研制阶段、试验鉴定阶段和生产阶段	①合同文件中的有关条款 ②各种监督和控制报告

续表

序号	工作项目类别	工作项目名称	适用阶段	完成形式
5	环境分析	确定寿命期环境剖面	论证阶段提出寿命期剖面和初步的寿命期环境剖面；方案阶段提出最终的寿命期环境剖面	①寿命期剖面 ②寿命期环境剖面
6		编制使用环境文件	论证阶段、方案阶段，完成正式稿；后续阶段进行完善	使用环境文件
7		确定环境类型及其量值	论证阶段、方案阶段	①环境适应性要求 ②环境技术文件
8		实际产品试验的替代方案	方案阶段	①不进行试验的产品目录 ②实际产品试验的替代备选方案和风险评估报告
9	环境适应性设计	制定环境适应性设计准则	方案阶段、工程研制阶段早期	在研产品专用的环境适应性设计准则
10		环境适应性设计	工程研制阶段	满足环境适应性要求的产品设计
11		环境适应性预计	工程研制阶段早、中期	环境适应性预计报告
12	环境适应性试验与评价	制定环境试验与评价总计划	方案阶段提出初稿；工程研制阶段完成最终稿	环境试验与评价总计划
13		环境适应性研制试验	工程研制阶段早期	环境适应性研制试验报告
14		*环境响应特性调查试验	工程研制阶段后期	产品特性调查试验报告
15		*产品安全性环境试验	工程研制阶段后期，首次使用之前	产品安全性环境试验报告
16		环境鉴定试验	试验鉴定阶段	环境鉴定试验报告
17		批量生产产品环境试验	批量生产阶段	①环境验收试验报告 ②环境例行试验报告
18		*自然环境试验	方案阶段后期、工程研制阶段早、中期，使用阶段	自然环境试验报告
19		*使用环境试验	工程研制阶段后期、试验鉴定阶段和使用阶段	使用环境试验报告
20		环境适应性评价	试验鉴定阶段和使用阶段	产品环境适应性综合评价报告

注：以上工作项目可根据产品及其研制生产的实际情况进行删减。带“*”的工作项目可按照总体单位的要求斟酌进行。

1.6.4　环境适应性详细要求

1. 环境适应性管理及工作评审

1）制定环境适应性大纲

大纲主要内容包括：

（1）合同或相应文件中规定的环境适应性要求；

（2）产品环境适应性工作所需的组织机构及其职责；

（3）产品环境适应性工作项目及其内容要求、实施范围、进度要求、完成形式（或格式）和完成结果的检查评价方式；

（4）产品环境适应性工作与工程设计、可靠性工程等的接口协调关系；

（5）产品环境适应性工作评审要求；

（6）产品环境适应性工作所需的资源等。

并且应随着设计工作的进展和系统的环境适应性工作的开展对大纲进行修改和调整。

2）环境适应性工作评审

综合计划部按计划开展产品环境适应性工作评审，评价产品环境适应性工作的进展情况，并为转阶段提供决策依据。

工作项目要点如下：

（1）综合计划部应按计划安排系统环境适应性工作评审；重要的评审应在合同或有关文件中明确；

（2）产品环境适应性工作评审应尽早通知参与评审的有关单位和人员，一般应提前将评审材料送达参与评审的单位和人员；

（3）环境适应性工作评审应尽可能与产品研制过程中的阶段评审结合进行，必要时也可单独进行。

2. 环境适应性分析和设计

1）环境分析

（1）确定寿命期环境剖面。

工作项目要点包括：确定产品寿命期剖面，一般包括运输、贮存、执行任务三种状态事件；根据寿命期剖面三种状态事件预计的发生地点和状态本身特点，结合环境应力产生的机理，确定各种事件可能遇到或产生的自然环境和诱发环境的类型，并按时序列出；编制一份能说明与寿命期每一事件有关的自然环境和诱发环境或这些环境综合的清单；尽可能用文字、图表和统计特性说明寿命期环境剖面中各种环境的应力大小。

确定寿命期环境剖面应特别考虑并纳入的内容包括：产品在装卸、运输期间预计的状态；可能遇到的环境及其有关的地理位置和气候特性；包装/容器的设计/技术状态；产品所处的安装、贮存和运输平台；与邻近系统的接口及邻近系统的工作情况；寿命期剖面每个阶段暴露于某环境下的相对和绝对持续时间；寿命期剖面每个阶段预期出现的频度或可能性；由于产品的设计或自然规律，环境对产品的限制或临界值(如雾或其他沉降物会限制红外测头的效能)。

(2)编制使用环境文件。

获取产品的使用环境数据，编写使用环境文件，为确定环境适应性要求提供数据。

工作项目要点包括：收集使用环境现有数据，从现有数据库、模型和仿真中获取有关数据。收集这类数据应注意：产品相似性，应尽可能收集与在研产品基本相同的在役系统的使用环境数据，如果没有这样的在役系统，则应收集具有一定可比性的相似产品的使用环境数据，利用这些数据进行分析，得出可用于在研产品所需的数据。相似产品是指在役系统在某些方面与在研产品不完全相似，但在环境应力条件方面具有一定的可比性，但不能精确等效；数据质量，对所收集的数据必须进行分析、判断，确定其可用性和有效性，并进行规范化处理，数据质量主要取决于产品或运载平台的相似性、数据测量装置的精度和状态、测量时的周围环境和工作状态、数据记录和分析的设备及仪器仪表的精度和状态；数据量，应有足够的数据以保证数据处理结果的可信度，由于条件限制所收集的数据量较少时，应采用工程判断办法来评估数据的适用性。

当无法从数据库或其他数据源收集到足够的可用数据时，应制定并实施使用环境数据实测计划，确定需要通过实测得到的数据要求，包括数据类型、数据量等，并进行环境数据实测。实测计划应包括：测量的数据类型及其精度要求、测量位置、测量所用的仪表、测量所用的任务剖面和次数、测量所需的器材和人员(包括信息收集和处理设备等)；实测进度安排、实测的地理位置、采购方与承制方之间的联系单位和渠道、数据处理和归纳方法。

(3)确定环境类型及其量值。

产品设计师系统地分析各种环境对产品性能、安全性及可靠性等的影响，确定关键因素，同时要求确定设计和试验需要考虑的环境种类及其量值或确定这些量值采用的准则，从而得到环境要求。

工作项目要点包括：对寿命期环境剖面和使用环境文件中的数据进行分析，以确定影响产品的各种主要环境因素及其综合，以此作为产品研制中全面考虑各种环境影响的基本依据；确定需要考虑的各类环境和综合环境的应力，明确用于确定相应环境量值的准则。

(4)确定实际产品试验的替代方案。

确定有环境适应性要求但可不用实际产品进行试验的产品及其试验替代方

案，以降低试验件生产和开展试验所带来的高费用。

工作项目要点包括：确定能用建模与仿真来代替实际产品环境试验的产品；确定能用试样来代替实际产品试验的产品；确定能用相似法来代替实际产品试验的产品；需要试验的设备，若在安装平台环境和结构、功能等方面都与已经通过试验设备几乎相同，且经分析认为这些方面的差别不会产生不同的环境响应，则可以考虑免去试验；无论是采取上述哪一种方法取代实际产品试验，均应提供费用/效益/风险分析报告，组织评审并按规定程序批准。

2）环境适应性设计

（1）制定环境适应性设计准则。

应根据有关标准、手册和工程经验制定专用的环境适应性设计准则，供设计人员使用；由于不同的环境因素对产品的影响机理不同，应针对不同环境因素制定其具体的环境适应性设计准则。环境适应性设计准则应作为设计评审的依据。

（2）环境适应性设计方案。

在产品设计过程中应根据环境适应性要求，参考相应的环境适应性设计手册，采用适当的技术和方法以使产品达到规定的环境适应性水平，环境适应性设计主要应考虑：成熟的环境适应性设计技术；适当的设计余量；防止瞬态过应力作用的措施；选用耐环境能力强的零部件、元器件和材料；采用改善环境或减缓环境影响的措施，如冷却措施、减振措施；环境防护设计，如保护涂（镀）层、进行密封设计等。

产品设计过程中应按专用的环境适应性设计准则进行环境适应性设计。环境适应性设计应与环境适应性研制试验、使用环境试验、自然环境试验和其他工程研制试验紧密结合，充分利用这些试验的信息，对所发现的环境适应性薄弱环节采取设计措施加以纠正。

（3）环境适应性预计。

系统设计师系统地预计产品的环境适应性，并对提出的设计方案或已研制出的产品的环境适应性设计能否满足规定的环境适应性要求做出评价。

工作项目要点包括：应对产品的环境适应性进行预计，预计时应充分考虑产品的每一种工作模式。同时利用材料、元器件及零部件的有关手册提供的数据确定产品的定量耐环境极限能力，进行分析比较，确定产品能否承受最恶劣环境的作用以及产品耐受最恶劣环境作用的余量。

3. 环境适应性评价

1）工作项目要求

（1）利用自然环境试验和使用环境试验的结果来评价系统的环境适应性。

（2）工作项目要点包括：收集按自然环境试验计划安排的自然环境试验的结

果和有关信息及相应的自然环境记录数据；收集产品在一般的运输和贮存过程中的有关故障和问题的信息；收集按使用环境试验计划安排的各种使用环境试验中得到的故障信息及相应的平台环境记录数据；分析自然环境试验中遇到的自然环境条件和使用环境试验的平台环境条件的代表性和可信性；分析自然环境试验得到的环境影响数据及规律，运输、贮存、使用过程中和使用环境试验中得到的故障信息以及故障对产品使用性能的影响；综合考虑自然环境和使用环境试验及产品贮存、运输、使用过程中得到的故障信息和环境影响数据，对整个产品或其某些系统的环境适应性做出全面评价。

2）注意事项

注意事项包括：评价用的数据所对应的环境条件的代表性和可信性；评价报告的具体内容及输出结果；自然环境试验的结果；使用环境试验的结果。

1.7 本章小结

本章介绍了系统的通用质量特性，这些特性是衡量系统质量的重要指标，对于提高系统的性能和降低使用成本具有重要意义。其中，可靠性赋予了系统是否容易发生故障的属性，目标是减少故障；维修性赋予了系统便于进行预防性维修和纠正性维修的特性，目标是处理故障；测试性赋予了系统便于确定有无故障和何处发生了故障的特性，目标是定位故障；保障性保证出现故障时可以快速供应；安全性旨在通过不断优化设计、制造和使用过程，提高系统安全性，有效降低事故风险；环境适应性是一切特性的基础，旨在发挥系统特定的效能。

第 2 章　系统 RCMA

对系统实施以可靠性为中心的维修分析(RCMA)的目的在于通过确定适用且有效的预防性维修工作，以最少的资源消耗保持和恢复系统的安全性和可靠性的固有水平，并在必要时提供改进设计所需的信息。以设备的可靠性、设备故障后果作为制定维修策略的主要依据，以运行的经济性为出发点，从而达到优化维修的目的。同时通过提高系统的可靠性，减少故障率，延长系统的使用寿命。

2.1　系统 RCMA 介绍

2.1.1　系统 RCMA 相关概念

维修是指为使产品(组件或系统)保持或恢复到规定状态所进行的全部活动。维修可分为预防性维修和纠正性维修两类。

预防性维修是指通过系统检查、检测和消除产品的故障征兆，使其保持在规定状态所进行的全部活动，包括预先维修、定时维修、视情维修和故障检查等。

纠正性维修是指产品发生故障后，使其恢复到规定状态所进行的全部活动。它可以包括以下一个或多个步骤：故障定位、故障隔离、分解、更换、组装、调校及检测等。

以可靠性为中心的维修分析(RCMA)是指按照以最少的维修资源消耗保持系统固有可靠性和安全性的原则，应用逻辑决断的方法确定预防性维修要求的过程。

故障是指一种产品不合格的状况。从维修的角度，故障可分为功能故障和潜在故障。

功能故障是指产品不能执行规定功能的状态，如轮胎的胎面胶磨损致使胎身不能翻新的程度，或产品某参数漂移已超出规定范围。从故障的发现方式，可将功能故障分为明显功能故障和隐蔽功能故障。

明显功能故障是指系统使用人员在正常使用时能发现的功能故障，隐蔽功能故障是指系统使用人员在正常使用时不能发现的功能故障。

潜在故障是指产品或其组成部分即将不能完成规定功能的可鉴别的状态，或产品某参数随使用时间漂移至某一可检测的点，即将超出规定范围的状态。

FSI (Functionally Significant Item) 表示重要功能组成（或产品）。

NFSI (Functionally Non-significant Item) 表示非重要功能组成（或产品）。

2.1.2 分析对象的约定层次

确定系统的物理组成，以飞行器系统为例，形成表格如表 2-1 所示，以外场可更换的最小物理单元(LRU)单元为对象。

表 2-1 RCMA 分析对象组成表

序号	分析对象名称	装机位置	数量	备注
1	俯仰天线	前机身	2	LRU
2	波段天线	前体边条	2	LRU
…	…	…	…	…
18	A 波段下变频模块	A 射频机架模块	1	LRM
19	B 波段下变频模块	B 射频机架模块	6	LRM
…	…	…	…	…

2.1.3 详细分析内容

1. 成品概况分析

主要分析飞行器系统各组成部分对系统功能的影响，如表 2-2 所示。

表 2-2 子系统组成概况表

<table>
<tr><th rowspan="3">序号</th><th rowspan="3">详细组成名称</th><th rowspan="3">型号</th><th rowspan="3">单机数量</th><th rowspan="3">安装位置</th><th rowspan="3">功能</th><th colspan="6">组成类别</th><th rowspan="3">简要说明</th></tr>
<tr><th colspan="5">FSI</th><th rowspan="2">NFSI</th></tr>
<tr><th>A（影响安全）</th><th>B（影响任务）</th><th>C（重大经济损失）</th><th>D（隐蔽故障与另一故障综合的上述影响）</th><th>E（从属故障的上述影响）</th></tr>
<tr><td>1</td><td>俯仰天线</td><td>—</td><td>2</td><td>前机身</td><td>信号接收</td><td></td><td></td><td></td><td></td><td></td><td>√</td><td></td></tr>
<tr><td>2</td><td>波段天线</td><td>—</td><td>2</td><td>前体边条</td><td>信号接收</td><td></td><td></td><td></td><td></td><td></td><td>√</td><td></td></tr>
<tr><td>…</td><td>…</td><td>…</td><td>…</td><td>…</td><td>…</td><td></td><td></td><td></td><td></td><td></td><td>√</td><td></td></tr>
</table>

续表

序号	详细组成名称	型号	单机数量	安装位置	功能	组成类别						简要说明
						FSI					NFSI	
						A（影响安全）	B（影响任务）	C（重大经济损失）	D（隐蔽故障与另一故障综合的上述影响）	E（从属故障的上述影响）		
18	A 波段下变频模块	A_DCV	1	A 射频机架模块	射频接收信号下变频		√					
19	B 波段下变频模块	B_DCV	6	B 射频机架模块	射频接收信号下变频		√					
…	…	…	…	…	…						√	

2. 重要功能产品(FSI)分析记录

通过表 2-2，可获得该飞行器系统的重要功能产品组成，如表 2-3 所示。

表 2-3 重要功能产品(FSI)组成表

序号	重要功能产品(FSI)名称	代号	数量	备注
1	波段天线		2	LRU
…	…	…	…	…
8	下变频模块 1	1_DCV	1	LRM
9	下变频模块 2	2_DCV	6	LRM
…	…	…	…	…

针对重要功能产品具体故障模式开展 RCMA 记录，逻辑决断原则如图 2-1 所示，并形成系统内重要功能产品 RCMA 分析表，如表 2-4 所示。

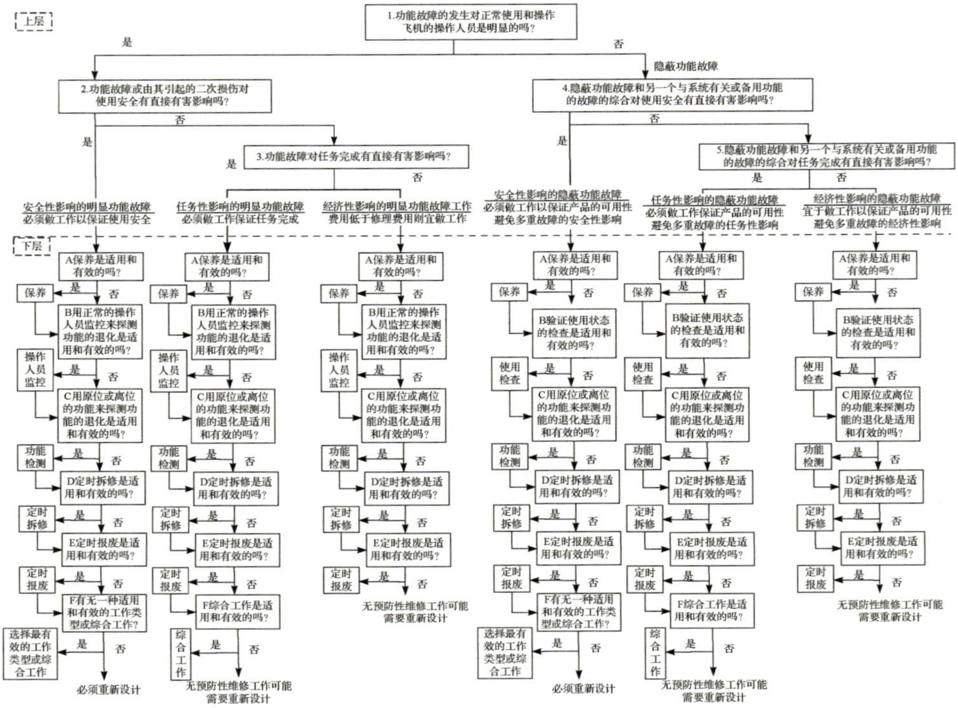

图 2-1　系统 RCMA 逻辑决断图

表 2-4　重要功能产品 RCMA 分析表

系统：　　　　　　分析对象：　　　　　　产品层次：

分析对象名称	型号	故障模式及原因	逻辑决断回答（Y 或 N）																						故障后果	维修工作				
			故障影响					安全性影响						任务性影响						经济性影响										
			1	2	3	4	5	A	B	C	D	E	F	A	B	C	D	E	F	A	B	C	D	E		编号	工作类型	工作时机	维修间隔期及依据	维修级别

根据 RCMA 逻辑决断原理，回答逻辑决断图中的五个问题，将回答结果填入 RCMA 逻辑决断表以确定产品故障模式的影响、维修工作类型、预防性维修工作、维修级别和维修周期等。RCMA 实施步骤如下：

(1)进行 FMEA 分析，具体内容详见 2.2 节；

(2)依据标准建立 RCMA 逻辑决断图，如图 2-1 所示；

(3)根据 RCMA 逻辑决断原理，回答图 2-1 中的五个问题，将回答结果填入 RCMA 逻辑决断表；

(4)将 RCMA 逻辑决断分析结果汇总，确定产品故障模式的影响、预防性维修工作类型、维修级别和维修周期等。

3. 功能检测工作汇总

通过 RCMA 获得的系统操作人员监控或功能检测工作项目如表 2-5 所示。

表 2-5　功能检测工作汇总表

上一级系统：　　　　　　　　　　系统：

序号	详细组成名称	型号	故障模式及原因	故障后果	维修工作适用性				维修工作有效性		维修工作是否适用和有效
					探测产品功能故障的方法	可探测的潜在故障状态	从潜在故障发展到功能故障时间	是否为操作人员正常工作	安全/任务影响：实施使用检查工作后能否降低多重故障的发生概率	经济影响：有无经济效果	
1	××波段JAU	—	信号接收下降	隐蔽任务	外部设备	参数	不确定	是	能	无	是
			成功率下降	隐蔽任务	外部设备	参数	不确定	是	能	无	是
2	××波段AIU	—	上报的自检信息错误	隐蔽任务	外部设备	参数	不确定	是	能	无	是
			通道隔离度降低	隐蔽任务	外部设备	参数	不确定	是	能	无	是
			通道无法进行增益调节	隐蔽任务	外部设备	参数	不确定	是	能	无	是
			通道无法进行射频信号选择	隐蔽任务	外部设备	参数	不确定	是	能	无	是
			通道无输出	隐蔽任务	外部设备	参数	不确定	是	能	无	是
			通道限幅功能丧失	隐蔽任务	外部设备	参数	不确定	是	能	无	是

续表

序号	详细组成名称	型号	故障模式及原因	故障后果	维修工作适用性				维修工作有效性		维修工作是否适用和有效
					探测产品功能故障的方法	可探测的潜在故障状态	从潜在故障发展到功能故障时间	是否为操作人员正常工作	安全/任务影响：实施使用检查工作后能否降低多重故障的发生概率	经济影响：有无经济效果	
2	××波段AIU	—	通道增益降低	隐蔽任务	外部设备	参数	不确定	是	能	无	是
			校准通道无法进行增益调节	隐蔽任务	外部设备	参数	不确定	是	能	无	是
			校准通道无输出	隐蔽任务	外部设备	参数	不确定	是	能	无	是
			校准通道增益降低	隐蔽任务	外部设备	参数	不确定	是	能	无	是
…	…	…	…	…	…	…	…	…	…	…	…

4. 非重要功能产品(NFSI)分析记录

系统的非重要功能产品(NFSI)组成，如表 2-6 所示。

表 2-6　非重要功能产品(FSI)组成表

序号	非重要功能产品(FSI)名称	数量	是否需进行预防性维修工作	工作内容及说明	工作时机	维修间隔期	维修级别
1	××俯仰天线	2	否	—	—	—	—
2	××波段 ECM 天线	2	否	—	—	—	—
3	××波段 ESM 天线	2	是	功能检测	周检	12 个月	基层级
4	××波段 LBI 天线	2	是	功能检测	周检	12 个月	基层级
5	××波段 ESM 综合天线	2	是	功能检测	周检	12 个月	基层级
…	…	…	…	…	…	…	…

5. 预防性维修工作汇总

系统的预防性维修工作如表 2-7 所示。

表 2-7　系统预防性维修工作汇总表

上一级系统：　　　　　　　　系统：

序号	详细组成名称	型号	安装位置	首翻期/年	总寿命/年	维修工作类型	维修工作说明	工作时机	维修间隔期	维修级别	备注
1	××俯仰天线	—	前机身	—	××	—	—	—	—	—	
2	××波段 ECM 天线	—	前体边条	—	××	—	—	—	—	—	
3	××波段 JAU	—	前起落架舱	—	××	功能检测/操作人员监控	检测内部 T/R 组件是否存在参数漂移或自激	周检/使用前	6 个月	基层级	
4	××波段 ESM 天线	—	前缘襟翼	—	××	功能检测	检测其信号接收能力是否漂移	周检	12 个月	基层级	
5	××波段 LBI 天线	—	前缘襟翼	—	××	功能检测	检测其快速定位能力是否变化	周检	12 个月	基层级	首次装机后必做
6	××波段 ESM 综合天线	—	前缘襟翼	—	××	功能检测	检测其信号接收能力是否漂移	周检	12 个月	基层级	
…	…	…	…	…	…	…	…	…	…	…	…

2.2　系统 FMECA

2.2.1　系统 FMECA 相关概念

故障模式影响及危害性分析（FMECA）是分析产品（组件或系统）所有可能产生的故障模式及其对系统造成的所有可能影响，并按每一个故障模式的严酷度及其发生概率予以分类的一种归纳分析方法。它属于单因素分析方法。

约定层次是指根据 FMECA 的需要，按产品的相对复杂程度或功能关系划分的产品层次。这些层次按从复杂到简单进行划分。

初始约定层次是指要进行 FMECA 的完整产品所在的最高层次，该层的对应产品是 FMECA 最终影响的对象。

最低约定层次是指约定层次中最底层的产品所在的层次。它决定了 FMECA 工作深入、细致的程度。

故障是产品或产品的一部分不能或将不能完成预定功能的事件或状态(对某些组件如电子元器件称为失效)。故障模式是故障的表现形式，如短路、开路、断裂、过度耗损等。

故障判据是指产品是否故障的判别标准，一般用产品的功能描述或性能参数及允许的极限值来表示。

故障原因是引起故障的设计、制造、使用和维修等有关因素。它包括直接原因和间接原因。直接故障原因是导致产品功能故障或潜在故障的产品自身的那些物理、化学或生物变化过程；间接故障原因是由其他产品的故障、环境因素和人为因素等引起的产品功能故障或潜在故障。

故障影响是指产品的每一个故障模式对产品自身或其他产品的使用、功能和状态所导致的结果，分为局部影响、高一层影响和最终影响。局部影响是指故障模式对特定的分析产品在工作、功能或状态方面所产生的后果；高一层影响是指故障模式对比特定的分析产品高一层次的产品在工作、功能或状态方面所产生的后果；最终影响是指故障模式对初始约定层次产品在工作、功能或状态方面所产生的后果。

严酷度是指故障模式所产生后果的等级，它是表示某个故障模式对系统最坏潜在后果的一个度量，可以用Ⅰ、Ⅱ、Ⅲ、Ⅳ来表示严酷度的类别，Ⅰ类最为严重。

危害性是指对系统中每个故障模式发生的概率及危害程度的综合度量。

设计改进措施是指针对某一故障模式，在设计和工艺上采取的消除/减轻故障影响或降低故障发生概率的改进措施。

使用补偿措施是指针对某一故障模式，为了预防其发生而采取的特殊的使用和维护措施，或一旦出现该故障模式后操作人员采取的最恰当的补救措施。

故障检测方法是指记录发现故障模式的方法和手段。

单点故障是指引起产品故障且没有冗余或替代的操作程序作为补救的产品故障。

2.2.2　系统 FMECA 一般要求

1. 工作项目

FMECA 由故障模式影响分析(FMEA)和危害性分析(Criticality Analysis，CA)两部分组成。只有在进行故障模式影响分析的基础上，才能进行危害性分析。

1)故障模式影响分析

目的是全面地分析系统中每一组件所有可能出现的故障模式、故障原因、故障影响等，从而找出系统设计、产品组件设计中的薄弱环节，并加以设计改进，从而提高系统的可靠性。

在研制过程中，设计人员均应按照标准适时地开展 FMEA 工作。不同阶段的 FMEA 结果应当反映设计上的更改情况，同时 FMEA 结果应能为更改设计提供依据；在方案论证和初步设计阶段，可采用功能 FMEA 方法，即从系统的功能框图开始，将每一功能块的输出逐一列出，并对它们的故障模式进行分析；在详细设计阶段，应采用硬件 FMEA 方法，即从设计图纸开始，将组成系统的硬件逐一列出，对其故障模式进行分析。

2）危害性分析

目的是在 FMEA 基础上，对系统中每一产品组件按其故障影响的发生概率和严重程度进行综合评估，按其危害性对系统中的每一组件进行排序，从而更进一步地发现系统设计、产品组件设计中的薄弱环节。

当不能获得组件的技术状态数据或故障率时，应采用定性分析法进行分析；当可以获得组件的技术状态数据和故障率时，应以定量的方法进行计算并分析其危害度。

2. 基本规则和假设

(1) 进行 FMECA 应确定分析方法，分析初始约定层次和最低约定层次、故障判据、故障模式的严酷度、故障模式的发生概率等级以及假设条件等；

(2) 满足单故障假设，即假定分析的故障是此时系统中唯一发生的故障，其影响不考虑多个故障共同作用或相互作用的影响；

(3) 对于采用了裕度设计、备用工作方式设计或故障检测与保护设计的系统或其组件，应暂不考虑这些设计措施而直接分析故障模式的最坏影响，并根据这一影响确定其严酷度等级；对此情况，应在表格中指明系统针对这种故障模式影响已经采取了上述设计措施，且此时所分析的故障模式不作为单点故障模式；

(4) 对于超过损伤容限的潜在故障，应估计到它们可能发展成故障模式并对其影响进行分析。

3. FMECA 方法

1）功能法

功能 FMECA 是指根据每个功能的故障模式，对各种可能导致该功能故障模式的原因及其影响进行分析。

功能法认为每个产品组件可以完成若干功能，把各功能按输出进行分类一一列出，然后，对它们的功能故障模式及影响进行分析。当选用功能 FMECA 时，需要考虑以下几个方面：

(1) 采用功能法分析时，从分析系统组件的功能框图入手，而不是从分析硬件清单入手；

(2) 分析时，根据功能框图分析每一个功能模块潜在的故障模式，分析需要反复迭代；

(3) 功能法易于分析多种功能故障模式以及外部影响；

(4) 当系统构成或结构尚不确定或不完全确定时，采用功能法分析。

2) 硬件法

硬件 FMECA 是指根据系统的每个硬件故障模式，对各种可能导致该硬件故障模式的原因及其影响进行分析。

硬件 FMECA 需要列出每个产品组件的详细硬件组成，并分析每一硬件组成所有的可能故障模式及故障影响。当采用硬件 FMECA 时，需要考虑以下几个方面：

(1) 硬件法根据产品的功能对硬件产品的每个故障模式进行评价，并对可能发生的故障模式及其影响进行分析，各产品的故障影响与产品功能有关；

(2) 当系统构成或结构及其设计图纸资料明确确定时，采用硬件法分析，这种方法必须基于详细而严格的任务可靠性框图。

2.2.3　系统 FMECA 实施步骤

FMECA 分析的流程如图 2-2 所示，主要分为故障模式影响分析、危害性分析、FMECA 报告三个部分。

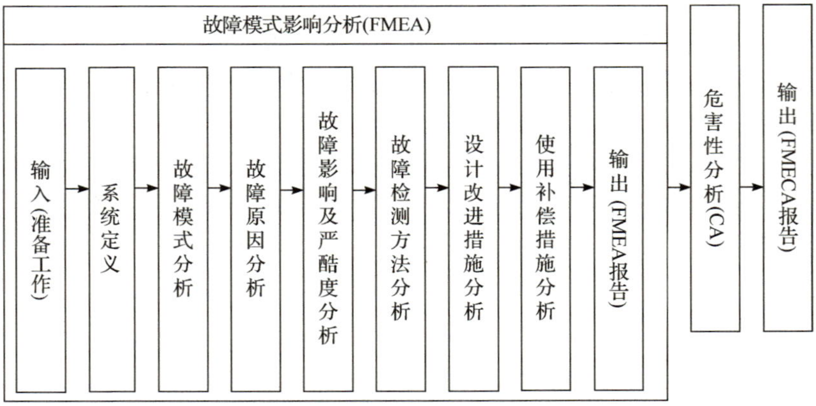

图 2-2　FMECA 的基本流程

1) 输入(准备工作)

其主要是收集资料及可靠性数据，利用设计资料和图纸确定完成规定功能的系统及其设计状态；分析故障模式需要有关的可靠性数据，常采用外场数据或相同条件下进行的可靠性试验数据。如没有上述数据，可利用相关标准规定数据或其他能得到的故障率数据库。采用的可靠性数据应符合实际情况。

2) 系统定义

系统定义的目的是使分析人员有针对性地对被分析产品在给定任务功能下进行所有可能的故障模式、原因及影响分析。系统定义可概括为产品结构树及约定层次，产品的每项任务描述，每一任务阶段以及各种工作方式的功能描述，功能原理图、功能框图和任务可靠性框图的绘制。

(1) 系统结构组成及功能框图。

根据现役系统的设计方案、设计样图，对其进行硬件构成分解。其中，电子产品最好分解到元器件级，至少分解到功能电路级，非电子产品应细化到不可拆分零件，并对每部分结构进行编码。各级产品组件之间连接的总线、连接件、管路最好也作为独立的硬件构成，进行编码和分析。

绘制产品功能框图。功能框图不同于产品的原理图、结构图和信号流图，它是表示系统各个组成部分所承担的任务或功能间的相互关系，以及系统每个约定层次间的功能逻辑、数据流、接口的一种功能模型。典型的功能图如图 2-3 所示。

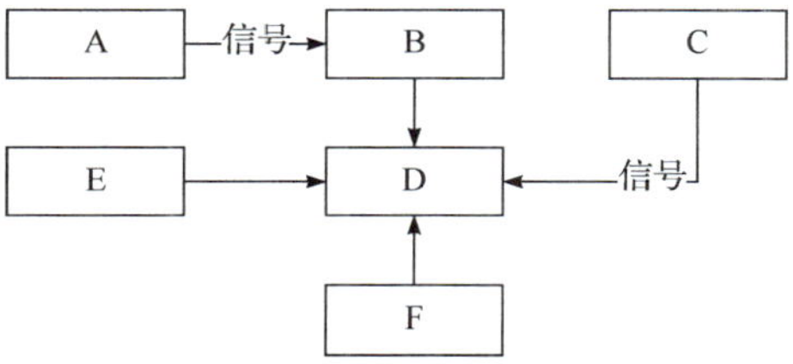

图 2-3　功能框图示例图

如果系统非常简单，只有一个产品等级且无接口存在，则可不绘制功能框图。如果系统存在多个不同的工作模式，在这些工作模式下约定层次间的功能逻辑、数据流、接口不同，则应对各个工作模式下的功能框图分别进行描述。

(2) 产品任务可靠性框图。

任务可靠性框图是描述系统整体可靠性与其组成组件的可靠性之间的关系。它不反映组件组成部分间的功能关系，而是表示故障影响的逻辑关系。如果产品组件具有多项任务或多个工作模式，则应分别建立相应的任务可靠性框图。产品组件的每一层级应分别绘制相应的可靠性框图。

构造可靠性框图时尽量使用编码体系。该编码应与结构组成中的编码相一致。采用统一的编码体系，才能使整个分析中硬件、功能单元和故障模式的标识一致和明确，便于跟踪所有的分析单元。

(3) 划分约定层次。

为确保对系统及其组件进行全面的 FMEA 分析，并保证分析结果的规范性和有效性，各承研单位应在报告中正确划分系统及产品组件的约定层次。根据组成系统的实际情况划分约定层次。对于采用了成熟设计、继承性较好且经过了可靠性、维修性和安全性等良好验证的系统或产品组件，其约定层次可划分得少而粗；反之，对任何新设计的或虽有继承性但其可靠性、维修性和安全性水平未经验证的系统或产品组件，其约定层次可划分得多而细。

3) 故障模式分析

故障模式分析的目的是找出产品所有可能出现的故障模式。

4) 故障原因分析

故障原因分析的目的是找出每个故障模式产生的原因，进而采取针对性的有效改进措施，防止或减少故障模式发生的可能性。

故障判据一般根据规定的系统功能要求、相应的性能参数要求和允许极限确定，在 FMECA 报告中应该予以明确表述。确定故障判据可以从四个方面考虑：在规定条件或时间内不能完成规定功能；在规定条件或时间内技术指标不能满足要求；在规定条件或时间内引起的能源、物资等的消耗，或对人员、环境及设施影响超出了允许范围；技术合同、用户或其他文件规定的故障判据。

在 FMECA 报告中，尽可能给出产品各级约定层次的故障判据，针对每级产品组件的功能及其输入输出，准确给出故障判据。描述故障判据时应尽可能量化，以参数指标的形式说明（包括特征参数及其阈值范围）。

5) 故障影响及严酷度分析

故障影响分析的目的是找出替换产品的每个可能的故障模式所产生的影响，并对其严重程度进行分析。

(1) 在进行故障影响分析之前，应对严酷度类别（或等级）进行定义。

严酷度定义必须与初始约定层次产品相一致，定义描述时应当具体、明确和清楚，便于文件的使用者和阅读者“对号入座”，不能采用定性或宏观语言描述。

如表 2-8 和表 2-9 所示，根据严酷度等级划分的定义内容进行分析，结合系统结构特点详细地给出具体的严酷度等级划分定义。

表 2-8　初始约定层次为系统的严酷度类别定义及评分准则

严酷度等级	名称	严重程度定义	系数
Ⅰ	灾难的	引起人员死亡或系统毁坏、重大环境损害	9～10
Ⅱ	致命的	引起人员的严重伤害或重大经济损失或导致任务失败、系统严重损坏及严重环境损害	7～8

续表

严酷度等级	名称	严重程度定义	系数
Ⅲ	中等的	引起人员的中等程度伤害或中等程度经济损失或导致任务延误或降级、导致系统中等损坏及中等环境损害	4～6
Ⅳ	轻度的	不足以导致人员伤害或轻度的经济损失或系统轻度损坏及轻度环境损害，但它会导致非计划性维修	1～3

表 2-9　初始约定层次为设备级的严酷度类别定义及评分准则

严酷度等级	名称	严重程度定义	系数
Ⅰ	灾难的	引起设备的主要或关键功能全部丧失，或对空间环境、工作环境或工作人员造成危害	9～10
Ⅱ	致命的	丧失设备部分主要功能或部分关键功能	7～8
Ⅲ	中等的	引起设备部分功能丧失，但不影响主要功能的执行	4～6
Ⅳ	轻度的	引起设备的性能降低及设备的非计划性维修	1～3

(2)故障模式、原因及影响分析。

根据系统定义中的功能描述、故障判据的要求和已有的较完整的故障模式库，确定最低约定层次所有可能的硬件/功能故障模式，分析其可能的故障原因，确定每一个故障模式的局部影响、对上一级的影响以及最终影响，并针对每个故障模式产生的原因，给出可采取的针对性的有效改进措施，以防止或减少该故障模式发生的可能性。填写 FMEA 分析表，详细的 FMEA 分析表的填写要求见 2.2.4 节。

6)故障检测方法分析

故障检测方法分析的目的是为系统的维修性与测试性设计以及维修工作分析等提供依据。

7)设计改进与使用补偿措施分析

设计改进与使用补偿措施分析的目的是针对每个故障模式的影响在设计与使用方面采取了哪些措施，以消除或减轻故障影响，进而提高系统的可靠性。

8)危害性分析

危害性分析是对系统中每一组件按其故障的发生概率和严重程度进行综合评估。可以按照规定的 FMECA 表格开展相应工作，并进行填写，最后形成 FMECA 报告。

危害性分析方法主要采用危害性矩阵法，其包含定性分析和定量分析两类。当不能获得产品的准确故障率数据时，选择定性危害性矩阵分析法；反之，选择定量法。

定性分析方法将每一个故障模式的发生可能性分成离散的级别，用 A、B、C、D、E 五个不同的等级表示，然后分析人员按所定义的级别对每一个故障模式进行评定。故障模式发生概率等级划分如表 2-10 所示。

表 2-10　故障模式发生概率等级划分

等级	定义	按下列规定定义故障模式发生概率		
		车队或库存（寿命期）	特定系统（工作时间）	特定系统的故障模式（工作时间）发生概率
A	经常的	接连发生	经常发生	某个故障模式发生概率大于系统总故障概率的 20%
B	有时的	发生频繁	发生几次	某个故障模式发生概率大于系统总故障概率的 10%，小于 20%
C	偶然的	发生几次	不太可能发生	某个故障模式发生概率大于系统总故障概率的 1%，小于 10%
D	很少的	发生可能性很小	不太可能发生甚至不会发生	某个故障模式发生概率大于系统总故障概率的 0.1%，小于 1%
E	极少的	几乎不可能发生甚至可以不加以说明	发生概率基本为零	某个故障模式发生概率小于系统总故障概率的 0.1%

完成对故障模式发生概率等级的评定后，再应用危害性矩阵对每一故障模式进行危害性分析。

定量分析方法是根据失效率、失效模式百分比、工作时间等数据计算系统的故障模式危害度或系统危害度，并用危害度来表示故障模式的发生概率，然后进一步用危害性矩阵对每一故障模式进行危害性分析。

故障模式危害度 C_{mj} 表示在特定严酷度下，某一故障模式的发生概率，是特定严酷度下产品危害度的一部分。其中，$C_{mj}=C_m(j)=\lambda_p\cdot\alpha\cdot\beta\cdot t$，$j=$ Ⅰ、Ⅱ、Ⅲ、Ⅳ。产品危害度 C_r 表示在特定严酷度下，产品失效的发生概率，其等于产品的故障模式危害度 C_{mj} 之和，即 $C_r=\sum C_{mj}$。

填写 FMECA 表，并将故障概率等级或危害性计算结果填入 CA 表中。详细的 CA 表的填写要求见 2.2.4 节。

危害性矩阵是综合分析故障模式的严酷度及该故障模式的发生概率所产生的综合影响，以确定每个故障模式影响的危害程度，进而为确定关键产品组件清单以及改进措施的先后顺序提供依据。危害性矩阵如图 2-4 所示。

图 2-4 中，纵坐标是失效模式发生概率等级（采用定性分析方法时）或产品或故障模式的危害度（采用定量分析方法时），横坐标一般是按等距离表示严酷度等

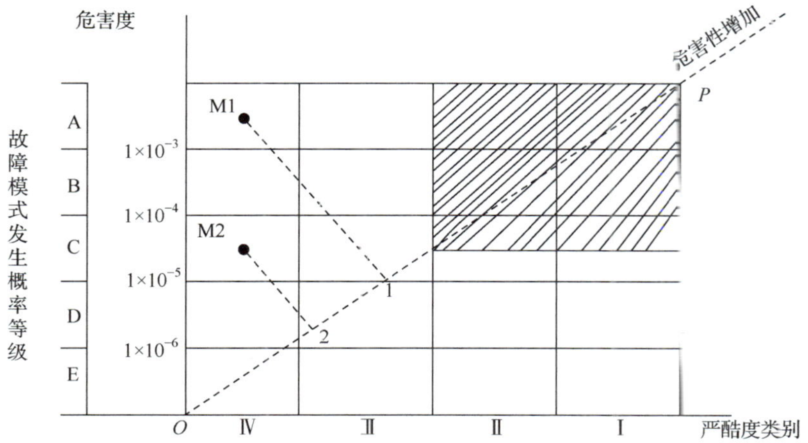

图 2-4　危害性矩阵

级（Ⅰ、Ⅱ、Ⅲ、Ⅳ），按此坐标填入故障模式编码(见 FMECA 工作表)。具体做法是：首先按危害度的值或故障模式概率等级在纵坐标上查到对应的点；再在横坐标上选取代表其严酷度类别的直线或区间，并在直线上或区间标注产品或故障模式代码，从而构成产品或故障模式的危害性矩阵图，即在图中得到各产品或故障模式危害度的分布情况。

利用危害性矩阵，可以在给定的严酷度下，将故障模式进行相互比较，以确定采取措施的先后顺序。具体做法是：在危害性矩阵中所标记的故障模式分布点向从原点出发的对角线作垂线，以该垂线与对角线的交点到原点的距离作为度量故障模式(或产品)危害性大小的依据。一般离原点越远，危害性越大，越需要尽快采取改进措施。图 2-4 中，故障模式 M1 比故障模式 M2 的危害性大。

危害性矩阵及通过危害性矩阵得出的分析结论应作为 FMECA 报告的一部分。

9)结论与建议

该部分应包括通过 FMEA 或 CA 后，得到的各类重点故障模式清单，对关键故障模式或既是Ⅰ、Ⅱ类又是单点且不可检测的故障模式，必须说明各种可能的补偿措施(如设计、试验、工艺、检验、操作、维修等)，以及预计采取所有措施后能取得效果的说明(如降低了发生概率或严酷度等)。

在分析结论中应明确说明通过 FMECA 工作是否发现了系统设计中薄弱环节、发现的薄弱环节采取了哪些设计改进措施。

报告应提供如下附表：

(1)严酷度Ⅰ、Ⅱ类单点故障模式清单，如表 2-11 所示。

表 2-11　严酷度Ⅰ、Ⅱ类单点故障模式清单

系统名称：　　填表：　　审核：　　第　页·共　页

校对：　　批准：　　填表日期：

序号	产品名称	故障模式	故障最终影响	严酷度等级	危害度等级	设计改进措施	使用补偿措施	故障模式未被消除原因	备注

(2) 可靠性关键产品清单，如表 2-12 所示。

表 2-12　可靠性关键产品清单

系统名称：　　填表：　　审核：　　第　页·共　页

校对：　　批准：　　填表日期：

序号	产品名称	关键故障模式	最终故障影响	严酷度等级	危害度等级	设计改进措施	使用补偿措施	实施部门	实施情况	备注

2.2.4　分析表填写要求及注意事项

1. FMEA 分析表填写要求

FMEA 从最低约定层次开始逐层向上分析，当 FMEA 分析表中的初始约定层次的产品名称与约定层次产品名称一致时，该产品的 FMEA 分析结束。FMEA 分析表如表 2-13 所示。

表 2-13　FMEA 分析表

初始约定层次：　　任务：　　审批：　　第　页·共　页

约定层次：　　分析人员：　　批准：　　填表日期：

序号	产品标识			故障模式编码	故障模式	故障原因	任务阶段/工作模式	故障影响			严酷度类别	检测方法	设计改进措施	使用补偿措施	备注
	产品名称	产品标识号	产品功能					局部影响	对高一层次影响	最终影响					

填表要求如下：

(1) 初始约定层次：承研单位的协议产品；

(2) 约定层次：根据划分的约定层次填写每一层次的对象；

(3) 任务：初始约定层次产品的任务；

(4)产品名称：填入被分析产品(或功能)的名称，该产品应为约定层次产品的组成；

(5)产品标识号：按照编码体系规则填写产品的编码；

(6)产品功能：简要说明被分析的硬件或功能块所需完成的功能；

(7)故障模式编码：填入分析对象的故障模式的编码，在产品编码后面加“.××”即可；

(8)故障模式：填写故障的表现形式，应尽可能穷举产品在每种工作模式下的所有可能的故障模式；除最低约定层次产品外，其他层次产品的故障模式应由其下一级产品对该产品的故障影响转化而来；

(9)故障原因：导致故障模式发生的原因，包括直接原因和间接原因；除最低约定层次产品外，其他层次产品的故障原因可由其下一级产品的故障模式转化而来；

(10)任务阶段/工作模式：简单说明发生故障模式时该产品可能处于哪一个任务剖面中的哪些任务阶段和工作方式；

(11)局部影响：产品的故障模式对该产品自身及周边同级产品的使用、功能或状态的影响；

(12)对高一层次的影响：对该产品的高一层次产品，即约定层次对象的使用、功能或状态的影响；

(13)最终影响：对初始约定层次产品安全、任务能力、性能、使用及状态的影响；

(14)严酷度类别：依据严酷度等级划分，并根据故障影响中的最终影响确定每一故障模式的严酷度等级；

(15)检测方法：简要描述故障检测方法，记录发现故障模式的方法和手段，如目视检查、影像监控设备、自动敏感装置、状态监控指示器、BIT等；

(16)设计改进措施：针对每个故障模式的原因、影响，提出可能采取的设计补偿措施，如热设计、工艺改进、裕度、安全装置、监控技术的工作方式等；

(17)使用补偿措施：针对每个故障模式的原因、影响，提出可能采取的使用补偿措施，如特殊的使用和维护规程、一旦出现某故障后操作人员应采取的最恰当的补救措施等；

(18)备注：补充说明需要特别说明的内容，如隐蔽故障、特殊的使用环境、裕度设备的故障影响等。

2. CA分析表填写要求

CA分析表是在FMEA分析表的基础上扩充而来，如表2-14所示。其中表头的前8列与FMEA分析表相同。当进行定性分析时，仅填写表中第1～9项及第 16 项即可，当进行定量分析时，需要填写全部表格内容。

表 2-14　CA 分析表

初始约定层次：　　任务：　　审批：　　第　页·共　页

约定层次：　　分析人员：　　批准：　　填表日期：

序号	产品标识		故障模式编码	故障模式	故障原因	任务阶段/工作模式	严酷度类别	故障模式发生概率等级/故障数据源	危害度计算						危害度代码	备注
	产品名称	产品标识号							故障率	故障模式频数比	故障模式影响概率	工作时间	故障模式危害度	产品危害度		

填表要求如下：

(1)故障模式发生概率等级/故障数据源：定性分析时，填写故障模式发生概率等级；定量分析时，填写故障数据源，即说明故障率及失效模式百分比等数据的来源；

(2)故障率 λ_p：填写产品的失效率，可以通过相关标准、可靠性预计或外场数据等得来；

(3)故障模式频数比 α：是产品的故障表现为确定的故障模式的比率。如果考虑某产品所有可能的故障模式，则其故障模式频数比之和将为 1；电子元器件的故障模式频数比一般通过相关标准文件得出，机械零部件的故障模式频数比一般通过经验统计得出，中间约定层次产品的故障模式频数比通过下层向上层的传递关系计算得出；

(4)故障模式影响概率 β：表示产品在某故障模式发生的条件下，其最终影响导致“初始约定层次”出现某严酷度等级的条件概率。某一故障模式可能发生多种最终影响，分析人员不但要分析这些最终影响，还应进一步指明该故障模式引起的每一种最终故障影响的百分比，即 β 值。β 值的确定代表分析人员对产品故障模式、原因和影响等掌握的程度。故障影响概率的取值原则如表 2-15 所示。

表 2-15　故障影响概率 β_j 的取值原则

说明	取值范围
该故障模式发生时，其导致的故障影响肯定发生	$\beta_j = 1$
该故障模式发生时，其导致的故障影响可能发生	$0.1 < \beta_j < 1$

续表

说明	取值范围
该故障模式发生时，其导致的故障影响不大可能发生	$0<\beta_j\leqslant 0.1$
该故障模式发生时，其导致的故障影响肯定不发生	$\beta_j=0$

3. 注意事项

(1)应按要求计划和实施 FMECA；

(2)产品设计人员负责 FMECA 分析并编制 FMECA 报告；

(3)设计人员应负责 FMECA 的自查，并且应负责检查与分析对象有接口的其他系统/子系统的 FMECA 分析结果；

(4)产品设计部门负责 FMECA 报告的技术性审查；

(5)质量安全部门负责 FMECA 报告的规范性审查和闭环确认；

(6)FMECA 应在早期设计阶段开始，并在以后的设计阶段中不断完善，反复迭代；

(7)FMECA 应与可靠性大纲、维修性大纲及后勤保障分析大纲等的要求相协调，以利于共享 FMECA 的分析成果，避免重复劳动。

2.2.5　FMECA 报告

FMECA 分析完成后，应完成相应的 FMECA 报告。FMECA 报告应包含的内容有：分析目的与适用范围、引用文件、系统定义、功能分析、任务可靠性框图、约定层次、基本规则和假设、系统故障判据、严酷度类别定义、故障模式和原因及影响分析、危害性分析、结论及建议、附表。

2.3　系统 FTA

2.3.1　系统 FTA 相关概念

故障树是用来表明产品(组件或系统)哪些组成部分的故障或外界事件或它们的组合将导致产品发生一种给定故障的逻辑图。

故障树分析(FTA)是通过对可能造成产品故障的硬件、软件、环境、人为因素进行分析，按规则绘制故障树图形，并根据数学模型进行解算，从而确定产品故障原因的各种可能组合方式和其发生概率的一种分析技术。

故障树常用事件及其符号如表 2-16 所示。

表 2-16　故障树常用事件及其符号

分类	符号	说明
事件		基本事件是在特定的故障树分析中无须探明其发生原因的底事件
	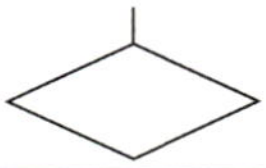	未探明事件是原则上应进一步探明其原因但暂时不必或者不能探明其原因的底事件
		结果事件是故障树分析中由其他事件或事件组合所导致的事件，它位于某个逻辑门的输出端
		开关事件是已经发生或者必将要发生的特殊事件
		条件事件是描述逻辑门起作用的具体限制的特殊事件
逻辑门	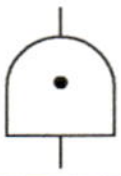	与门表示仅当所有输入事件发生时，输出事件才发生
	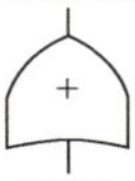	或门表示至少一个输入事件发生时，输出事件就发生
		非门表示输出事件是输入事件的逆事件
	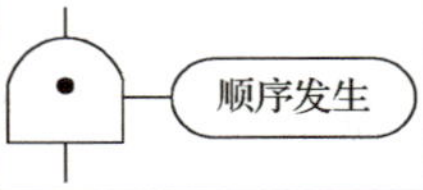	顺序与门表示仅当输入事件按规定的顺序发生时，输出事件才发生
		表决门表示仅当 n 个输入事件中有 r 个或 r 个以上的事件发生时，输出事件才发生（$1\leqslant r\leqslant n$）
	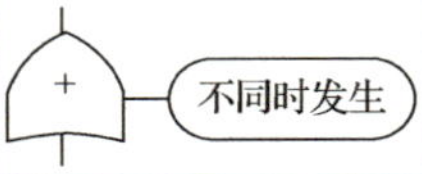	异或门表示仅当单个输入事件发生时，输出事件才发生
	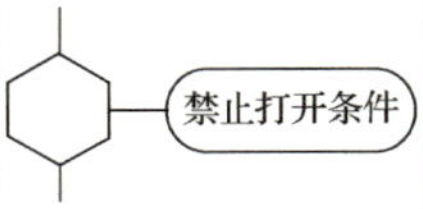	禁止门表示仅当禁止门打开条件事件发生时，输入事件的发生才导致输出事件的发生

1）顶事件

顶事件是预先不希望发生的对系统技术性能、经济性、可靠性和安全性有显著影响的故障事件，它位于故障树的顶端。

2）底事件

底事件是故障树中仅导致其他事件的原因事件。它位于故障树底端，总是某个逻辑门的输入事件而不是输出事件。

3)结果事件

结果事件是故障树分析中由其他事件或事件组合所导致的事件。它位于某个逻辑门的输出端。结果事件分为顶事件与中间事件。

4)特殊事件

特殊事件指在故障树分析中需用特殊符号表明其特殊性或引起注意的事件。特殊事件分为开关事件和条件事件。

转移符号表示在同一故障树中，中间事件下面所连接的子树(分支)的转移。它的作用有两个：一是可避免相同的子树在作图上的重复；二是可解决大的故障树在一张图纸上画不开时，作为在不同图纸上子树相互衔接的标志。转移符号包括相同转移符号和相似转移符号，如表 2-17 所示。

表 2-17　相同转移符号和相似转移符号

符号		说明
相同转移符号	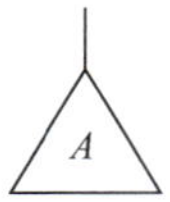 入三角形	位于故障树的底部，表示树 A 的部分分支在另外地方
	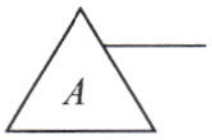 出三角形	位于故障树的顶部，表示树 A 是在另外部分绘制的一棵故障树的子树
	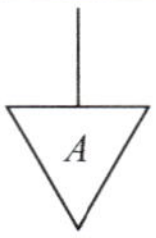 入三角形 不同的事件标号	位于故障树的底部，表示树的相似部分分支在另外地方，底事件用不同的事件标号表明
	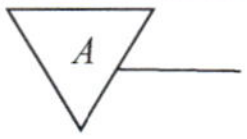 出三角形	位于故障树的顶部，表示树 A 是在另外部分绘制的一棵相似故障树的子树

1)相同转移符号(Identical Transfer Symbol)

其表示相同故障事件的转移。在故障树中经常出现完全相同或者同一故障事件在不同位置出现，为了减少重复工作量并简化故障树，一般应用该类转移符号。加上相应的标号(如 A)分别表示从某处转入，或转到某处，也可用于故障树的移页。

2)相似转移符号(Similar Transfer Symbol)

其表示故障事件结构相似而事件标号不同的转移。在故障树中经常出现条件基本相同或者相似的故障事件，为了减少重复工作量并简化故障树，一般应用该类转移符号。加上相应的标号，分别表示从某处转入，或转到某处，也可用于故障树的移页。

割集是故障树中一些底事件的集合，当这些底事件同时发生时，顶事件必然发生。

最小割集是底事件的数量不能再减少的割集，即在该最小割集中任意去掉一个底事件后，剩下的底事件集合就不是割集。一个最小割集代表系统的一种故障模式，寻找故障树的全部最小割集是故障树定性分析的任务。

2.3.2 故障树分析描述

故障树分析是一种特殊的倒立树状逻辑因果关系图，构图的元素是事件和逻辑门。其中逻辑门的输入事件是输出事件的“因”，逻辑门的输出事件是输入事件的“果”；事件用来描述系统和元部件故障的状态，逻辑门把事件联系起来，表示事件之间的逻辑关系。

故障树分析以一个不希望发生的产品故障事件(或灾难性的产品危险)即顶事件作为分析的目标，通过自上而下严格地按层次的故障因果逻辑分析，采用演绎推理的方法，逐层找出故障事件的必要而充分的直接原因，最终找出导致顶事件发生的所有原因和原因组合，并计算它们的发生概率，然后通过设计改进和实施有效的故障检测、维修等措施，设法减少其发生概率，给出产品的改进建议。故障树分析可分析多种故障因素的组合对产品的影响。

FTA 主要步骤如图 2-5 所示。

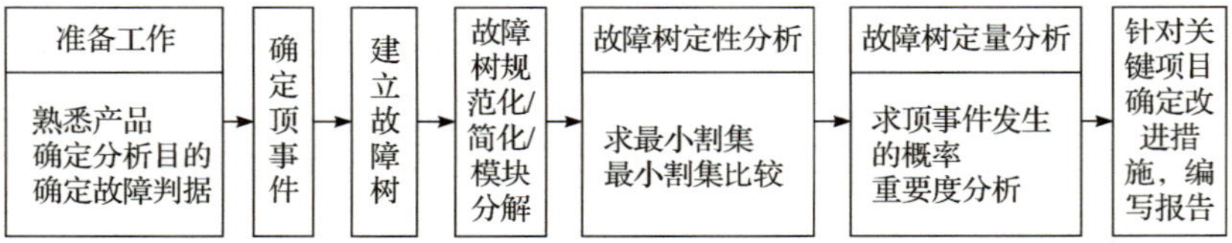

图 2-5 FTA 主要步骤

2.3.3 故障树建树与分析的准备工作

准备工作是故障树分析的先决条件，包括熟悉产品、确定分析目的和确定故障判据。

1)收集数据和资料

在实施 FTA 之前，需要准备的主要技术资料和信息包括：

(1)技术协议及设计任务书；

(2)方案设计报告及相关资料；

(3)设计图纸和相关数据；

(4)故障历史数据；

(5)相似产品或可靠性增长摸底试验前产品的 FTA 技术报告；

(6)FMEA 分析报告。

开始建树时，资料往往不全，必须补充收集某些资料或作为必要假设来弥补这种欠缺。随着资料的逐步完善，故障树也会修改得更加符合实际情况和更加完善。

2) 熟悉产品

(1) 熟悉产品设计说明书、设计图(如原理图、结构图、流程图)、各组装等级测试方法、各组装等级试验要求和其他有关资料(运行规程、维修规程)，透彻掌握产品设计意图、结构、功能、边界和环境情况；在产品故障树分析时应注意了解各子系统、各组件接口之间的关系；

(2) 辨明人的因素和软件对产品的影响，辨识产品可能的各种状态模式，分析这些模式之间的相互转换，必要时应绘制产品状态模式及转换图，以帮助弄清产品正常或故障之间的关系；在现役系统故障树分析时应分析产品在地面试验、运行、停运等各种状态的不同工作模式，弄清楚相互之间的关系；

(3) 在故障树分析前，最好开展 FMEA 或 FMECA，以帮助辨识顶事件和各级结果事件；

(4) 根据各组件的复杂程度，必要时应绘制产品系统可靠性框图，以帮助正确形成故障树的顶部结构和实现故障树的早期模块化，缩小建树的规模。

3) 确定分析目的和范围

分析人员应根据任务要求和对产品了解程度明确进行故障树分析的目的和范围。因分析目的不同，同一产品建立的故障树也大不相同。如果分析关注的对象是硬件故障，则建模时可以省略人的因素；如果关注对象是内部事件，则建模时可以不考虑外部事件；如果进行全面分析，则需要考虑硬件、软件故障、人的失误和外部事件等所有因素。

4) 确定故障判据

根据产品功能和性能要求确定产品的故障判据，只有故障判据确切，才能辨明什么是故障，从而确定导致故障的必要而充分的原因。

5) 确定顶事件

顶事件的确定是建立故障树的基础，确定的顶事件不同，则建立的故障树也不同。大多数情况下，产品会有多个不希望发生的重大故障事件，在充分熟悉资料和产品的基础上，应做到既不遗漏又分清主次地将全部重大故障事件一一确定，分别作为顶事件建立故障树并进行分析；并且产品会有多个工作模式，顶事件应该在各个工作模式下单独分析。确定顶事件的方法如下：

(1) 在设计过程中进行 FTA，一般从显著影响产品技术性能、经济性、可靠性和安全性的故障中选择确定顶事件；

(2) 通过 FMECA 找出影响安全及任务成功的关键故障模式，即从严酷度为Ⅰ、Ⅱ类的故障模式中选择确定顶事件；

(3)结合外场或历史数据，将外场重大故障作为顶事件。

在确定顶事件时应注意：针对不同的分析级别应分别给出相应的顶事件。例如，对系统开展 FTA 分析时，顶事件是指系统的故障模式和状态；对分系统级开展 FTA 分析时，顶事件是指分系统的故障模式和状态；对设备开展 FTA 分析时，顶事件是该设备的故障模式和状态。以此类推，顶事件所在级别越高，往下一级展开得越充分，故障树越庞大。

2.3.4 故障树建立

确定顶事件后，应遵循建立故障树的基本规则和方法，利用故障树专用的事件和逻辑门符号，将故障事件之间的逻辑推理关系表达出来，建立出所需的故障树。

1) 故障树建立的基本规则

(1) 明确建树边界条件。

故障树的边界应和系统的边界相一致，才能避免遗漏和重复，根据边界条件明确故障树需要建到何处为止。通常边界条件包括以下几个方面：

①确定顶事件；

②确定初始条件，它是与顶事件相适应的；凡是具有一个以上工作状态的组件，就要规定某工作状态作为初始条件；如电路中有开关，则需要明确初始条件是“开关闭合”还是“开关打开”；

③规定不许可的事件，指建树时规定不允许发生的事件。例如，根据分析目的不同，分析硬件故障时应明确不考虑人为因素。

(2) 简化系统构成。

简化系统构成可考虑以下几个方面：

①对系统进行必要的合理假设，如不考虑人为故障、不考虑一些设备或接线故障、对一些设备做出偏安全保守的假设等；

②对于复杂系统，可在 FMEA 的基础上，将与顶事件不重要的部分舍去，以简化系统，然后再进行建树；同时，又要避免把主观看来“不重要”的底事件压缩掉，却把要寻找的隐患漏掉；因此，需要做出确的工程判断。

(3) 严格定义故障事件。

故障事件必须严格定义，否则建出的故障树将不正确。对于结果事件，应当根据需要准确表示为“故障是什么”和“什么情况下发生”。例如，“泵启动后压力罐破裂”，“开关合上后灯泡不亮”。

(4) 应从上向下逐级建树。

建树应从上到下逐级进行，在同一逻辑门的全部必要而又充分的直接输入未列出之前，不得进行下一逻辑门的任何输入。一棵庞大的故障树，每一级输入数可能很多，而每一个输入都可能仍然是一棵庞大的子树，因此，逐级建树可以避免遗漏。

(5) 建树时不允许“门—门”直接相连。

建树时不允许不经过结果事件而将“门—门”直接连接。每一个门的输出事件都应明确定义。主要目的是防止建树者不对中间事件下文字定义即去发展该子树，其次“门—门”相连的故障树使评审者难以判断对错。

(6) 把对事件的抽象描述具体化。

为了促使故障树向下发展，必须用比较具体的直接事件逐步取代比较抽象的间接事件，这样在建树时也可能形成不经任何逻辑门的“事件—事件”串，同时也要逐一定义并写在长方框中。

(7) 处理共因事件和互斥事件。

共同的故障原因会引起不同的组件故障甚至不同的系统故障。共同原因的故障事件，简称为共因事件。对于故障树中存在的共因事件，必须使用同一事件标号。不可能同时发生的事件为互斥事件，对于与门输入端的事件和子树应注意是否存在互斥事件，若存在则应采用异或门变换处理。

2) 故障树建立的流程

故障树建立的流程如图 2-6 所示。

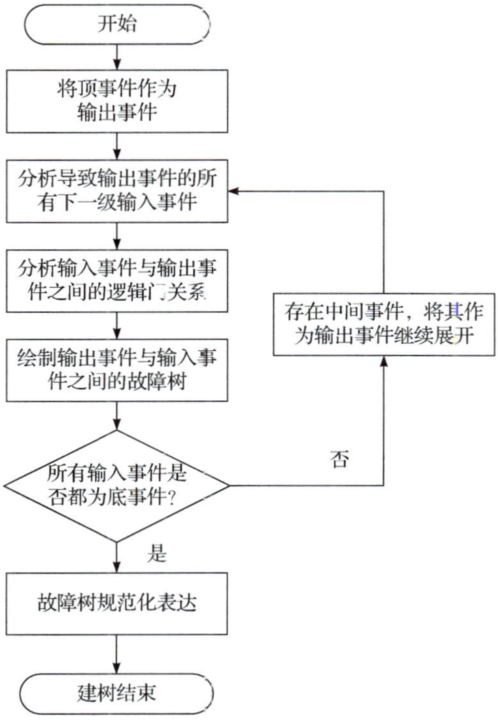

图 2-6　故障树建立的流程

将顶事件作为输出事件，分析建立导致顶事件发生的所有直接原因事件作为下一级输入事件，建立这些输入事件与输出事件之间的逻辑门关系，并绘制输出事件与输入事件之间的故障树；以此类推，将这些下一级事件作为输出事件进行展开，直到所有的输入事件都为底事件时停止，至此初步的故障树建立完毕；对故障树中的事件建立定义和表达符号，利用符号取代故障树中的事件文字描述，利用转移符号简化故障树，实现故障树的规范化表达。

3) 故障树的规范化和简化

为了减少分析的工作量，需要对建立的故障树进行规范化、简化和模块分解。

(1) 故障树的规范化。

将建立出来的故障树变换为仅含有基本事件、结果事件以及“与”、“或”、“非”三种逻辑门的故障树的过程，称为故障树的规范化。

对于特殊事件的处理有以下规则：

①未探明事件的处理规则：可根据其重要性和数据的完备性，当作基本事件对待或删去。重要且数据完备的未探明事件当作基本事件对待；不重要且数据不完备的未探明事件可删去；其他情况由分析人员根据工程实际决定；

②开关事件的处理原则：将开关事件当作基本事件对待；

③条件事件的处理原则：条件事件总是与特殊门联系在一起的，依据特殊门的等效变换规则处理。

特殊门等效变换规则如表 2-18 所示。

表 2-18　特殊门等效变换规则

特殊门	图示	说明
顺序与门变换为与门	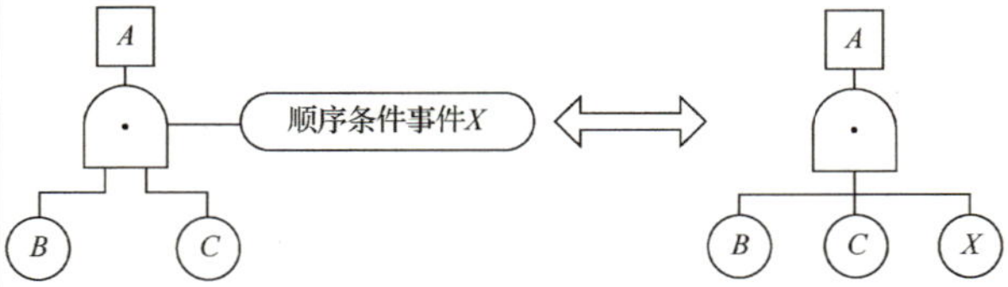	输出不变，顺序与门变为与门，原输入不变，新增加一个输入事件——顺序条件事件 X
表决门变换为或门和与门的组合	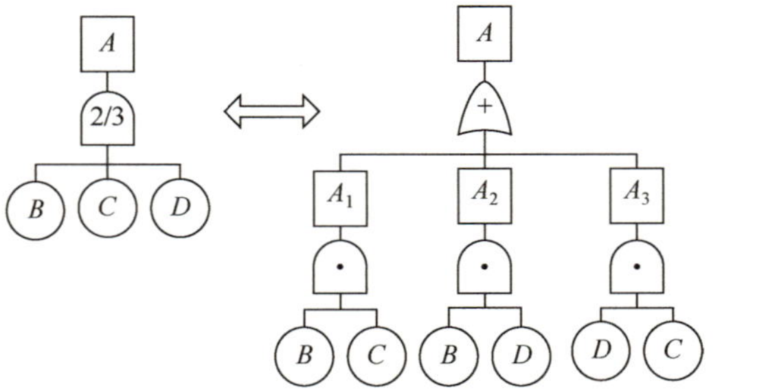	原输出事件下接一个或门，或门之下有 C_n^r 个输入事件，每个输入事件之下接一个与门，每个与门之下有 r 个原输入事件

续表

特殊门	图示	说明
表决门变换为或门和与门的组合	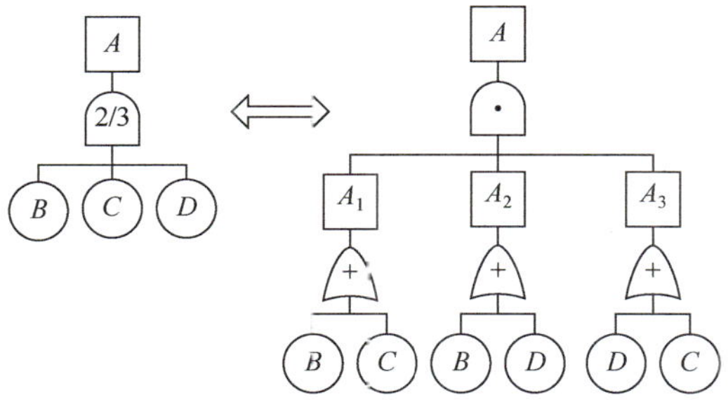	原输出事件下接一个与门，与门之下有 C_n^{n-r+1} 个输入事件，每个输入事件下接一个或门，每个或门之下有 $n-r+1$ 个原输入事件
异或门变换为或门、非门和与门的组合	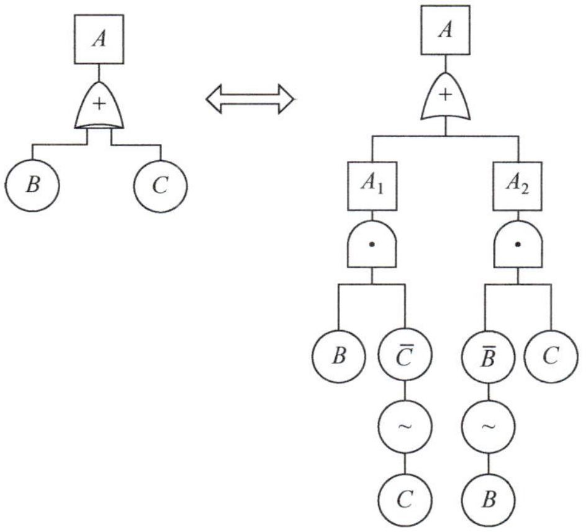	原输出事件不变，异或门变为或门，或门下接两个事件，这两个事件下分别接一个与门，每个与门之下分别接一个原输入事件和一个非门，非门之下接一个原输入事件
禁止门变换为与门	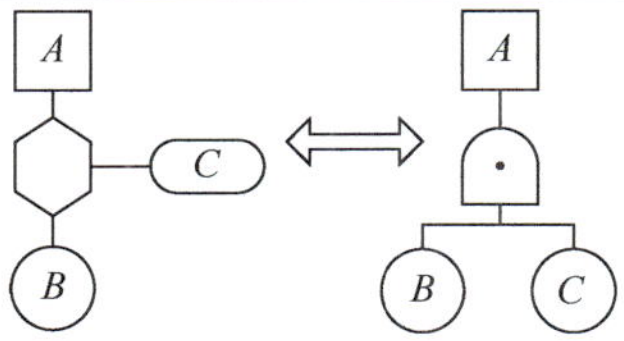	原输出事件不变，禁止门变换为与门，与门之下有两个输入，一个为原输入事件，另一个为条件事件

(2) 故障树的简化。

故障树的简化不是故障树分析的必要步骤，它并不会影响以后定性分析和定量分析的结果。然而，对故障树尽可能地简化是减小故障树规模进而减小工作量的有效措施。

用相同转移符号表示相同子树，用相似转移符号表示相似子树；去掉明显的逻辑多余事件和明显的逻辑多余门。

按照集合运算规则，可得如表 2-19 所示的简化故障树的基本原理。

表 2-19　简化故障树的基本原理

基本原理项示例

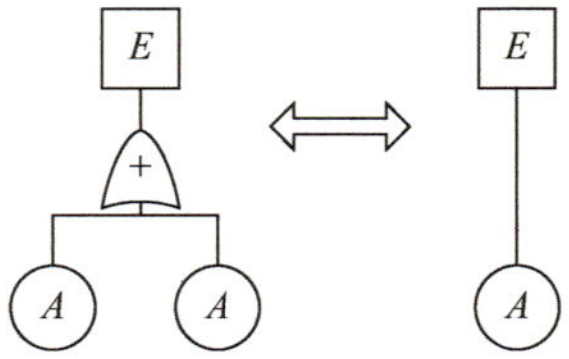

按幂等律$A+A=A$，$A\bar{A}=\varnothing$化简

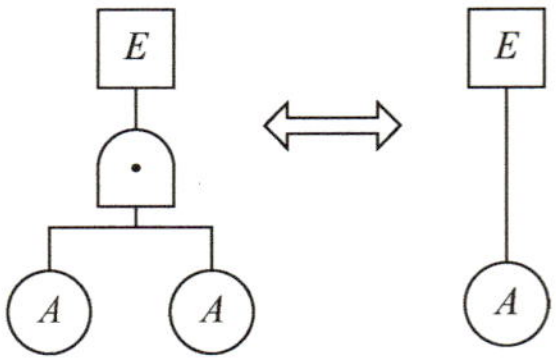

按幂等律$AA=A$，$A\bar{A}=\varnothing$化简

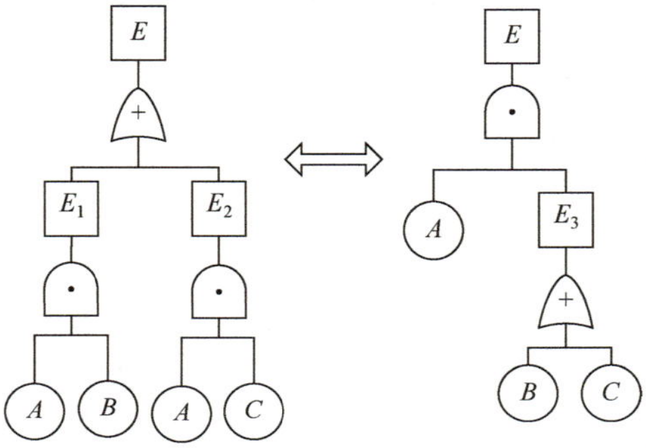

按分配律$AB+AC=A(B+C)$化简

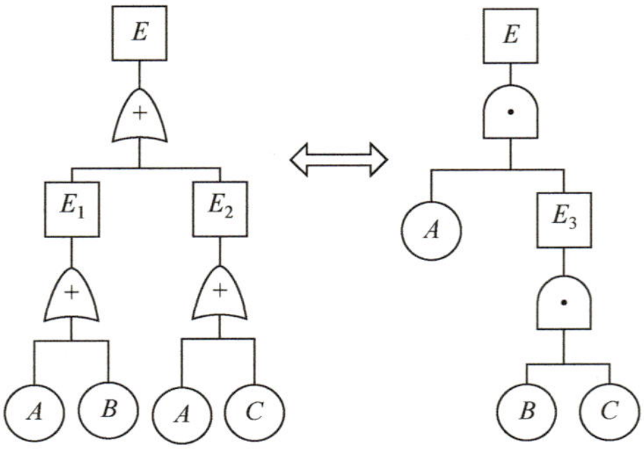

按分配律$(A+B)(A+C)=A+BC$化简

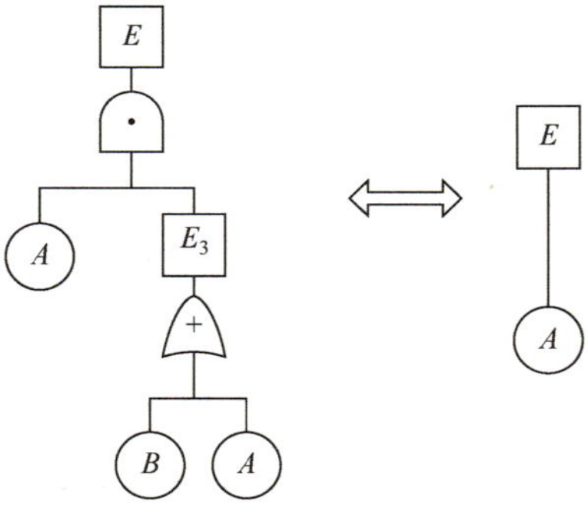

按吸收律$A(A+B)=A$，$A\bar{A}=\varnothing$化简

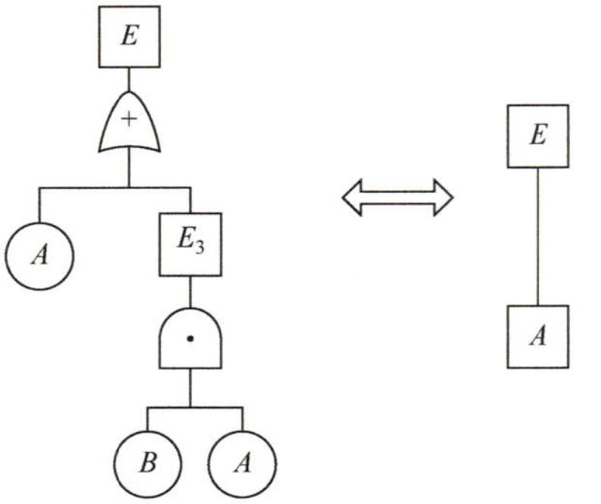

按吸收律$A+AB=A$，$A\bar{A}=\varnothing$化简

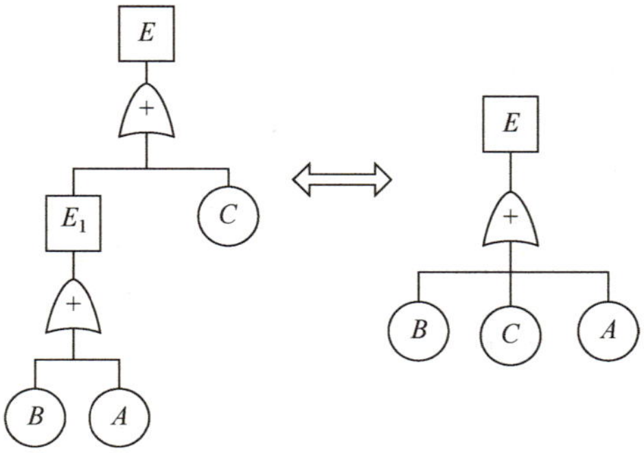

按结合律$(A+B)+C=A+B+C$化简

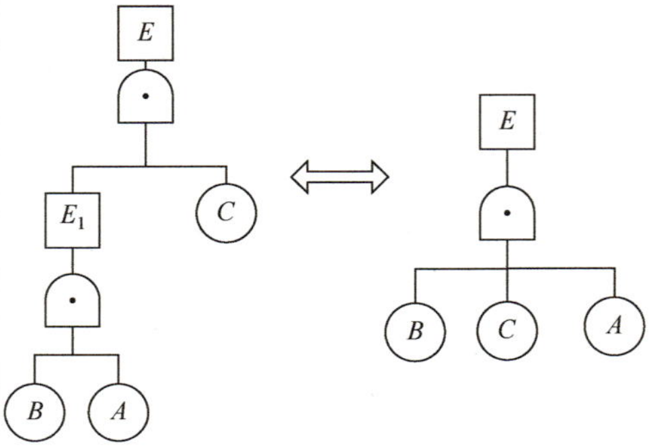

按结合律$(AB)C=ABC$化简

续表

基本原理项示例	基本原理项示例
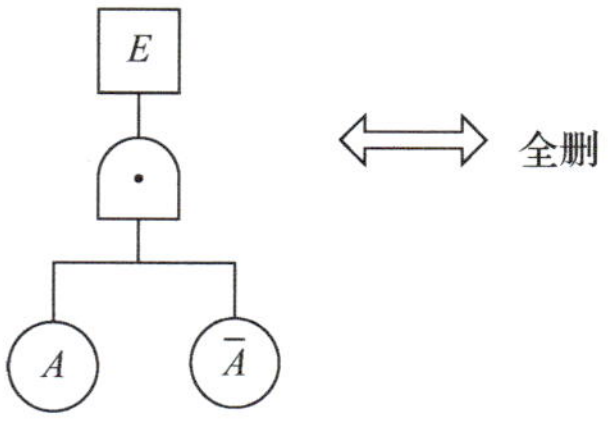 按互补律$A\bar{A}=\varnothing$化简	—

注：表中符号是逻辑运算符而非数字运算符。

⑶故障树的模块化分解。

故障树的模块化分解不是故障树分析的必要步骤，它不会影响以后定性分析和定量分析的结果。然而，对故障树尽可能的模块化分解是减小故障树规模进而减小分析工作量的有效措施。故障树的模块化分解按如下步骤进行：

①按模块和最大模块的定义，找出故障树中尽可能大的模块；如果有计算机辅助软件可用，可方便求出故障树的所有最大模块；

②每个模块，可单独进行定量计算和定性分析；

③对每个模块用一个等效的虚设底事件来代替，使原故障树的规模减小；

④故障树定性分析和定量计算后，可根据实际需要，将顶事件和各模块之间的关系转换为顶事件和底事件之间的关系。

2.3.5　故障树分析

1. 故障树定性分析

故障树定性分析的目的在于寻找导致系统顶事件发生的原因事件或原因事件的组合，即识别导致顶事件发生的所有故障模式集合，确定故障树的割集和最小割集，进行最小割集和底事件的对比分析，从定性的角度确定出较为重要的底事件，帮助分析人员发现潜在故障，揭露设计的薄弱环节，以便改进设计，还可用于指导故障诊断，改进使用和维修方案。

1）最小割集的作用

一个最小割集代表系统的一种故障模式，故障树定性分析的任务就是要寻找故障树的全部最小割集。最小割集的作用主要体现在两个方面。

⑴从预防故障的角度：如果设计中能做到使每个最小割集中至少有一个底事件不发生（发生概率极低），则顶事件就不发生。因此找出最小割集对降低复杂系统潜在故障的风险、改善系统设计意义重大。从保证系统正常工作的状态出

发，对于一个系统的故障模式，只需避免其中任意一个底事件的发生，即可消除对应的故障模式。

(2)从系统的故障诊断和维修的角度：当进行故障诊断时，发现某个组件故障后，进行修复，系统可以恢复功能，但其可靠性水平未能恢复如初。因为由最小割集的概念可知，只有最小割集中的全部组件都发生故障时，系统才有故障，而只要任一组件修复，系统即可恢复功能，但此时可能依然存在同一最小割集中其他的故障组件未能修复，则系统再次发生故障的概率很高。因此在系统故障诊断和维修时，应追查同一割集中的其他组件故障并设法全部修复，这样才能恢复系统可靠性、安全性设计水平。

2)求最小割集的方法

在完成建树并对故障树规范化后，需要计算故障树的最小割集。最小割集的计算常用上行法和下行法，对于复杂的故障树，求最小割集常用 FTA 软件工具。

上行法和下行法求解故障树最小割集的步骤如表 2-20 所示。

表 2-20　上行法和下行法求解故障树最小割集的步骤

项目	下行法	上行法
特点	从顶事件开始，由上而下逐级寻找事件集合，最终获得故障树的最小割集	从底事件开始，由下而上逐级寻找事件集合，最终获得故障树的最小割集
步骤	①确定顶事件； ②分析顶事件所有对应的逻辑门； ③将顶事件展开为逻辑门的输入事件(用“与门”连接的输入事件列在同一行；用“或门”连接的输入事件分别各占一行)； ④按步骤③向下将各个中间事件按同样规则展开，直至所有的事件均为底事件； ⑤在展开过程中，所有底事件的组合形式构成割集； ⑥通过割集间的比较，利用布尔代数运算规则合并消元，最终得到故障树的全部最小割集	①确定所有底事件； ②分析底事件所对应的逻辑门； ③通过事件运算关系表示该逻辑门的输入事件(“与门”用布尔集表示；“或门”用布尔和表示)； ④按步骤③向上迭代，直至故障树的顶事件； ⑤将所得布尔等式用布尔运算规则进行简化； ⑥最后得到用底事件积之和表示顶事件的最简式； ⑦最简式中，每一个底事件的“积”项表示故障树的一个最小割集，全部“积”项就是故障树的所有最小割集

3)最小割集的分析

在求得全部最小割集之后，可按以下原则对最小割集和底事件进行定性比较，以便将定性比较的结果应用于指导故障诊断，确定维修次序及提示系统改进的方向。阶数越小的最小割集越重要；在低阶最小割集中出现的底事件比高阶最小割集中的底事件重要；在同一最小割集阶数的条件下，在不同最小割集中重复出现的次数越多的底事件越重要；为了节省分析工作量，可略去阶数大于 3 的所有最小割集进行近似分析。

2. 故障树定量分析

故障树定量分析的目的是在求得故障树最小割集的基础上，根据故障树的底事件发生概率计算得出故障树顶事件的发生概率，确定每个最小割集的发生概率，以便改进设计、提高产品的可靠性和安全性水平。

1) 假设

故障树中的底事件之间是相互独立的。这种独立性主要从工程实际的角度进行判断，若某些底事件相互不独立，按照统计独立的假设进行计算将出现较大误差，则应修正；每一个底事件或顶事件有发生与不发生两种状态。

2) 顶事件发生概率计算

顶事件的发生概率可以通过最小割集来求解。在工程上，应尽可能采用 CAD 软件辅助计算，可以保证计算效率和准确性。

3) 顶事件发生概率的计算方法

在大多数情况下，底事件可能在几个最小割集中重复出现，即最小割集之间是相交的，此时，精确计算顶事件发生概率就必须用相容事件的概率公式，而在工程实际中，精确计算是不必要的，使用以下三种近似计算顶事件发生概率的方法，通常即可满足工程需要。

方法一

$$P(T) \approx \sum_{i=1}^{N_k} P(K_i) \tag{2-1}$$

其中，$P(T)$ 为顶事件发生概率，$P(K_i)$ 为第 i 个最小割集发生的概率，N_k 为最小割集数。

方法二

$$P(T) \approx \sum_{i=1}^{N_k} P(K_i) - \frac{1}{2} \sum_{i<j=1}^{N_k} P(K_i K_j) \tag{2-2}$$

其中，$P(K_j)$ 为第 j 个最小割集发生的概率，$P(K_i K_j)$ 为最小割集两两乘积之和。

方法三

$$P(T) = 1 - \prod_{i=1}^{N_k} \left(1 - P(K_i)\right) \tag{2-3}$$

方法三的前提是最小割集的发生概率较低，可假设各个割集之间是相互独立的，即两个以上割集同时发生的情况可忽略不计。

4) 重要度分析

底事件对顶事件发生的贡献称为该底事件的重要度。通过重要度分析可以确定产品中的可靠性薄弱环节，为改进和完善产品设计，确定产品需要监测的部位、制定产品故障诊断清单等提供依据。工程上常用概率重要度进行分析。

概率重要度的定义为第 i 个底事件发生概率的变化引起顶事件发生概率变化的程度，其数学表达为

$$I_i^{\mathrm{Pr}} = \frac{\partial F_s(t)}{\partial F_i(t)} \tag{2-4}$$

其中，$F_i(t)$ 为底事件 i 的发生概率，$F_s(t)$ 为顶事件的发生概率。

概率重要度的物理含义为系统处于当且仅当底事件 i 故障发生，顶事件即发生的概率。它表示由底事件 i 导致顶事件发生概率变化的程度。

3. 确定改进措施

根据定性、定量分析结果，找出可靠性薄弱环节，分析并制定改进措施。

(1) 首先分析当前采取的检查手段和诊断方法：填入操作人员或维修人员检测和诊断当前故障模式的方法。应指明是目视检查或者影像报警装置、自动传感装置、传感仪器等其他独特的显示手段，还是无任何检测方法，并声明检测周期。

(2) 其次分析当前采用的预防措施，包括已经被证明有效的设计措施和补偿措施等。设计预防措施通常是针对过去发生的故障采取的根本解决措施，并已经被证明是有效的；补偿措施是用来消除或明显降低故障影响的措施，例如，节点产品发生故障时，能继续工作的冗余设备；安全或保险装置（如监控及报警装置）；可以消除或减轻故障影响的设计或工艺改进；特殊的使用和维护规程；如果有需要，采取进一步控制措施，分析并制定改进措施，规定责任人和完成时间；所有的设计改进均应反映方案设计图纸中的原理。

4. 编写故障树分析报告

故障树建树和分析完成后，应完成相应的故障树分析报告。故障树分析报告应包含以下几个部分：前言、引用文件、系统描述、基本假设、故障的定义和判据、顶事件的定义和描述、故障树建立、故障树定性分析、故障树定量分析、故障树分析的结论和建议以及附件。

2.4 本章小结

本章介绍了 RCMA、FMECA、FTA 方法，包括维修分析和风险分析的内容，保证人工或监控设备有组织地定性找出系统的所有可能的故障模式及其影

响，进而采取相应的措施，为可靠性、安全性、维修性、测试性、保障性、环境适应性工作的开展提供定性依据。并且能够按照以最少的维修资源消耗保持系统固有可靠性和安全性的原则，应用逻辑决断的方法确定预防性维修要求。借助故障树分析法梳理导致产品故障状态发生的所有可能的直接因素，层层分析，找出引起系统故障状态发生的各种故障事件组合，通过各因素之间的逻辑关系，建立故障树，对故障状态进行分析和评价。系统 RCMA 体系为提高系统的质量和可靠性水平提供了改进依据和应对措施。

第3章　系统可用性

本章主要探讨可修复系统以及设备，即具有在发生故障后可通过维护活动恢复至运行服务状态的设备等。可修复系统的性能评估主要涉及两个关键概念：可用性和可维护性。可用性指的是系统在规定的环境条件下，在给定的运行时间内维持正常运行服务的能力；而可维护性则是指系统在指定的停机时间内，通过维护活动恢复正常运行服务的能力。可用性和可维护性的评估通常被考虑在系统设计阶段，或工程安装之后的运行阶段，例如，在系统安装的过程升级和生产期间。传统的可靠性工程通常仅将可用性视为在考虑可维护因素下的设备可靠性的一个特例，即可用性是将系统可靠性和可维护性特征转化为系统有效性指标的一个重要参数，因为系统的可用性既取决于其固有的可靠性，也与其可维护性密切相关。可用性在工程设计中通常围绕一个核心问题展开：如何确保设备在特定时间内保持正常工作状态？一个显著的优势在于，在工程设计过程中可以将可用性分析作为基础平台，以设定可靠性和可维护性参数，并有效平衡这些参数。

在可靠性工程中，可用性通常通过概率或者时间比率的可用度来量化表示。因此，系统可用度本质上定义为“系统在规定时间和特定条件下执行所需功能的概率，所考虑的时间包括运行时间和主动维护时间”。尽管这个定义在概念上相对狭窄，特别是在对维护时间的考虑上有所局限，但在工程设计中，可用度分析方法的核心目标是优先考虑固有可用度(Inherent Availability)。固有可用度指的是在理想的支持环境和规定条件下，不考虑预防性维护的情况下，系统在任意时间点能够正常运行并满足功能要求的概率。这意味着，固有可用度更侧重于系统设计本身的稳定性和可靠性，而非系统在实际运行中对外部条件或操作过程的适应能力。一种更全面的方法应包括量化不确定性的措施，将可用度作为决策分析问题进行深入探讨。在这种方法中，通过评估特定的标准，如成本和收益，并对其发生的可能性进行量化分析，可以为提高系统可用度提供不同的优化选择。经济因素的激励是人们对工程设计中更为周密和更系统的可用性分析越来越感兴趣的主要基础。确保在工程设计中进行恰当的可用度分析，是设计工程师在不显著增加资本成本的前提下，增加工艺和/或系统容量的少数可行选择之一。从这个定义来看，显而易见，任何形式的可用度分析都与时间密切相关，也就是将系统的运行时间分解为基于时间的元素。

在系统的设计阶段，对可用度的分析通常是通过将上述定义中基于时间的元素更换为基本关系的不同形式来实现。这些组合方式形成了可用度的各种定义。可用度设计的核心任务是针对特定流程或系统操作标准，确保系统在设计时满足特定可用度需求。该设计过程主要关注系统层级（即装配层级，而非组件级别）的设计，通过确定基于预期系统性能的可用度需求，从而影响系统层级结构中所有组件的设计。与可靠度设计类似，可用度设计方法并不依赖于事先识别的所有设计组件，并且可以在设计的概念阶段或初步设计阶段进行应用。

在许多复杂系统集成的大型连续工艺工业中，尤其是电力工业和化学工艺工业领域，可用性与可靠性密切相关的概念已得到广泛认可。因此，在可用度评估过程中，通常也采用“自下而上”的方式。在这一框架下，可用度评估从设计的较低层级（如组件层级）开始，逐渐扩展至系统层级，进而达到设计的较高层级（即过程层级）。这一过程的目的是识别和分析各个层级之间的集体效应，即各组件、系统及整个过程对整体设备可用度的影响。此外，需要强调的是，这些技术并不涵盖可用性分析的全部范畴，而是结合选定可靠性技术（可靠性预测和评估）进行应用，以确定相对于设计阶段的工程设计完整性。可用度的定义具有一定的定性差异，这表明在不同层级的系统可用度设计方法也存在显著差异，例如，基于各种性能标准条件下系统可操作性（维修性）和系统性能（可靠性）的固有可用度；不仅考虑系统本身的可靠性和维修性，还考虑预防性维护任务实施的可达可用度（Achieved Availability）；根据可能出现延迟的时间指标，追加考虑与维护任务相关联（与设计无关）的行政和后勤保障活动总时间的运行可用度（Operational Availability）。因此，在选择适当的分析技术时，需要充分考虑这些差异，以确保评估结果的准确性和有效性。

可维护性是影响可用度的关键因素之一。通过降低平均修复时间（MTTR）、优化维护策略和降低维护成本，可维护性能够有效提高系统的可用度，减少非计划停机，从而提升系统的整体运行效率。可维护性在美国军事手册“设计和开发可维护设备和系统”（MIL-HDBK-470A 1997）中描述为“在规定的维护和修理层级上，按照既定程序和资源，由具备特定技能水平的人员执行时，设备能够以相对简便且经济的方式保持或恢复到预定状态的难易程度”。在这一过程中，可维护性作为设计的一个功能，直接影响系统的维护效率和资源消耗。可见，可维护性是指在设备设计、开发和制造过程中，通过采取一系列措施，以减少所需的维护频次、降低所需的技能水平、减少后勤成本和对支持设施的需求，从而确保设备能够高效恢复并持续满足其预期功能要求。因此，提升系统可用性的有效途径之一是通过缩短停机时间来提高其可维护性。停机时间的最小化并非偶然发生，而是在设计初期，尤其是在概念设计、原理设计和详细细节设计阶段，通过积极地、适当和逐步考虑可维护性需求来实现的。通过这种设计方式，可确保系统在运行过程中能最大限度地减少停机和维护所需的时间。因此，必须保障系统或设备具备固有的可维护性特性，这需要通过具体的设计实践加以实现，并结合可维护性评估方法进行验证，同时辅以分析和测试手段加以确认。系统全寿命周期的可用度评估，以及各类维护策略的计划与实施，进一步为系统的优化提供了丰富的理论基础。

3.1　可用性的基本术语和概念

不可用度(Unavailability)：是指系统在规定时间和特定条件下无法执行所需功能的概率。它是可用度的补充度量，通过将可用度的值从 1 中减去进行量化。

固有可用度：是指在不考虑预防性维护，并在理想支持环境和规定条件下，系统在任意时间点能够运行的概率。

可达可用度：是指在理想支持环境和规定条件下，系统在任意时间点能够运行的概率。与固有可用度不同，达成可用度包含对预防性维护的考虑。

运行可用度：是指在规定条件下使用的系统在任意时间点能够满意运行的概率。与可达可用度不同，运行可用度包括行政和后勤延迟时间，以及维护等待时间的影响。

平均修复时间(MTTR)：是指当系统或设备出现故障后，完成故障修复所需的平均耗时。该指标的计算，通常需全面考虑相应系统层级下，各个维护级别在执行纠正性维护以及预防性维护任务过程中所耗费的时间。

平均失效时间(Mean Time to Failure，MTTF)：是指在特定的时间周期内，不可修复系统或设备自投入运行起到出现故障/终止服务时所经历的平均运行时长，是用于评估不可修复的设备或组件的可靠性指标。

平均故障间隔时间(MTBF)：是指某一段时间内，可修复系统或设备在正常运行状态下，从一次故障修复后重新投入使用开始，到下一次发生故障为止的平均时间间隔。

平均运行时间(Mean Uptime，MUT)：是指某一段时间内，系统或设备于正常运行状态下所维持的平均持续时长，此概念与平均停机时间相互对应。与 MTBF 不同，MUT 不考虑故障的发生，而是着重于度量系统维持正常运行状态的持续时长。

平均停机时间(Mean Downtime，MDT)：在指某一段时间内，系统或设备因故障或维护而停机的平均时间。类似于 MTTR，但 MTTR 通常指的是针对单次故障的平均修复时间，而 MDT 则可能涵盖更广泛(多次)的停机情况，包括计划维护时间等。

行政和后勤停机时间(Administrative and Logistics Downtime，ALDT)：是指

在系统或设备发生故障或计划维护期间，由行政和物流方面的因素导致的系统或设备处于停机状态所持续的时长。这种停机时间可能是由行政程序、物流流程、人力资源调配等方面的原因而引起的。

机内测试(BIT)：是指系统或设备进行故障检测、隔离或诊断的自我测试能力，旨在确定系统是否已经或将要发生故障。例如，在组件级别上的故障检测和隔离的主要方法需要使用自诊断或机内测试。

健康状况和安全监控(Health and Safety Monitoring，HSM)：在系统的设计中可以纳入 HSM 能力。例如，监测涡轮机轴的温度，以防止三轴承过热。其他 HSM 系统可以使用多种传感器，如应变计、热传感器、加速度计等，来测量组件或系统的特定组件上的电气和机械应力。

以可靠性为中心的维护(Reliability-Centered Maintenance，RCM)：是一种系统化的方法，用于确定设备或系统的最佳维护策略，旨在确保其可靠性和功能在经济和有效的方式下最大化。RCM 通过分析设备的功能、故障模式及其后果，制定最适宜的预防性维护或纠正性维护措施，以提高设备的可靠性、可用性和安全性。

全面生产维护(Total Productive Maintenance，TPM)：是一种以提高设备综合效率为目标，以全系统的预防维护为过程，以全体人员参与为基础的设备保养和维护管理体系。TPM 旨在通过设备维护的改善来推动企业的整体改善，包括提高设备的稳定性、减少故障率、提高生产效率以及降低成本等方面。

3.2　可用性评价指标

在 $t=0$ 时刻投入运行的一个可修复系统，当系统发生故障时，采取维护操作以恢复系统的功能，则系统在 t 时刻的状态由状态变量 $X(t)$ 表示

$$X(t)=\begin{cases}1, & t\text{时刻系统正常}\\0, & t\text{时刻系统故障}\end{cases}$$

在本章节中仅考虑由故障导致的非计划停机情况。状态变量和各种时间概念如图 3-1 所示。

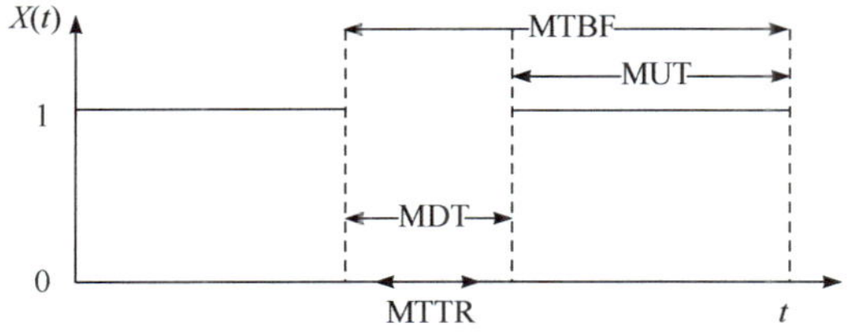

图 3-1　可修复系统的平均“行为”和主要时间概念

3.2.1　瞬时可用度

定理 3-1　可维护系统在t时刻的可用度是系统在t时刻处于正常状态的概率

$$A(t)=\Pr\left(X(t)=1\right) \tag{3-1}$$

其中，$A(t)$为瞬时可用度，有时被称为点可用度。

定理 3-2　可维护系统在t时刻的不可用度是系统在t时刻处于非正常状态的概率

$$\overline{A}(t)=1-A(t)=\Pr\left(X(t)=0\right) \tag{3-2}$$

3.2.2　区间可用度

在实际应用中，可能关注的是可修复系统在区间(t_1,t_2)内的区间可用度或者任务可用度。

定理 3-3　在区间(t_1,t_2)内的区间可用度或者任务可用度$A_{\text{av}}(t_1,t_2)$为

$$A_{\text{av}}(t_1,t_2)=\frac{1}{t_1-t_2}\int_{t_1}^{t_2}A(t)\mathrm{d}t \tag{3-3}$$

其中，$A_{\text{av}}(t_1,t_2)$是指定区间(t_1,t_2)内瞬时可用度$A(t)$的平均值。

在某些应用场景中关注的是从开始时刻的区间可用度，即区间$(0,\tau)$的区间可用度，其定义为

$$A_{\text{av}}(\tau)=\frac{1}{\tau}\int_{0}^{\tau}A(t)\mathrm{d}t \tag{3-4}$$

平均可用度$\left(A_{\text{av}}(t_1,t_2)\text{和}A_{\text{av}}(\tau)\right)$可以解释为系统在一定时间区间内正常运行的平均比例。当$\tau\to\infty$时，平均区间可用度式(3-4)将达到一个极限，称为系统的长期平均可用度。

定理 3-4　长期平均可用度为

$$A_{\text{av}}=\lim_{\tau\to\infty}A_{\text{av}}(\tau)=\lim_{\tau\to\infty}\frac{1}{\tau}\int_{0}^{\tau}A(t)\mathrm{d}t \tag{3-5}$$

长期平均可用度A_{av}可以解释为系统在长时间内能够正常运行的平均概率。在某些应用领域，长期平均不可用度$\overline{A}_{\text{av}}=1-A_{\text{av}}$被称为强迫停运率。

3.2.3　稳态可用度

瞬时可用度$A(t)$将在$t\to\infty$时接近极限A，极限A称为该系统的极限可用度。

定理 3-5　当 A 这个极限存在时，极限可用度表示为

$$A = \lim_{t \to \infty} A(t) \tag{3-6}$$

极限可用度有时也被称为稳态可用度。当极限可用度存在时，它等于长期平均可用度，即 $A_{av} = A$。

3.2.4　运行可用度

运行可用度 A_{OP} 是指在既定任务周期内，系统能够执行其预期功能的平均比例。在评估系统的 A_{OP} 时，须明确任务周期范围，并估算平均总计划停机时间和平均总计划外停机时间。运行不可用度 $\overline{A}_{OP} = 1 - A_{OP}$ 表示为

$$\overline{A}_{OP} = \frac{平均总计划停机时间 + 平均总计划外停机时间}{任务周期}$$

3.2.5　替代性指标

在使用可用度和运行可用度等概念时，通常只考虑系统的两种状态：正常状态和故障状态。但是生产系统的输出可能存在较大变动，这意味着上述可用度难以充分地评估系统的性能。因此，多种替代性的度量指标可考虑用于系统运行性能的评估。

(1)交付能力。

NORSOK Z-016[①]作为评估油气生产系统运行性能的一种度量标准，其中引入了生产“规律性”的概念。规律性是用来衡量生产系统在特定时间内满足交付要求或性能需求能力的术语。虽然 NORSOK 标准最初是为石油和天然气行业制定的，但大多数概念也可以用于其他行业。

NORSOK Z-016 将交付能力定义为在特定时期内实际交付量与计划或约定交付量之间的比值，同时考虑了其他生产商的替代品和下游缓冲贮存等补偿因素的影响，公式如下

$$交付能力 = \frac{实际交付}{计划或约定交付}$$

交付能力是衡量系统满足客户需求的能力的指标。当生产系统中的故障和其他问题导致实际交付量下降时，可以通过仓库库存产品或从其他供应商采购的产品来弥补。因此，交付能力的评估不仅关注系统自身的性能，还需要综合考虑外部补偿机制的作用。

---

① NORSOK 标准是挪威石油和天然气行业的一系列技术标准，旨在确保石油和天然气开采过程中设备、系统、设施等的安全性、可靠性和环保要求。NORSOK 标准由挪威石油工业协会和挪威石油公司等组织共同制定。

（2）生产运行可用度。

生产运行可用度 OA 被定义为在特定时间段内，生产（交付）大于 0 的平均时间比例。在这种情况下，1−OA 表示系统完全无法生产的平均时间比例。

（3）100%生产可用度。

在时间区间 (t_1,t_2) 内的 100%生产可用度 A_{100}，定义为在区间 (t_1,t_2) 内系统进行满负荷生产的平均时间比例（以小时为单位计算）

$$A_{100}=\frac{\text{在时间区间}(t_1,t_2)\text{内系统以满负荷生产的小时数}}{t_2-t_1}$$

在这个定义中，只关心满负荷生产，不区分 90%负荷生产和不生产。还可以定义在减少产能下的生产可用度，例如，80%负荷的生产可用度为

$$A_{80}=\frac{\text{在时间区间}(t_1,t_2)\text{内系统生产负荷}\geqslant 80\%\text{的小时数}}{t_2-t_1}$$

3.3 系统可用性评估方法

本节讨论工程设计领域中的可修复系统及其设备，这些系统和设备在发生故障后能够恢复至正常的工作状态。它涵盖了可用度（系统在预定的运行期间处于可运行状态的概率）和可维护度（在指定的停机时间内系统恢复的概率）的预测和评估。本节主要介绍几种不同的系统可用度评估方法。

（1）可靠性框图（Reliability Block Diagram，RBD）。

可靠性框图方法适用于计算各组件状态相互独立系统的平均可用度的近似值。它通过图形化方法描述系统组件及其连接关系，从而计算系统整体可用度。该方法易于使用，并在某些系统中能够提供较为准确的平均可用度估算结果。3.3.1 节简要介绍了可靠性框图方法，该方法假设系统中每个组件仅存在两种可能的状态：运行状态或故障状态，并可利用 3.2 节的公式计算系统的可用度。可靠性框图作为一种静态建模工具，仅能描述系统在特定功能下的可用性，因此不适用于具有复杂修复策略的可修复系统建模。

（2）故障树。

基于故障树模型的可用度评估与可靠性框图方法类似，它通过构建故障树系统地分析导致系统失效的各种原因及其相互关系。大多数用于故障树分析的计算程序也同样适用于可修复系统的评估。然而，故障树分析方法具有与可靠性框图方法相同的局限性，本节不再对其进行详细讨论。

（3）离散型马尔可夫。

马尔可夫方法适用于分析具有复杂维修策略的可修复系统。该方法假设所有

组件的故障率和修复率均为恒定值，因此无法反映任何长期趋势或季节性变化对系统的影响。随着系统组件数量的增加，状态空间会呈指数级增长，使得计算复杂度迅速上升。即使是中等复杂程度的系统，其计算工作量也可能是巨大的。该方法可以计算出系统处于各种状态(稳态概率)的平均时间比例。若已知不同系统状态下的产量(系统输出)，可以将其与稳态概率相结合，作为生产规律评估的输入。3.3.2 节进一步讨论了离散型马尔可夫方法。

(4) Petri 网。

Petri 网是一种高度灵活的建模工具，适用于分析具有复杂修复策略的可修复系统。它能够直观地描述系统中的并发事件、多状态变化及资源共享特性，使其在处理复杂动态行为方面具有独特优势。通过图形化建模、参数设置和定量分析，Petri 网能够直观和准确地评估系统的可用性。3.3.3 节将进一步讨论基于 Petri 网的可用度评估方法。

(5) 蒙特卡罗仿真。

蒙特卡罗仿真是可修复系统可用度评估最灵活的方法，可用于分析几乎任何类型的系统，尤其是在系统结构复杂或难以用解析方法评估的情况。通过计算机仿真程序，蒙特卡罗方法可通过大量随机样本生成系统的状态和故障模式，从而估算系统的可用度。尽管这种方法具有高度的适应性，但仿真过程通常需要通过程序进行，且可能会面临一些计算和模型设定上的限制。3.3.4 节将进一步讨论这种方法。

3.3.1　可靠性框图

假设一个有 n 个组件的系统，其结构函数为 $\phi\left(X(t)\right)$。如果状态变量 $X_1(t), X_2(t), \cdots, X_n(t)$ 为独立随机变量，则系统可用度 $A_S(t)$ 可以表示为

$$A_S(t) = E\left(\phi\left(X(t)\right)\right) \tag{3-7}$$

例 3-1　系统具有结构函数如图 3-2 所示。

$$\phi\left(X(t)\right) = X_1(t)\left(X_2(t) + X_3(t) - X_2(t)X_3(t)\right) \tag{3-8}$$

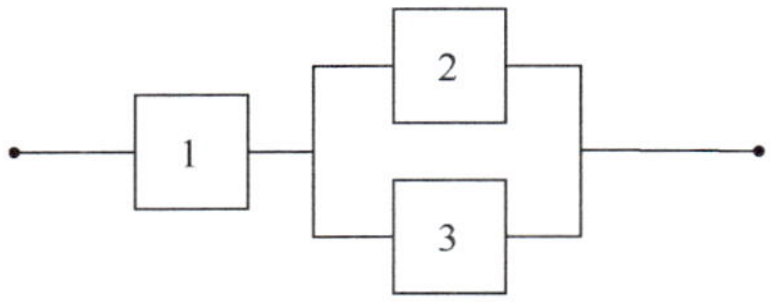

图 3-2　可靠性框图

假设系统中三个组件的故障和修复相互独立，要确定该系统的平均可用度。给出各个组件的 MTTF 和 MDT，则组件的平均可用度由下式计算出

$$A_{\mathrm{av},i}=\frac{\mathrm{MTTF}_i}{\mathrm{MTTF}_i+\mathrm{MDT}_i},\quad i=1,2,3$$

为了简化符号，经常省略对平均(av)的引用，并将 $A_{\mathrm{av},i}$ 写成 A_i。其中涉及的符号指标如表 3-1 所示。

表 3-1　计算系统平均可用度的指标说明

i	MTTF_i	MDT_i	A_i
1	1000	10	0.990
2	500	10	0.980
3	500	10	0.980

因此，系统的平均可用度为

$$A_S=A_1\left(A_2+A_3-A_2A_3\right)\approx 0.9896$$

则系统的平均不可用度为 $\bar{A}_S\approx 0.0104$，相当于系统每年大约有 91 个小时的停机时间(假设系统是持续运行的)。

使用例 3-1 中的方法对系统可用度进行分析时，首先需假设系统各组件的故障和修复相互独立。即系统中的一个组件出现故障，所有其他组件不受该组件故障状态影响，继续运行。例 3-1 中概述的方法因为其易于使用而经常用于实际分析。大多数用于故障树分析的计算机程序都采用与例 3-1 等效的故障树方法来分析可修复系统。使用这种方法时，需意识到该方法固有的局限性，即所有组件的故障和修复都是相互独立的假设条件，这意味着：

(1)一个组件的运行和修复不受其他组件状态的影响；

(2)无法模拟负载分配型系统(当一个组件的一个或多个冗余组件失效，该组件的负载增加)；

(3)只有当一定数量的组件处于正常运行状态，才可能合并维护操作并恢复运行。

通过对可靠性框图(或故障树)的细致建模，可以在一定程度上克服其固有的局限性，但这并非是一项简单任务，并且在实际问题分析中难以完全实现。可靠性框图(故障树)本质上仅提供系统故障原因(系统功能需求)的静态“显示”，因此不适用于分析具有动态特征的系统，例如涉及维护和状态变化的动态系统。此外，在可靠性框图中，系统的可用度取决于各组件的可靠性以及可维护性，而各组件的可靠性通常又可以通过其失效率函数计算所得。

1. 失效率函数

在可靠性工程领域，失效率函数是一个至关重要的概念。它不仅为工程师和技术人员提供了预测、评估和预防系统失效的重要工具，同时也为系统设计和优化提供了科学的理论基础。失效率函数是描述系统或设备随时间失效概率变化的数学模型。它提供了一种量化评估系统可靠性的方法。通常，失效率函数是基于大量的实际运行数据和统计分析构建的，通过拟合和预测模型参数来准确反映系统的失效特性。通过失效率函数，可以预测系统在不同时间点的失效概率，从而制定更为精确的维护计划和风险管理策略。在一些系统中，组件的失效率可能并非恒定的，而是随时间变化的。失效率函数可以描述这种变化趋势，如早期失效、正常工作期和老化期。通过分析这些变化趋势，可以更准确地进行系统可靠性评估。

在规定时间和规定条件下，离散定义下的失效率是统计群体内失效数目与设备总数的比率；连续定义下的失效率为系统停止执行其所需要的功能的概率；间隔期间的失效率指系统在间隔开始之前没有发生故障而在间隔内发生故障的概率。而可靠度是指在规定时间和规定条件下，系统能够正常运行的概率。例如，某个系统有 n 个相同的组件，在规定的条件下，在时间 $(t-\Delta t,t)$ 内，有 $n_f(t)$ 个组件失效、$n_r(t)$ 个组件正常工作，$\left[n_f(t)+n_r(t)=n\right]$。当 Δt 趋近于无穷小时，那么在时刻 t，该系统的可靠度 $R(t)$ 可表示为

$$R(t)=\frac{n_r(t)}{n_r(t)+n_f(t)}=\frac{n_r(t)}{n} \tag{3-9}$$

因此，如果 T 是表示失效时间的随机变量，那么时刻 t 的可靠度函数可表示为

$$R(t)=P(T>t) \tag{3-10}$$

失效时间 T 的累积分布函数 $F(t)$ 与 $R(t)$ 互为补集，即

$$F(t)+R(t)=1 \tag{3-11}$$

如果失效时间 T 存在概率密度函数 $f(t)$，那么，式(3-11)可以写成

$$R(t)=1-F(t)=1-\int_0^t f(u)\mathrm{d}u \tag{3-12}$$

将式(3-12)对 t 求导，得到

$$\frac{\mathrm{d}R(t)}{\mathrm{d}t}=-f(t) \tag{3-13}$$

如果失效前时间的分布是参数为 λ 的指数分布，那么

$$f(t)=\lambda \mathrm{e}^{-\lambda t} \tag{3-14}$$

那么其可靠度函数是

$$R(t)=1-\int_0^t \lambda e^{-\lambda u}du=e^{-\lambda t} \tag{3-15}$$

由式(3-15)，可以用一个组件的可靠度函数表示其在时间段$[t_1,t_2]$内发生失效的概率

$$\int_{t_1}^{t_2} f(t)dt=R(t_1)-R(t_2) \tag{3-16}$$

在$[t_1,t_2]$区间内定义失效率为：在此区间内发生失效的概率，并且在之前失效没有发生。失效率可以表示为

$$\frac{R(t_1)-R(t_2)}{(t_2-t_1)\cdot R(t_1)} \tag{3-17}$$

如果用t代替t_1，用$t+\Delta t$代替t_2，那么，式(3-17)可以写为

$$\frac{R(t)-R(t+\Delta t)}{\Delta t\cdot R(t)} \tag{3-18}$$

当Δt趋近于无穷小时，失效率函数可表示为

$$z(t)=\lim_{\Delta t\to 0}\frac{R(t)-R(t+\Delta t)}{\Delta t\cdot R(t)}=\frac{1}{R(t)}\left[-\frac{d}{dt}R(t)\right] \tag{3-19}$$

即

$$z(t)=-\frac{d}{dt}\ln R(t)\text{或}z(t)=\frac{f(t)}{R(t)} \tag{3-20}$$

由式(3-13)和式(3-20)得出

$$R(t)=\frac{-\int_0^t z(t)dt}{\ln}=e^{-\int_0^t z(u)du} \tag{3-21}$$

$$R(t)=1-\int_0^t f(u)du \tag{3-22}$$

$$z(t)=\frac{f(t)}{R(t)} \tag{3-23}$$

式(3-11)、式(3-13)、式(3-21)、式(3-22)、式(3-23)是关于$f(t)$、$F(t)$、$R(t)$和$z(t)$的重要式。

综上所述，失效率函数，或者说是失效率$z(t)$，是失效只发生在时间段$[t,(t+dt)]$间的条件概率，在时刻t之前没有出现失效，其表达式为

$$z(t)=\frac{f(t)}{R(t)} \tag{3-24}$$

累积失效率函数(Cumulative Failure Function) $Z(t)$ 是失效在时间段 $(0,t)$ 内的条件概率，可根据上式的概率失效率函数 $z(t)$ 计算，它表示在时间段 $(0,t)$ 内出现失效的总数

$$Z(t)=\int_0^t z(u)\mathrm{d}u \tag{3-25}$$

失效率可以解释为瞬时失效率。该表达式可用于评估失效时间(Time to Failure，TTF)或平均故障间隔时间(MTBF)，以及在特定维护策略下所需维修人员数量。此外，它还可用于评估系统可用性、保修成本(Warranty Cost)，并用于分析系统失效随时间的变化规律。在统计中，失效率函数称为死亡率(Force of Mortality，FOM)。该术语也被部分可靠性工程学科的作者采用，以避免故障率函数和可修复项目的故障发生率(Rate of Occurrence of Failures，ROCOF)之间的混淆，FOM 描述的是单个组件的寿命分布，用于衡量在时间 t 之后该组件发生故障的倾向。相比之下，ROCOF 则用于描述随机过程中的故障发生率，更适用于分析可修复系统的故障统计分析。也有部分书籍更倾向于使用危险率(Hazard Rate)这一术语来代替失效率，本章节中选择使用失效率进行阐述。如式(3-24)所示，失效率是一个关于时间的函数。

假设考虑一批相同组件的总体，取大样本 N 在 T=0 时投入使用。最初由于组件不合格、制造缺陷、设计错误和安装缺陷，系统呈现比较高的失效率。随着失效组件被移除，平均失效间隔时间增加，导致失效率下降。失效率下降的这一时期被称为初始失效期(Infant Mortality Region)，也被称为磨合期(Shake-down Region)、调试期(De-bugging Region)或早期失效期(Early Failure Region)。降低早期失效可以通过烧机测试(Burn-in Test)筛除缺陷组件、改进制造工艺，以及加强过程质量控制。时间 T_1 代表早期失效期的结束点(对于电子系统，通常约为 10^4 小时)。在早期失效期结束后，失效率将逐渐趋于恒定值。在恒定失效率区域(介于 T_1 和 T_2 之间)，失效不再呈现可预测模式，而是由于负载变化而随机发生。负载高于设计负载可能导致过应力失效(Overstress Failure)，加速组件退化。负载低于设计负载可能导致间隔效应(Derating)，即组件在低于正常工作条件的情况下运行。两者都会导致组件失效。在恒定失效率阶段，材料缺陷或制造缺陷的随机性也会导致失效。失效率曲线的最后一个阶段是磨损失效期，从 T_2 开始。磨损失效期开始的标志是失效率开始显著上升超过恒定故障率。该阶段的失效不再是随机的，而是由组件的老化和材料磨损所导致。在该时期内，随着组

件到达其使用(设计)寿命，失效率迅速增加。为减少磨损失效期的影响，必须定期进行预防性维护或计划更换。然而，并非所有组件的失效率曲线都符合浴盆曲线模型。大多数电子和电气元件不会出现磨损期。有些机械组件可能不会表现出恒定失效率阶段，而是从早期失效期逐渐过渡到磨损失效期。此外，不同组件的各阶段持续时间可能存在显著差异。下面将讨论能够表现这些失效模式的失效时间分布。

2. 恒定失效率

许多电子组件，如晶体管、电阻器、集成电路和电容器，在其使用期间都表现出恒定失效率。当然，这种特性表现在早期失效阶段(一般为一年，8760 小时)之后。恒定失效率函数 $z(t)$ 的表达式为

$$z(t)=\lambda \tag{3-26}$$

其中，λ 是常数，概率密度函数 $f(t)$ 可由式(3-21)得到

$$f(t)=z(t)\mathrm{e}^{-\int_0^t z(u)\mathrm{d}u} \tag{3-27}$$

或

$$f(t)=\lambda\mathrm{e}^{-\lambda t} \tag{3-28}$$

累积分布函数 $F(t)$ 为

$$F(t)=\int_0^t \lambda\mathrm{e}^{-\lambda u}\mathrm{d}u=1-\mathrm{e}^{-\lambda t} \tag{3-29}$$

可靠度函数 $R(t)$ 为

$$R(t)=1-F(t)=\mathrm{e}^{-\lambda t} \tag{3-30}$$

3. 线性增长失效率

当组件进入磨损阶段或退化状态时，其失效率通常会呈现上升趋势。例如，许多机械组件，包括旋转轴、阀门以及齿轮等，磨损导致失效率线性增加。而像弹簧和橡胶圈这类组件，则可能因为性能退化而表现出失效率的线性增长；相对地，电子组件如继电器则很少表现出失效率的线性增长趋势。在失效率线性增长的情况下，失效率函数可以表示为

$$z(t)=\lambda t \tag{3-31}$$

其中，λ 是常数，概率密度函数 $f(t)$ 可以是一个呈线性增长特性的瑞利分布(Rayleigh Distribution)，表达式为

$$f(t)=\lambda t\mathrm{e}^{-\frac{\lambda t^2}{2}} \tag{3-32}$$

所以，$F(t)$ 的表达式为

$$F(t)=1-\mathrm{e}^{-\frac{\lambda t^2}{2}} \tag{3-33}$$

可靠度 $R(t)$ 的表达式为

$$R(t)=\mathrm{e}^{-\frac{\lambda t^2}{2}} \tag{3-34}$$

4. 线性下降失效率

许多组件(包括机械的和电动的)在早期失效阶段会呈现递减的失效率，即失效率随时间呈线性或非线性下降。线性下降失效率函数表达式为

$$z(t)=a-bt,\quad a\geqslant bt \tag{3-35}$$

其中，a 和 b 是常数，与线性递增失效率函数相同，也可以得到 $f(t)$、$F(t)$、$R(t)$ 的表达式。服从这种失效率函数的失效模型和可靠度取决于 a 和 b 的值。

3.3.2　离散型马尔可夫

本节介绍离散型马尔可夫过程，讨论马尔可夫型可修复系统的通用模型，并进一步讨论各种典型的可修复系统，求出这些系统的系统可用度等关键性能指标。通过离散型马尔可夫模型，可以详细描述系统的运行和故障过程，从而精确计算系统在不同时间点的可用度。因此，马尔可夫型可修复系统在实践中应用极为广泛。

1. 马尔可夫过程的定义[2]

设 $\{Y(t),t\geqslant 0\}$ 是取值在 $E=\{0,1,\cdots,n\}$ 上的一个随机过程。若对任意自然数 n，以及任意 n 个时刻点 $0\leqslant t_1<t_2<\cdots<t_n$，有

$$\begin{aligned}&P\{Y(t_n)=i_n\mid Y(t_1)=i_1,Y(t_2)=i_2,\cdots,Y(t_{n-1})=i_{n-1}\}\\&=P\{Y(t_n)=i_n\mid Y(t_{n-1})=i_{n-1}\},\quad i_1,i_2,\cdots,i_n\in E\end{aligned} \tag{3-36}$$

则称 $\{Y(t),t\geqslant 0\}$ 为离散状态空间 E 上的连续时间马尔可夫过程。当给定时刻 t_{n-1}，过程 $\{X(t),t\geqslant 0\}$ 处于某个状态的条件下，过程在 t_{n-1} 与以前的历史无关。又如果对任意 $t,u\geqslant 0$，均有

$$P\{X(t+u)=j\mid X(u)=i\}=P_{ij}(t),\quad i,j\in E \tag{3-37}$$

与u无关，则称马尔可夫过程$\{X(t),t\geqslant 0\}$是时齐的。即，马尔可夫过程的转移概率仅与时差t有关，而与起始时刻的位置u无关。假定下文所讨论的马尔可夫过程均是时齐的。

对于固定的$i,j\in E$，函数$P_{ij}(t)$称为转移概率函数，则$P(t)=\left(P_{ij}(t)\right)$称为转移概率矩阵。此外，假定马尔可夫过程$\{Y(t),t\geqslant 0\}$的转移概率函数满足

$$\lim_{t\to 0}P_{ij}(t)=\delta_{ij}=\begin{cases}1, & i=j\\ 0, & i\neq j\end{cases} \tag{3-38}$$

对转移概率函数$P_{ij}(t)$，有以下性质

$$\begin{cases}P_{ij}(t)\geqslant 0\\ \sum\limits_{j\in E}P_{ij}(t)=1\\ \sum\limits_{k\in E}P_{ik}(u)P_{kj}(v)=P_{ij}(u+v)\end{cases} \tag{3-39}$$

若令

$$P_j(t)=P\{Y(t)=j\},\quad j\in E$$

它表示时刻t系统处于状态j的概率，则有

$$P_j(t)=\sum_{k\in E}P_k(0)P_{kj}(t) \tag{3-40}$$

时齐马尔可夫过程有下面的一些重要性质。

性质 3-1　对有限状态空间E的时齐马尔可夫过程，以下极限存在且有限

$$\begin{cases}\lim\limits_{\Delta t\to 0}\dfrac{P_{ij}(\Delta t)}{\Delta t}=q_{ij}, & i\neq j,\ i,j\in E\\ \lim\limits_{\Delta t\to 0}\dfrac{1-P_{ii}(\Delta t)}{\Delta t}=q_i, & i\in E\end{cases} \tag{3-41}$$

性质 3-2　若$T_1,T_2,\cdots$为过程$\{Y(t),t\geqslant 0\}$的状态转移时刻，且有$0=T_0<T_1<T_2<\cdots$，$Y(T_n)$表示第n次状态转移后访问的状态。若$Y(T_n)=i$，则$T_{n+1}-T_n$为过程在状态i的逗留时间。

引理 3-1　对任意$i,j\in E,u\geqslant 0$，有

$$P\{T_{n+1}-T_n>u\mid Y(T_n)=i,Y(T_{n+1})=j\}=\mathrm{e}^{-q_iu},\quad n=0,1,\cdots$$

与n和状态j无关。因此，有限状态空间的时齐马尔可夫过程在任何状态i的逗留时间服从参数为$q_i(0\leqslant q_i<\infty)$的指数分布，不依赖于下一个将要转入的状态。若$q_i>0$，则称状态$i$为稳定态；若$q_i=0$，则称状态$i$为吸收态。过程一旦进入

吸收态就将永远停留在该状态。

性质 3-3　对有限状态空间 E 的时齐马尔可夫过程 $\{Y(t),t\geqslant 0\}$，记 $N(t)=(0,t]$ 为 $\{X(t), t\geqslant 0\}$ 中发生状态转移的次数。

引理 3-2　对充分小的时间内 $\Delta t>0$，有

$$P\{N(t+\Delta t)-N(t)\geqslant 2\}=o(\Delta t)$$

即在 $(t,t+\Delta t]$ 中马尔可夫过程 $\{Y(t),t\geqslant 0\}$ 发生两次或两次以上转移的概率为 $o(\Delta t)$。

证明：对任意 $i\in E$，有

$$P\{N(t+\Delta t)-N(t)\geqslant 2|Y(t)=i\}=o(\Delta t)$$

由于时齐性，可证明

$$P\{N(\Delta t)\geqslant 2|Y(0)=i\}=o(\Delta t)$$

由于

$$\begin{aligned}
P\{N(\Delta t)\geqslant 2|Y(0)=i\} &= P\{T_2\leqslant \Delta t|Y(0)=i\}\\
&= \sum_{j\in E}P\{(T_2-T_1)+T_1\leqslant \Delta t,Y(T_1)=j|Y(0)=i\}\\
&\leqslant \sum_{j\in E}P\{T_2-T_1\leqslant \Delta t,T_1\leqslant \Delta t,Y(T_1)=j|Y(0)=i\}\\
&= \sum_{j\in E}P\{T_2-T_1\leqslant \Delta t,T_1\leqslant \Delta t|Y(T_1)=j,Y(0)=i\}\\
&\quad\cdot P\{Y(T_1)=j|Y(0)=i\}\\
&= \sum_{j\in E}P\{T_2-T_1\leqslant \Delta t\mid T_1\leqslant \Delta t,Y(T_1)=j,Y(0)=i\}\\
&\quad\cdot P\{T_1\leqslant \Delta t|Y(T_1)=j,Y(0)=i\}\\
&\quad\cdot P\{Y(T_1)=j|Y(0)=i\}
\end{aligned}$$

根据引理3-1，上式右端第二个因子等于$1-\mathrm{e}^{-q_i\Delta t}$，与状态 j 无关。由马尔可夫过程的定义，上式右端第一个因子中，在给定 $Y(T_1)=j$ 的条件下，事件 $\{T_2-T_1\leqslant \Delta t\}$ 的概率与 T_1 以前的历史无关。因此

$$P\{T_2-T_1\leqslant \Delta t\ \ Y(T_1)=j\}=1-\mathrm{e}^{-q_j\Delta t}$$

故

$$P\{N(\Delta t)\geqslant 2|Y(0)=i\}\leqslant \sum_{j\in E}\left(1-\mathrm{e}^{-q_j\Delta t}\right)\left(1-\mathrm{e}^{-q_i\Delta t}\right)$$

由于 E 是有限状态集，所以右端为 $o(\Delta t)$。证毕。

2. 马尔可夫型可修复系统的通用模型[2]

假定一个可修复系统有 $N+1$ 种状态，$E=\{0,1,\cdots,N\}$，其中状态 $0,1,\cdots,K$ 是系统的工作状态，$W=\{0,1,\cdots,K\}$；$K+1,\cdots,N$ 是系统的失效状态，$F=\{K+1,K+2,\cdots,N\}$。令 $Y(t)$ 表示时刻 t 该系统的状态。若已知 $\{Y(t),t\geqslant 0\}$ 是一个时齐的马尔可夫过程，即满足式(3-36)和式(3-37)，且转移概率函数 $P_{ij}(\Delta t)$ 在充分小的时间 Δt 内满足

$$P_{ij}(\Delta t)=a_{ij}\Delta t+o(\Delta t),\quad i,j\in E,\quad i\neq j \tag{3-42}$$

其中，$\{a_{ij}:i,j\in E,i\neq j\}$ 是给定的，并且 $a_{ij}\geqslant 0$。显然

$$P_{ii}(\Delta t)=1-\sum_{\substack{j\neq i\\ j\in E}}P_{ij}(\Delta t)=1-\sum_{\substack{j\neq i\\ j\in E}}a_{ij}\Delta t+o(\Delta t) \tag{3-43}$$

令

$$a_{ii}=-\sum_{\substack{j\neq i\\ j\in E}}a_{ij} \tag{3-44}$$

因此

$$P_{ii}(\Delta t)=1+a_{ii}\Delta t+o(\Delta t) \tag{3-45}$$

由式(3-41)可知

$$a_{ii}=\begin{cases}q_{ij},\ i\neq j,\ i,j\in E\\ -q_i,\ i=j,\ i,j\in E\end{cases}$$

对于上述描述的通用模型，可以用于计算系统的各种可用度数量指标，如系统瞬时可用度和稳态可用度等。

3. 系统的可用度指标[2]

1) 系统的瞬时可用度

系统在 t 时刻位于 j 状态的概率用 $P_j(t)=P\{Y(t)=j\},\ j\in E$ 表示。

定理 3-6　当给定初始状态分布 $P_0(0),P_1(0),\cdots,P_N(0)$，则系统在时刻 t 的瞬时可用度为

$$A(t)=\sum_{j\in W}P_j(t) \tag{3-46}$$

其中，$P_j(t),\ j\in W$ 是下列微分方程组的解

$$\begin{cases} P_i'(t) = \sum\limits_{k\in E} P_k(t) a_{ki}, \quad i \in E \\ \text{初始条件}: P_0(0), P_1(0), \cdots, P_N(0) \end{cases} \tag{3-47}$$

证明：由瞬时可用度的定义，可得

$$A(t) = P\{Y(t) = j, \quad j \in W\}$$

用全概率公式和式(3-42)和式(3-45)，得

$$\begin{aligned} P_i(t+\Delta t) &= \sum_{k\in E} P_k(t) P_{ki}(\Delta t) = P_i(t) P_{ii}(\Delta t) + \sum_{\substack{k\in E \\ k\neq i}} P_k(t) P_{ki}(\Delta t) \\ &= P_i(t) + \sum_{k\in E} P_k(t) a_{ki} \Delta t + o(\Delta t), \quad i \in E \end{aligned}$$

即

$$\frac{P_i(t+\Delta t) - P_i(t)}{\Delta t} = \sum_{k\in E} P_k(t) a_{ki} + \frac{o(\Delta t)}{\Delta t}, \quad i \in E$$

当$\Delta t \to 0$，右端极限存在，因而左端极限也存在。故$P_i(t)$可微，并求导得式(3-47)，证毕。

式(3-47)可以写成矩阵形式

$$\begin{cases} P'(t) = P(t) A \\ \text{初始条件}: P(0) \end{cases} \tag{3-47$'$}$$

其中，$P(t) = (P_0(t), P_1(t), \cdots, P_N(t))$为状态概率向量，表示系统在时刻$t$处于各个状态的概率，$P'(t)$表示对每个分量分别求导所得的导数向量，矩阵$A = (a_{ij})$，称矩阵$A$为转移率矩阵，表示马尔可夫过程的状态跳跃速率。

式(3-47)也可写成分块矩阵的形式

$$\begin{cases} (P_W'(t), P_F'(t)) = (P_W(t), P_F(t)) \begin{pmatrix} B & C \\ D & E \end{pmatrix} \\ \text{初始条件} P_W(0), P_F(0) \end{cases} \tag{3-47$''$}$$

其中，$P_W(t) = (P_0(t), P_1(t), \cdots, P_K(t))$表示系统在时刻$t$处于工作状态集合$W$中的概率，$P_F(t) = (P_{K+1}(t), P_{K+2}(t), \cdots, P_N(t))$表示系统在时刻$t$处于工作状态集合$F$中的概率，$B$、$C$、$D$、$E$为相应的矩阵的$A$分块形式。

微分方程组(3-47′)的解是

$$P(t) = P(0) e^{At} = P(0) \sum_{n=0}^{\infty} \frac{t^n}{n!} A^n$$

求解时，对于该式 $P(t)$ 中矩阵 A 进行若尔当(Jordan)标准型变形外，解此微分方程的另一方法简易方式是使用L变换(Laplace Transform)工具。可记 $P_i(t)$ 的L变换为

$$P_i^*(s)=\int_0^{\infty}\mathrm{e}^{-st}P_i(t)\mathrm{d}t,\quad s>0,\quad i=1,2,\cdots,N$$

将式(3-47′)的两端进行L变换，得

$$\int_0^{\infty}\mathrm{e}^{-st}P'(t)\mathrm{d}t=\int_0^{\infty}\mathrm{e}^{-st}P(t)\mathrm{d}t\cdot A,\quad s>0$$

这里对向量的L变换是指对每个分量做相应的变换，其中

$$\int_0^{\infty}\mathrm{e}^{-st}P'(t)\mathrm{d}t=-P(0)+s\int_0^{\infty}\mathrm{e}^{-st}P(t)\mathrm{d}t$$

代入前一式，利用状态概率的拉普拉斯变换形式解得

$$P^*(s)=\int_0^{\infty}\mathrm{e}^{-st}P(t)\mathrm{d}t=P(0)(sI-A)^{-1},\quad s>0 \tag{3-48}$$

其中，I 是单位矩阵，$sI-A$ 显然是可逆矩阵。

对式(3-46)的两端做L变换，得

$$A^*(s)=\int_0^{\infty}\mathrm{e}^{-st}A(t)\mathrm{d}t=\sum_{i\in W}P_i^*(s)$$

将式(3-48)代入上式，经反演可求出系统的瞬时可用度。

2) 系统的稳态可用度

依据稳态可用度的定义，在求系统稳态可用度时，要用到 $P(t)$ 的极限分布(也称为平稳分布)。

引理 3-3 对所有 $i,j\in E$，若 $\lim\limits_{t\to 0}P_{ij}(t)=\delta_{ij}$，则

$$\lim_{t\to\infty}P_{ij}(t)=\pi_j$$

存在，即无论初始状态 i 是什么，随着时间趋于无穷大，到状态 j 的概率都趋向同一个值 π_j。

由式(3-42)和式(3-45)，可知引理 3-3 的条件满足。由于

$$P_j(t)=\sum_{k\in E}P_k(0)P_{kj}(t),\quad j\in E$$

当 $t\to\infty$，根据引理 3-3，上式右端极限存在，因而左端的极限也存在，且

$$\lim_{t\to\infty}P_j(t)=\sum_{k\in E}P_k(0)\lim_{t\to\infty}P_{kj}(t)=\sum_{k\in E}P_k(0)\pi_j=\pi_j \tag{3-49}$$

定理 3-7　系统的稳态可用度为

$$A=\lim_{t\to\infty}A(t)=\lim_{s\to 0}sA^*(s) \tag{3-50}$$

证明：将式(3-46)的两端，$t\to\infty$，由式(3-49)可知极限存在，因而

$$A=\lim_{t\to\infty}A(t)=\sum_{j\in W}\pi_j$$

进而有

$$\lim_{t\to\infty}\frac{1}{t}\int_0^t A(u)\mathrm{d}u=\lim_{t\to\infty}A(t)$$

又由托贝尔(Tauber)定理

$$\lim_{t\to\infty}\frac{1}{t}\int_0^t A(u)\mathrm{d}u=\lim_{s\to 0}sA^*(s)$$

因此得定理结果，证毕。

当系统的瞬时可用度 $A(t)$ 或 $A^*(s)$ 可求，可进一步通过式(3-50)求系统稳态可用度 A。然而，$A(t)$ 或 $A^*(s)$ 表达式的求解在某些情况下比较困难。

引理 3-4　对任一 $j\in E$，有 $\lim_{t\to\infty}P_j'(t)=0$。

证明：若 $\lim_{t\to\infty}P_j'(t)=c_j\neq 0$，不妨设 $c_j>0$（当 $c_j<0$ 可类似证明）。取 a_j，使得 $c_j>a_j>0$，那么存在 t_0，当 $t>t_0$ 时，$P_j'(t)\geqslant a_j$，故 $\lim_{t\to\infty}P_j(t)=\lim_{t\to\infty}\left[P_j(t_0)-\int_{t_0}^t P_j'(u)\mathrm{d}u\right]\geqslant P_j(t_0)+\lim_{t\to\infty}\int_{t_0}^t a_j\mathrm{d}u=P_j(t_0)+\lim_{t\to\infty}a_j(t-t_0)=\infty$。这与 $P_j(t)\leqslant 1$ 矛盾。引理证毕。

定理 3-8　系统的稳态可用度为

$$A=\sum_{j\in W}\pi_j \tag{3-51}$$

其中，$\pi_j, j\in W$ 满足线性方程组

$$\begin{cases}(\pi_0,\pi_1,\cdots,\pi_N)A=(0,0,\cdots,0)\\ \pi_0+\pi_1+\cdots+\pi_N=1\end{cases} \tag{3-52}$$

证明：将式(3-47′)的两端 $t\to\infty$，使用式(3-49)和引理 3-4 的结果，可得式(3-52)的前一式。由

$$\sum_{j\in E}P_j(t)=1$$

令$t \to \infty$，即为式(3-52)的后一式。式(3-51)在定理3-7中已证，证毕。

特别地，当Δt时间内系统的转移概率函数式(3-45)满足

$$\begin{cases} P_{i,i-1}(\Delta t) = u_i \Delta t + o(\Delta t), & i = 1,2,\cdots,N \\ P_{i,i+1}(\Delta t) = \lambda_i \Delta t + o(\Delta t), & i = 0,1,\cdots,N-1 \\ P_{ij}(\Delta t) = o(\Delta t), & i \neq j \end{cases} \tag{3-53}$$

时，称时齐马尔可夫过程$\{X(t), t \geqslant 0\}$为有限状态空间的生灭过程。由前面的分析，式(3-47′)中的矩阵是三对角线的

$$\begin{pmatrix} -\lambda_0 & \lambda_0 & & & & 0 \\ u_1 & -\lambda_1 - u_1 & \lambda_1 & & & \\ & u_2 & -\lambda_2 - u_2 & \ddots & & \\ & & \ddots & \ddots & \lambda_{N-2} & \\ & & & u_{N-1} & -\lambda_{N-1} - u_{N-1} & \lambda_{N-1} \\ 0 & & & & u_N & -u_N \end{pmatrix} \tag{3-54}$$

此时，式(3-52)的前一式为

$$\begin{cases} u_1 \pi_1 - \lambda_0 \pi_0 = 0 \\ u_{j+1} \pi_{j+1} - \lambda_j \pi_j = u_j \pi_j - \lambda_{j-1} \pi_{j-1}, \quad j = 1,2,\cdots,N-1 \\ u_N \pi_N - \lambda_{N-1} \pi_{N-1} = 0 \end{cases}$$

即

$$\pi_j = \frac{\lambda_{j-1}}{u_j} \pi_{j-1}, \quad j = 1,2,\cdots,N$$

因此

$$\pi_j = \frac{\lambda_{j-1} \lambda_{j-2} \cdots \lambda_0}{u_j u_{j-1} \cdots u_1} \pi_0, \quad j = 1,2,\cdots,N$$

由于$\sum_{j=0}^{N} \pi_j = 1$，立即得

$$\begin{cases} \pi_0 = \left[1 + \sum_{k=1}^{N} \dfrac{\lambda_0 \lambda_1 \cdots \lambda_{k-1}}{u_1 u_2 \cdots u_k} \right]^{-1} \\ \pi_j = \dfrac{\lambda_0 \lambda_1 \cdots \lambda_{j-1}}{u_1 u_2 \cdots u_j} \pi_0, \quad j = 1,2,\cdots,N \end{cases} \tag{3-55}$$

3.3.3 Petri 网

随机Petri网(Stochastic Petri Net，SPN)是一种用于建模和分析复杂系统的动

态行为和性能的工具，包括系统的可用度评估。SPN 结合了 Petri 网的图形化表示和随机过程的数学模型，能够详细描述系统的并发行为、资源竞争和随机事件。与马尔可夫过程类似，每个模型中的事件都与一个由随机变量表示的延迟相关联。这种直观的映射具有一个优势，即从任何 SPN 模型生成马尔可夫过程是简单且易于实现的。但缺点在于，通过这种方式开发的模型往往会导致具有大量状态的马尔可夫过程。

SPN 通常通过数值方法进行评估。然而，当状态空间过大、无穷大或者涉及非相位型分布(正态分布等)时，则需借助模拟仿真技术进行评估。通过模拟，可以评估的模型没有基本的限制。尽管如此，由于运行一个仿真的计算机时间和内存量可能非常大，所以该仿真可能存在实用性约束。因此，建议即使需要进行简化或分解，也尽可能地追求解析模型。

Petri 网提供了一种图形化的符号，用于正式描述系统的动态行为。它们特别适用于表现并发、同步、互斥和冲突的系统。下面是一些基本的符号表达。

库所(Places)：用于表示条件或局部系统状态，例如，一个位置可以与某个特定组件的某一行为阶段相关联。

变迁(Transitions)：用于描述系统中发生的事件；这些事件通常会导致系统状态的变化。事件在系统中发生的表现通过 Petri 网中相应变迁的激发(Firing)来表示。

标记(Tokens)：是没有身份标识的标记，存在于库所中。标记在位置中的存在表示相应的条件或局部状态成立。

流关系(Arcs)：指定了局部状态或条件(位置)与事件(转换)之间的关系。从位置到转换的弧称为输入弧，它表示事件可以发生的局部状态。从转换到位置的弧称为输出弧，它表示事件引起的局部状态变迁。

对于 SPN 的详细介绍，参见 Marsan[1]的文献。

1. 可用度 SPN 模型

假设一个具有冗余结构的电脑系统，冗余机制用于模拟表示交换机/路由器组件和两个服务器 S1 和 S2 的工作状态，也就是说，S2 在 S1 失效时立即启动，即服务器的可靠性结构为冷备结构。S2 的启动时间用 $S2_{Switch-On}$ 转换来表示。图 3-3 展示了 SPN 模型用于估计具有冷备冗余结构的服务器的可用度和停机时间。

在该模型中，SR_{OK} 和 $S1_{OK}$ 处的标记表示交换机/路由器和 S1 服务器的运行状态。$S2_{OFF}$ 处的标记表示 S2 服务器激活前的等待状态。如果库所 $S2_{OK}$ 被标记，服务器 S2 处于运行状态。位置 SR_F 、S1 和 $S2_F$ 表示这些组件的失效状态。当主服务器(S1)发生故障时，启用切换 $S2_{Switch-On}$ 。它的激发代表着备件运行状态(S2)的开始。这一时期为平均激活时间(Mean Time to Activation，MTA)。

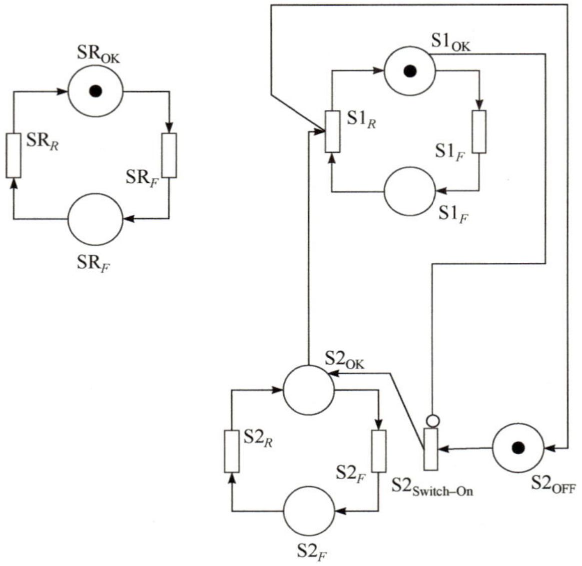

图 3-3　可用度 SPN 模型

对于可用度和不可用度的估计，采用如下表述[3]

$$A=\left(P\left(\left(\#\mathrm{SR}_{\mathrm{OK}}=1\right)且\left(\left(\mathrm{S1}_{\mathrm{OK}}=1\right)或\left(\#\mathrm{S2}_{\mathrm{OK}}=1\right)\right)\right)\right)$$

$$\mathrm{UA}=1-\left(P\left(\left(\#\mathrm{SR}_{\mathrm{OK}}=1\right)且\left(\left(\mathrm{S1}_{\mathrm{OK}}=1\right)或\left(\#\mathrm{S2}_{\mathrm{OK}}=1\right)\right)\right)\right)$$

2. 可靠度 SPN 模型

SPN 可靠性模型如图 3-4 所示。图 3-3 和图 3-4 模型的主要区别在于是否对整个系统的修复时间进行建模，即系统可靠性只考虑系统从运行到第一次故障发生的持续时间。该模型表示一个主动/主动冗余架构，当 S1 和 S2 服务器出现故障时，变迁立即被启用，并可能被触发。

用一个标记为$\mathrm{System}_{\mathrm{OFF}}$。下面的表达式分别用于估计可靠性和不可靠性

$$R(t)=1-P\left(\#\mathrm{SR}_F=1\right)V\left(\#\mathrm{System}_{\mathrm{OFF}}=1\right)(t)$$

$$\overline{R}(t)=P(\left(\#\mathrm{SR}_F=1\right)V\left(\#\mathrm{System}_{\mathrm{OFF}}=1\right)(t)$$

表 3-2 给出了用于计算 SPN 模型可用性和可靠性指标的 MTTF 和 MTTR 的值，其中运行时长为 4000h 的，开关切换时间为 10min。使用上述输入参数可计算可用度和可靠度，结果如表 3-3 所示，分别包括了稳态可用度、年度停机时间、可靠度和不可靠度。

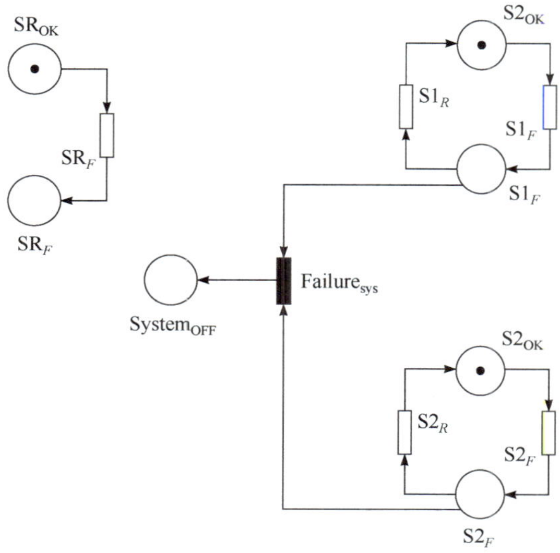

图 3-4　SPN 可靠度模型

表 3-2　SPN 模型的输入参数[3]

变迁	值/h	说明
SR_F	20000	交换机/路由器 MTTF
$S1_F = S2_F$	15000	服务器 MTTF
$SR_R = S1_R = S2_R$	24	MTTR
$S2_{Switch-On}$	0.17	MTA

表 3-3　SPN 结果[3]

稳态可用度	0.998799
年度停机时间 (h / yr)	10.521636
可靠度 (4000 h)	0.818385
不可靠度 (4000 h)	0.181615

依据表 3-2 中参数的基本设置，可以计算该系统随时间变化的可靠性，并且提供了一个改进版本的情况，改进版本的交换机/路由器 MTTF 设置为 30000h，两个服务器的 MTTR 设置为 8h。在基准设置下，系统可靠性在 15000h 左右降到 0.50，而在 60000h(大约 7 年)后，系统可靠度几乎降到零。考虑到改进后的系统版本，系统的可靠度呈现出更平缓的衰减趋势，在大约 25000h 时达到 0.50，且接近零的时间延迟至约 100000h。为了便于比较，在 4000h 时，改进版本的可靠

度为 0.8840773，而基准设置的可靠度为 0.818385。

3.3.4　蒙特卡罗仿真

蒙特卡罗仿真(Monte Carlo Simulation，MCS)是一种基于统计的分析方法，它利用随机抽样技术来模拟系统或过程的不确定性和变化，从而评估系统的行为或性能。该方法用于复杂系统分析、风险评估、金融建模、工程设计等多个领域。其基本原理是通过生成随机数模拟系统中的各种不确定性因素，并通过大量重复实验，获得系统输出的概率分布或统计性质。为提高仿真效率，可采用更有效的抽样技术，如拉丁超立方体和分数阶乘设计，以减少仿真的次数。利用蒙特卡罗仿真评估系统可用度的核心步骤包括：以流程图或可靠性框图的形式进行系统建模；在计算机模型中，模拟随机事件(如组件故障发生等)、计划事件(如预防性维护等)以及条件事件(如因其他事件触发的事件)，以尽可能接近实际情况的方式创建系统寿命周期场景。

此过程涉及多个输入数据，包括：

(1)基于流程图、控制原理图和组件信息的系统描述；

(2)以故障模式、影响和危害性分析报告的形式提供组件故障模式、故障影响和故障后果等信息；

(3)组件故障和修复数据(故障模式特定周期、停机时间分布和所需参数的估计)；

(4)各种故障模式的干预、维护策略和持续时间；

(5)检测和计划性维护的频率和持续时间；

(6)机会维护策略；

(7)资源数据(例如，备件和维护资源的可用性)；

(8)吞吐量数据和系统或组件容量等。

当在计算机上模拟一个“典型的”寿命周期场景时，该仿真场景被认为是系统运行的真实状况，并计算其性能指标。例如：

(1)系统可用度(例如，正常运行时间占总仿真周期的比例)；

(2)系统故障、维护次数；

(3)系统各组件的故障、维护次数；

(4)系统各组件维护持续时间；

(5)系统各组件状态对系统可用度的影响程度；

(6)维护资源的使用情况；

(7)系统吞吐量(产量)的时间函数等。

可以通过重复多次“独立”的寿命周期仿真场景，从中推导出所关注性能指标的估计值。在仿真过程中，随机变量生成方法有多种。其中，反变换法

(Inverse-Transform Method)是一种常用的方法，它基于概率积分变换定理，利用累积分布函数(PDF)的反函数生成符合特定分布的随机变量。反变换法适合于连续、离散及混合分布，但它的实现很大程度上依赖目标分布的具体形式。在连续分布情况下，使用反变换法的一个缺点是关于 $F^{-1}(u)$ 的估计，即期望分布的 $F^{-1}(u)$ 的解析表达式可能不存在或难以获得(例如，正态分布和 γ 分布)时，无法直接简单地使用反变换法生成期望分布的随机变量。

当目标分布不存在反函数时，可采用数值近似方法，如幂级数展开、插值法或迭代法，近似计算 $F^{-1}(u)$ (例如，γ 分布、正态分布和 β 分布随机变量的生成)，从而生成符合目标分布的随机变量。然而，反变换法并非始终是最高效的随机变量生成方法。对于某些分布可能存在其他算法(如接受-拒绝抽样、Box-Muller 变换等)可以更快速地生成随机变量。因此，在选择模拟方法时，需要权衡不同方法的计算效率和准确性。

尽管存在一定局限性，反变换法仍具有显著优势。首先，它可以利用随机变量之间的相关性分析，采用方差缩减技术(如对偶变量法、控制变量法以及条件期望法)降低仿真过程中的随机误差，提高计算效率。然后，反变换法适用于截断分布的随机变量生成。截断分布是指对原始分布进行某种限制后得到的分布，例如限制随机变量的取值范围。可以先使用反变换法生成符合原始分布的随机变量，随后检验这些变量是否满足截断条件。若满足条件，则保留这些变量；否则，重新生成。这种方法简单直观，易于实现。

下面将讨论根据几种常见概率分布生成连续以及离散随机变量的算法。

1. 连续随机变量生成

假设要生成一个连续型的随机变量 X，其分布函数为 F，并且该分布函数在 $0<F(x)<1$ 时是连续且严格递增的(这意味着如果 $x_1<x_2$ 且 $0<F(x_1)\leqslant F(x_2)<1$，则有 $F(x_1)<F(x_2)$)。令 F^{-1} 表示函数 F 的反函数。为了生成具有分布函数 F 的随机变量 X，可以使用如下算法(下文中，~表示“服从”)：

①生成 $U\sim U(0,1)$，即从区间[0, 1]上均匀分布的随机数 U。

②令 $X=F^{-1}(U)$。

需要注意的是，因为定义 $F^{-1}(U),0\leqslant U<1$，且 F 的值域为[0, 1]。其中随机变量的值可能为正或负，具体取决于随机数 U 的值。

为了证明上述算法所返回的值 X 具有期望的分布 F，即称为“通用反变换法”，需要证明对于任意实数 x，有 $P(X\leqslant x)=F(x)$。由于 F 是可逆的，有

$$P(X \leqslant x) = P\left(F^{-1}(U) \leqslant x\right) = P\left(U \leqslant F(x)\right) = F(x)$$

最后的等式成立，因为$U \sim U(0,1)$，且$0 \leqslant F(x) \leqslant 1$。

1）均匀分布

$U(a,b)$随机变量 的分布函数$u = F(x)$，$0 \leqslant u \leqslant 1$，反函数为

$$X = F^{-1}(u) = a + (b-a)u$$

反变换方法生成随机变量X：

（1）生成$U \sim U(0,1)$；

（2）返回$X = a + (b-a)U$。

2）指数分布

反变换方法生成均值为$\beta(\beta > 0)$的指数随机变量X：

（1）生成$U \sim U(0,1)$；

（2）返回$X = -\beta \ln U$。

3）m-Erlang 分布

如果X是均值为β的 m-Erlang 随机变量，记$X = Y_1 + Y_2 + \cdots + Y_m$，其中$Y_i$来自均值为$\beta/m$的指数随机变量。使用指数分布的反变换方法生成指数随机变量Y_i，$Y_i = (-\beta/m)\ln U_i$，其中$U_1, U_2, \cdots, U_m$是相互独立的$U(0,1)$随机变量，然后

$$X = \sum_{i=1}^{m} Y_i = \sum_{i=1}^{m} \frac{-\beta}{m} \ln U_i = \frac{-\beta}{m} \ln\left(\prod_{i=1}^{m} U_i\right)$$

所以只需要计算一个对数（而不是m个对数）。该算法的表述如下：

（1）生成相互独立的$U(0,1)$随机变量$U_1, U_2, \cdots, U_m$；

（2）返回

$$X = \frac{-\beta}{m} \ln\left(\prod_{i=1}^{m} U_i\right)$$

同样，也需要事先计算β/m并贮存以备重复使用。该算法实际上是复合变换和反变换方法的结合。

由于必须生成m个随机数并执行m次乘法，所以算法的执行时间大约与m成正比。因此，当m非常大时需要寻找备选方法。幸运的是，m-Erlang 分布是γ分布的一种特殊情况（形状参数α等于整数m），因此也可以使用其中一种方法来生成γ随机变量。超过该m阈值后是否应切换到一般的γ分布生成，这一决定将取决于生成γ随机变量所采用的方法，以及使用的编程语言、编译器和硬件。在这样一个特殊情况下进行初步实验可能是值得的（对于$\alpha > 1$情况下的γ发生器，Cheng[4]的计时实验表明，当$m > 10$时，使用他的通用γ生成器变得比上

面的 m-Erlang 算法快）。使用上述算法的另一潜在问题是 ln 内部的式子可能趋近于零（尤其是 m 较大时），这可能导致取对数时出现取值困难。

4) γ 分布

γ 分布随机变量生成过程比本节前面讨论的三种类型的随机变量更为复杂，因为其分布函数没有一个简单的封闭形式，无法找到其反函数。首先注意，对于给定 $X\sim\gamma(\alpha,1)$，可以令 $X'=\beta X$，其中 $\beta>0$，得到 $\gamma(\alpha,\beta)$ 随机变量 X'，因此只需要关注从 $\gamma(\alpha,1)$ 分布中生成即可。此外，还要注意 $\gamma(1,1)$ 分布就是均值为 1 的指数分布，因此只需要考虑 $0<\alpha<1$ 和 $\alpha>1$ 这两个范围。由于用于生成 γ 随机变量的可用算法在大多数情况下仅适用于这些 α 的范围之一，下面将分别讨论它们。

首先考虑 $0<\alpha<1$ 的情况（例如，$\alpha=0.5$），Atkinson 和 Pearce[5]针对该情况测试了三种不同的算法，在此仅介绍其中一种由 Ahrens 和 Dieter[6]提出的算法。Forsythe[7]的算法与 Ahrens 和 Dieter[5]提出的算法相比较是最快的，但是相对较为复杂。文献[6]中的 GS 算法是一种舍选法（Acceptance-Rejection Method），采用主导函数

$$t(x)=\begin{cases}0, & x\leqslant 0\\ \dfrac{x^{\alpha-1}}{\Gamma(\alpha)}, & 0<x\leqslant 1\\ \dfrac{\mathrm{e}^{-x}}{\Gamma(\alpha)}, & 1<x\end{cases}$$

因此，$c=\int_0^\infty t(x)\mathrm{d}x=b/\alpha\Gamma(\alpha)$，其中，$b=(\mathrm{e}+\alpha)/\mathrm{e}>1$，得到密度函数 $r(x)=t(x)/c$ 为

$$r(x)=\begin{cases}0, & x\leqslant 0\\ \dfrac{\alpha x^{\alpha-1}}{b}, & 0<x\leqslant 1\\ \dfrac{\alpha\mathrm{e}^{-x}}{b}, & 1<x\end{cases}$$

通过反变换生成密度为 $r(x)$ 的随机变量 Y，与 r 对应的分布函数是

$$R(x)=\int_0^x r(y)\mathrm{d}y=\begin{cases}\dfrac{x^{\alpha}}{b}, & 0\leqslant x\leqslant 1\\ 1-\dfrac{\alpha\mathrm{e}^{-x}}{b}, & 1<x\end{cases}$$

可以转换得到

$$R^{-1}(u)=\begin{cases}(bu)^{1/\alpha}, & u\leqslant\dfrac{1}{b}\\ -\ln\dfrac{b(1-u)}{\alpha}, & \text{其他}\end{cases}$$

因此，生成密度为r的随机变量Y，首先生成$U_1\sim U(0,1)$。如果$U_1\leqslant 1/b$，设$Y=(bU_1)^{1/\alpha}$，这种情况下$Y\leqslant 1$。此外，如果$U_1>1/b$，设$Y=-\ln\left[b(1-U_1)/\alpha\right]$，其中$Y>1$。值得注意的是

$$\frac{f(Y)}{t(Y)}=\begin{cases}\mathrm{e}^{-Y}, & 0\leqslant Y\leqslant 1\\ Y^{\alpha-1}, & 1<Y\end{cases}$$

得到最终算法：

(1) 生成$U_1\sim U(0,1)$，并令$P=bU_1$；如果$P>1$，执行步骤(3)；否则，继续执行步骤(2)；

(2) 令$Y=P^{1/\alpha}$，并生成$U_2\sim U(0,1)$；如果$U_2\leqslant \mathrm{e}^{-Y}$，返回$X=Y$；否则，返回步骤(1)；

(3) 令$Y=-\ln\left[(b-P)/\alpha\right]$，并生成$U_2\sim U(0,1)$；如果$U_2\leqslant Y^{\alpha-1}$，返回$X=Y$；否则，返回步骤(1)。

现在考虑$\alpha>1$的情况。鉴于 Schmeiser 和 Lal[8]以及 Cheng 和 Feast[9]的定时实验，将根据 Cheng[2]的算法提出一种改进的舍选法。该算法有一个“上限”的执行时间。也就是说，它的执行时间以$\alpha\to\infty$为界，并且实际上随着α的增长而变得更快(对一般舍选法的修改包括增加一个更快的接受预测试)。为了得到一个极大化函数$t(x)$，首先设$\lambda=\sqrt{2\alpha-1}$，$\mu=\alpha^\lambda$，$c=4\alpha^\alpha\mathrm{e}^{-\alpha}/\left[\lambda\Gamma(\alpha)\right]$。然后定义$t(x)=cr(x)$，其中

$$r(x)=\begin{cases}\dfrac{\lambda\mu x^{\lambda-1}}{\left(\mu+x^\lambda\right)^2}, & x>0\\ 0, & \text{其他}\end{cases}$$

与$r(x)$对应的分布函数是

$$R(x)=\begin{cases}\dfrac{x^\lambda}{\left(\mu+x^\lambda\right)}, & x>0\\ 0, & \text{其他}\end{cases}$$

可以通过反变换得到

$$R^{-1}(\mu)=\left(\frac{\mu u}{1-u}\right)^{1/\lambda},\quad 0<u<1$$

要验证$t(x)$确实比$f(x)$大，可参考 Cheng[4]的文献。需要注意的是，这是一个首先通过指定已知分布来获得一个优化函数的示例（$R(x)$是 log-logistic 分布函数，其形状参数为λ，尺度参数为$\mu^{1/\lambda}$，位置参数 0），然后重新缩放密度$r(x)$使$f(x)$最大化。因此，使用反变换方法生成密度为r的Z。

Cheng[4]在为简化计算效率添加了有利的预测试后，推荐了以下算法（预先指定的常数为$a=1/\sqrt{2\alpha-1}$，$b=\alpha-\ln 4$，$q=\alpha+1/a$，$\theta=4.5$，$d=1+\ln\theta$）：

(1) 生成独立同分布$U(0,1)$的随机变量U_1和U_2；

(2) 令$V=a\ln\left[U_1/(1-U_1)\right]$，$Y=\alpha e^V$，$Z=U_1^2U_2$，$W=b+qV-Y$；

(3) 如果$W+d-\theta Z\geqslant 0$，返回$X=Y$；否则，执行步骤(4)；

(4) 如果$W\geqslant\ln Z$，返回$X=Y$；否则，返回步骤(1)。

其中，步骤(3)是额外的预测试，如果通过，则避免了步骤(4)的常规舍选法测试中的对数计算（如果去掉步骤(3)，算法仍然有效，并且只是字面上的舍选法）。

如上所述，当$\alpha>1$时还有一些其他好的算法可以使用。Schmeiser 和 Lal[8]提出了另一种舍选法，其中$t(x)$在$f(x)$的“主体”中是分段线性的，在尾部是指数的；α值在 1.0001～1000 的范围时，他们的算法速度大约是上面选择的算法的两倍。不过，他们的算法更为复杂，需要额外的时间来为给定的α值设置必要的常数。这就是在选择变量生成算法时必须考虑的典型权衡因素。

最后，考虑直接使用反变换法生成γ随机变量。鉴于γ分布函数及其反变换都没有简单的封闭形式，必须借助数值方法。Best 和 Roberts[10]给出了一种反变换自由度不一定是整数的卡方随机变量分布函数的数值程序，因此适用于任意$\alpha>0$的γ函数生成。如果$Y\sim x_\nu^2$，其中$\nu>0$不一定是整数，$Y\sim\gamma(\nu/2,2)$。想要$X\sim\gamma(\alpha,1)$，首先生成$Y\sim x_{2\alpha}^2$，然后返回$X=Y/2$。IMSL 例程可用于反变换卡方分布函数。Press 等[11]给出了评估卡方分布函数（不完全γ函数的重参数化）的代码，然后必须通过寻根算法进行数值反变换。

5) 威布尔分布（Weibull 分布）

威布尔分布函数很容易通过反变换得到

$$F^{-1}(u)=\beta\left[-\ln(1-u)\right]^{1/\alpha}$$

引出以下反变换算法：

(1) 生成 $U \sim U(0,1)$；

(2) 返回 $X = \beta(-\ln U)^{1/\alpha}$。

再次利用 U 和 $1-U$ 具有相同的 $U(0,1)$ 分布这一事实，在步骤(2)中，如果需要使用字面上的反变换方法，U 应该被替换为 $1-U$。这种算法的合理性还体现在：如果 Y 是均值为 β^{α} 的指数分布随机变量，则 $Y^{1/\alpha} \sim \text{Weibull}(\alpha,\beta)$。

6) 正态分布

首先要注意的是，给定 $X \sim N(0,1)$，可以通过设 $X' = \mu + \sigma X$ 得到 $X' \sim N(\mu,\sigma^2)$，这样只需要生成标准正态随机变量。然而正态分布随机变量的生成效率很重要，因为正态分布通常被用于为其他分布随机变量的舍选法提供优化函数，例如，Ahrens 和 Dieter[6]的 γ 和 β 分布随机变量生成器。正态分布随机变量也可以直接转换为其他分布类型的随机变量，例如，指数分布随机变量。

Box 和 Muller[12]提出了生成 $N(0,1)$ 随机变量的早期方法之一，尽管现在已有更快的算法，但该算法仍然还在使用。因为该算法确实具有保持所使用的随机数与生成的 $N(0,1)$ 随机变量一一对应的优势。因此，通用随机数或对偶变量法这类用于减少方差的方法，在保持同步方面是有用的。该方法的核心是：首先生成一对独立同分布的 $N(0,1)$ 变量，记为 U_1 和 U_2，然后构造 $X_1 = \sqrt{-2\ln U_1}\cos 2\pi U_2$，$X_2 = \sqrt{-2\ln U_1}\sin 2\pi U_2$。此时 X_1 和 X_2 是独立同分布的 $N(0,1)$ 随机变量。由于每次都会成对地获得所需的随机变量，所以在对子程序的奇数次调用时，可以如刚才描述方式实际计算 X_1 和 X_2，但只返回 X_1，将 X_2 保存下来，以便在下一个(偶数次)调用时直接返回上次保存的 X_2，无须重新生成。因此，使用两个随机数产生两个 $N(0,1)$ 随机变量。虽然这种方法在原则上是有效的，即如果 U_1 和 U_2 确实是独立同分布的 $N(0,1)$ 随机变量，但如果 U_1 和 U_2 实际上是由线性同余生成器产生的相邻随机数，则存在一个严重的问题。由于 U_2 的生成依赖于 U_1，可以证明生成的变量 X_1 和 X_2 必须落在 (X_1,X_2) 空间上，而不是真正独立正态分布的[13]。因此，Box-Muller 方法不应使用线性同余生成器的单一流，而应使用单独的流或复合生成器代替，例如，组合多重递归生成器，可以使用下面介绍的一种生成正态变量的方法。

Marsaglia 和 Bray[14]对 Box-Muller[12]的方法进行了改进，取消了三角函数计算，这种方法被称为极坐标法。它依赖于正态分布的一个特殊属性，并被 Atkinson 和 Pearce[5]发现在 FORTRAN 编程中比 Box-Muller 方法快 9%～31%。极坐标法也是成对生成 $N(0,1)$ 随机变量，其原理如下：

(1) 生成 U_1 和 U_2 作为 IID $U(0,1)$；令 $V_i = 2U_i - 1$，其中 $i = 1,2$；再令

$W = V_1^2 + V_2^2$；

(2) 如果 $W > 1$，返回步骤(1)；否则，令 $Y = \sqrt{(-2\ln W)/W}$，$X_1 = V_1 \times Y$，$X_2 = V_2 \times Y$；X_1 和 X_2 是 IID $N(0,1)$ 随机变量。

由于 U_1 和 U_2 的“拒绝”可能发生在步骤(2)中(概率为 $1-\pi/4$)，极值法需要一个 $N(0,1)$ 随机变量的随机数来生成每一对 $N(0,1)$ 随机变量。Kinderman 和 Ramage[15]开发了一种能非常快地生成 $N(0,1)$ 随机变量的算法，该算法更复杂，但在他们的 FORTRAN 实验中比极坐标方法节省了 30%的时间。要在正态分布随机变量生成中直接使用反变换法，必须使用数值方法，因为正态分布函数及其反变换都没有简单的闭式表达。Moro[16]提供了这样一种方法。此外，IMSL 库也有反变换标准正态分布函数的例程。

7) 对数正态分布

利用对数正态分布的一个特殊性质，即如果 $Y \sim N(\mu,\sigma^2)$，则 $e^Y \sim \ln(\mu,\sigma^2)$，可以得到下面的算法：

(1) 生成 $Y \sim N(\mu,\sigma^2)$；

(2) 返回 $X = e^Y$。

为了完成以上步骤，可以使用上一小节中讨论的任意正态分布随机变量生成方法。注意，μ 和 σ^2 并不是 $\ln(\mu,\sigma^2)$ 分布的均值和方差。事实上，如果 $X \sim \ln(\mu,\sigma^2)$，设 $\mu' = E(X)$，$\sigma'^2 = \mathrm{Var}(X)$，那么 $\mu' = e^{\mu+\sigma^2/2}$，$\sigma'^2 = e^{2\mu+\sigma^2}\left(e^{\sigma^2}-1\right)$。因此，如果要生成一个对数正态分布随机变量 X，给定均值 $\mu' = E(X)$，给定方差 $\sigma'^2 = \mathrm{Var}(X)$，那么在生成中间正态分布随机变量 Y 之前，应该先根据 μ' 和 σ'^2 求出 μ 和 σ^2，很容易得到

$$\mu = E(X) = \ln\frac{\mu'^2}{\sqrt{\mu'^2+\sigma'^2}}$$

$$\sigma^2 = \mathrm{Var}(X) = \ln\left(1+\frac{\sigma'^2}{\mu'^2}\right)$$

8) β 分布

首先，可以通过设置 $X' = a+(b-a)X$，将 $X \sim \beta(\alpha_1,\ \alpha_2)$ 映射到区间 $[a,b]$ $(a<b)$，这里 $X' \sim \beta(\alpha_1,\alpha_2)$ 定义在区间[0, 1]，因此实际上只需考虑后者情况，将其称为 $\beta(a_1,a_2)$ 分布。

某些情况下，$\beta(\alpha_1,\alpha_2)$ 分布的某些性质有助于生成 β 分布随机变量。首

先，如果 $X \sim \beta(\alpha_1,\alpha_2)$，那么 $1-X \sim \beta(\alpha_2,\alpha_1)$，因此，如果能很容易地得到 $\beta(\alpha_1,\alpha_2)$ 随机变量，就能很容易地生成 $\beta(\alpha_2,\alpha_1)$ 随机变量。例如，如果 $\alpha_2=1$，那么对于 $0\leqslant x\leqslant 1$，可以得到 $f(x)=a_1x^{\alpha_1-1}$，所以它的分布函数是 $F(x)=x^{\alpha_1}$，并且可以通过反变换法轻松生成 $X \sim \beta(\alpha_1,1)$，即对于 $U \sim U(0,1)$，返回 $X=U^{1/\alpha_1}$。最后，$\beta(1,1)$ 分布就是简单的 $U(0,1)$。

对于任意 $\alpha_1>0$ 和 $\alpha_2>0$ 的情况，生成 $\beta(\alpha_1,\alpha_2)$ 随机变量的一般方法基于以下事实：如果 $Y_1 \sim \gamma(\alpha_1,1)$，$Y_2 \sim \gamma(\alpha_2,1)$，并且 Y_1 与 Y_2 相互独立，那么 $Y_1/(Y_1+Y_2) \sim \beta(\alpha_1,\alpha_2)$。由此得出以下算法：

(1) 生成 $Y_1 \sim \gamma(\alpha_1,1)$ 和 $Y_2 \sim \gamma(\alpha_2,1)$，它们独立于 Y_1；

(2) 返回 $X=Y_1/(Y_1+Y_2)$。

生成两个 γ 随机变量 Y_1 和 Y_2 的方法可以是任何合适的 γ 随机变量生成算法，必须注意检测 α_1 和 α_2 是小于 1 还是大于 1。

这种方法相当方便，因为只要对所有 $\alpha>0$ 执行 $\gamma(\alpha,1)$ 生成器，基本上就可以完成；当然，它的效率取决于所选 γ 生成器的速度。不过，还有更快(也更复杂)的算法，可以直接从 β 分布生成。例如，当 $\alpha_1>1$ 和 $\alpha_2>1$ 时，Schmeiser 和 Lal[8]提出了一种非常快速的舍选法，其中主函数在 $f(x)$ 的中心部分是分段线性的。如果 $\alpha_1<1$ 和 $\alpha_2<1$ (或两者都是)，Atkinson 和 Whittaker[17, 18]以及 Cheng[19]和 Jöhnk[20]给出了直接生成 $\beta(\alpha_1,\alpha_2)$ 随机变量的算法。Cheng[19]的 BA 方法相当简单，对任意 $\alpha_1>0$ 和 $\alpha_2>0$ 的组合都是有效的；Jöhnk[20]和 Atkinson[21]的算法也是如此。生成 β 随机变量的反变换方法必须依赖于数值方法，与 γ 分布和正态分布的情况相同。

9) Pearson Type V

Pearson Type V 分布属于 Pearson 分布家族，它通过 γ 分布的参数变换而来，主要用于描述那些具有偏态的实际数据。在数据建模时，Pearson Type V 分布可以有效描述右偏或左偏的随机变量，尤其在需要考虑数据的偏度和峰度时具有广泛应用。

当且仅当 $1/X \sim \gamma(\alpha,1/\beta)$ 时，$X \sim \mathrm{PT5}(\alpha,\beta)$，这就引出了下面的特例算法：

(1) 生成 $Y \sim \gamma(\alpha,1/\beta)$；

(2) 返回 $X=1/Y$。

任何 γ 分布随机变量生成方法都可以使用，但要注意 $\alpha<1$，$\alpha=1$ 还是 $\alpha>1$。使用这种反变换方法，需要注意 $\mathrm{PT5}(\alpha,\beta)$ 分布函数是 $F(x)=1-F_G(1/x)$，$x>0$，其中 F_G 是 $\gamma(\alpha,1/\beta)$ 分布函数。在任何情况下，一般都需要

使用数值方法来评估 F_G^{-1}。

10) Pearson Type VI

如果 $Y_1 \sim \gamma(\alpha_1,\beta)$ 和 $Y_2 \sim \gamma(\alpha_2,1)$，并且 Y_1 和 Y_2 是相互独立的，那么 $Y_1/Y_2 \sim \mathrm{PT6}(\alpha_1,\alpha_2,\beta)$，从而直接得到以下算法：

(1) 生成 $Y_1 \sim \gamma(\alpha_1,\beta)$ 和 $Y_2 \sim \gamma(\alpha_2,1)$，它们独立于 Y_1；

(2) 返回 $X = Y_1/Y_2$。

需要注意 $\mathrm{PT6}(\alpha_1,\alpha_2,\beta)$ 分布函数是 $F(X)=F_B(x/(x+\beta))$，$x>0$，$F_B^{-1}(U)$ 一般必须用数值方法来评估。

11) 对数 Logistic 分布

对数 Logistic 分布函数可以反变换得到

$$F^{-1}(u)=\beta\left(\frac{u}{1-u}\right)^{1/\alpha}$$

因此可以得到反变换算法：

(1) 生成 $U \sim U(0,1)$；

(2) 返回 $X=\beta[U/1-U]^{1/\alpha}$。

12) Johnson Bounded

如果 $X \sim \mathrm{JSB}(\alpha_1,\alpha_2,a,b)$，当且仅当 $Z=\alpha_1+\alpha_2\ln[(X-a)/(b-X)] \sim N(0,1)$，可以用 Z 来求解 X 的表达式，得到以下特例算法：

(1) 生成 $Z \sim N(0,1)$；

(2) 设 $Y=\exp[(Z-\alpha_1)/\alpha_2]$；

(3) 返回 $X=(a+bY)/(Y+1)$。

可以使用标准正态分布随机变量的生成方法生成步骤(1)中的 Z。

13) Johnson Unbounded

$X \sim \mathrm{JSU}(\alpha_1,\alpha_2,\gamma,\beta)$，当且仅当

$$Z=\alpha_1+\alpha_2\ln\left[\frac{X-\gamma}{\beta}+\sqrt{\left(\frac{X-\gamma}{\beta}\right)^2+1}\right] \sim N(0,1)$$

可以用 Z 来求解 X 的表达式，得到以下特例算法：

(1) 生成 $Z \sim N(0,1)$；

(2) 设 $Y=\exp[(Z-\alpha_1)/\alpha_2]$；

(3) 返回 $X=\gamma+(\beta/2)(Y-1/Y)$。

可以使用标准正态分布随机变量的生成方法生成步骤(1)中的 Z 。算法的另一种形式是 $X=\gamma+\beta\sin h\left[(Z-\alpha_1)/\alpha_2\right]$，其中 Z 如步骤(1)所示。

14) Bézier 分布

拟合的 Bézier 分布随机变量可以通过 Wagner 和 Wilson[22]提供的数值反变换方法生成，该方法需要将根节点算法作为其操作的一部分。

15) 三角分布

首先需要注意，如果有 $X\sim \text{triang}\left[0,1,(m-a)/(b-a)\right]$，那么 $X'=a+(b-a)X\sim \text{triang}(a,b,m)$，因此可以将注意力限制在 $\text{triang}(0,1,m)$ 随机变量，其中 $0<m<1$（对于极限情况 $m=0$ 或 $m=1$，分别产生左或右三角形）。对于 $0\leqslant u\leqslant 1$，分布函数可以通过反变换得到

$$F^{-1}(u)=\begin{cases}\sqrt{mu}, & 0\leqslant u\leqslant m\\ 1-\sqrt{(1-m)(1-u)}, & m<u\leqslant 1\end{cases}$$

因此，可以用以下反变换算法来生成 $X\sim \text{triang}(0,1,m)$：

(1) 生成 $U\sim U(0,1)$；

(2) 如果 $U\leqslant m$，返回 $X=\sqrt{mU}$；否则，返回 $X=1-\sqrt{(1-m)(1-U)}$。

需要注意的是，如果步骤(2)中 $U>m$，就不能用 U 代替 X 计算式中的 $1-U$。

16) 经验值分布

本小节给出了连续经验分布函数 F 和 G 生成随机变量的算法。在这两种情况下都可以使用反变换的方法。

首先假设有原始的个体观测值，用来定义经验分布函数 $F(x)$。尽管反变换方法一开始可能会涉及某种搜索，但实际上，F 的“角”恰好出现 $0,1/(n-1)$，$2/(n-1),\cdots,(n-2)/(n-1)$ 和 1 这些特定值上，这能够避免显式搜索。可以用以下反变换算法：

(1) 生成 $U\sim U(0,1)$，令 $P=(n-1)U$，$I=[P]+1$；

(2) 返回 $X=X_{(I)}+(P-I+1)\left(X_{(I+1)}-X_{(I)}\right)$。

需要注意的是，在仿真过程中 $X_{(i)}$ 的值必须存储，存储一个包含 $X_{(I+1)}-X_{(I)}$ 值的独立数组，可以消除步骤(2)中的减法运算。此外，生成的 X 值总是介于 $X_{(I)}$ 和 $X_{(n)}$ 之间，这一限制正是以这种方法生成经验分布随机变量存在的缺点。由于没有搜索过程，这种算法的边际执行时间基本上与 n 无关，虽然较大的 n 意味着需要更多的贮存空间和对 X_i 排序的设置时间。

现在假设这些数据是分组的，也就是说，有 k 个相邻区间 $[a_0,a_1),[a_1,a_2),\cdots,[a_{k-1},a_k)$，第 j 个区间包含 n_j 个观测值，且满足 $n_1+n_2+\cdots+n_k=n$。在这种情况下，定义一个经验分布函数 $G(x)$，以下反变换算法生成具有这种分布的随机变量：

(1) 生成 $U\sim U(0,1)$；

(2) 找到非负整数 $J(0\leqslant J\leqslant k-1)$，使 $G(a_J)\leqslant U\leqslant G(a_{J+1})$，返回 $X=a_J+[U-G(a_J)](a_{J+1}-a_J)/[G(a_{J+1})-G(a_J)]$。

注意，在步骤(2)中找到满足 $G(a_J)<G(a_{J+1})$ 的 J，因此在 $n_j=0$ 的区间内无法生成任何 X。此外，明显 $a_0<X<a_k$，步骤(2)中的 J 可以直接从左到右搜索确定，或者可以从 $G(a_{j+1})-G(a_j)$ 最大的 j 开始搜索，然后是次大值，以此类推。作为一种完全避免搜索的替代方法(代价是额外的贮存空间)，可以最初定义一个向量 $(m_1,m_2,\cdots,m_n)$，将前 n_1 个 m_i 设置为 0，然后接下来的 n_2 个 m_i 设为 1，以此类推，最后的 n_k 个 m_i 设为 $k-1$。如果某些 n_j 为 0，则不会将 m_i 设为 $j-1$。例如，如果 $k\geqslant 3$ 且 $n_1>0$，$n_2=0$，$n_3>0$，则前 n_1 个 m_i 设置为 0，后 n_3 个 m_i 设置为 2。然后，可以通过设置 $L=\lfloor nU\rfloor+1$ 并令 $J=m_L$ 来确定步骤(2)中的 J。最后，Chen 和 Asau[23]给出了另一种在步骤(2)中确定 J 的方法，该方法基于初步计算，减少了给定 U 的搜索范围；它只需要 10 个额外的内存位置(他们的方法是针对离散经验分布函数的，但也适用于目前的情况)。

2. 离散随机变量生成

本节将详细阐述从各类离散分布中生成随机变量的特定方法。离散反变换抽样法作为一种通用方法，适用于任何离散分布，无论其可能取值的范围是有限还是可数无限。该方法通常依赖于概率质量函数的特定形式来实现。然而，与连续随机变量情形相似，反变换抽样法可能并非是从某些特定分布中生成随机变量的最有效策略。

当 X 是离散型时，反变换法同样适用。在这种情况下，分布函数为

$$F(x)=P(X\leqslant x_i)=\sum_{x_i\leqslant x}p(x_i)$$

其中，$p(x_i)$ 是概率质量函数，$p(x_i)=P(X=x_i)$。

假设 X 只能取离散值 $x_1,x_2,\cdots$，其中 $x_1<x_2<,\cdots$。此时，生成离散型随机变量的算法如下：

(1) 生成 $U\sim U(0,1)$；

(2) 找到最小的正整数 I，使得 $U\leqslant F(x_I)$，然后返回 $X=x_I$。

为了验证离散型反变换法的有效性，需要证明对于所有的 i，有 $P(X=x_i)=p(x_i)$。

对于 $i=1$，当且仅当 $U\leqslant F(x_1)=p(x_i)$ 时，生成 $X=x_1$。由于已将所有的 x_i 按升序排列，$U\sim U(0,1)$，所以 $P(X=x_1)=p(x_1)$，这一点符合期望。

对于 $i\geqslant 2$，设定 $X=x_i$，当且仅当 $F(x_{i-1})<U\leqslant F(x_i)$。$i$ 是算法选择的最小正整数，使得 $U\leqslant F(x_i)$，此外，由于 $U\sim U(0,1)$ 且 $0\leqslant F(x_{i-1})<F(x_i)\leqslant 1$，所以有

$$P(X=x_i)=P(F(x_{i-1})<U\leqslant F(x_i))=F(x_i)-F(x_{i-1})=p(x_i)$$

这表明离散型反变换法能够正确地生成符合预期概率分布的随机变量，验证了该方法的有效性。

1) Bernoulli 分布

下面的算法非常直观，等同于反变换方法(如果 U 和 $1-U$ 互换)：

(1) 生成 $U\sim U(0,1)$；

(2) 如果 $U\leqslant p$，返回 $X=1$，否则，返回 $X=0$。

2) 离散均匀分布

同样，下面给出的直观算法也是(完全)反变换方法：

(1) 生成 $U\sim U(0,1)$；

(2) 返回 $X=i+\lfloor j-i+1\rfloor$。

注意不需要搜索。当然，常数 $j-i+1$ 应提前计算并存储。

3) 二项分布

可知 t 个独立同分布的 Bernoulli(p) 随机变量之和服从 $\text{bin}(t,p)$ 分布。根据这一关系可以得出以下卷积算法以生成 $\text{bin}(t,p)$ 随机变量：

(1) 生成 $Y_1,Y_2,\cdots,Y_t$ 作为独立同分布的 Bernoulli(p) 随机变量；

(2) 返回 $X=Y_1+Y_2+\cdots+Y_t$。

由于这种算法的执行时间与 t 成正比，如果 t 较大，可能需要寻找一种替代方法。一种可能的方法是采用高效搜索的直接反变换法。另一种方法是别名法(Alias Method)，因为 X 的范围是有限的。最后，Ahrens 和 Dieter[6] 以及 Kachitvichyanukul 和 Schmeiser[24] 讨论了对较大 t 有效的二项分布算法。

4) 几何分布

以下算法如果在步骤(2)中将 U 替换为 $1-U$，则等同于反变换方法：

(1) 生成 $U\sim U(0,1)$；

(2) 返回 $X=\lfloor -\ln(U)/\ln(1-p)\rfloor$。

常数 $\ln(1-p)$ 应事先计算。如果 p 接近 0，则 $\ln(1-p)$ 也将接近 0，因此应

考虑双精度运算，以避免步骤(2)中除法的舍入误差过大。如果 p 接近1，则 $\ln(1-p)$ 将是一个很大的负数，这也会造成计算上的困难；幸运的是，对于较大的 p 值，根据几何随机变量和 Bernoulli 随机变量之间的关系，使用完全不同的算法会更有效。

5)负二项分布

根据 $\text{negbin}(s,p)$ 和 $\text{geom}(p)$ 分布之间的关系，可以得出以下卷积算法：

(1)生成 $Y_1,Y_2,\cdots,Y_s$ 作为独立同分布的 $\text{geom}(p)$ 随机变量；

(2)返回 $X=Y_1+Y_2+\cdots+Y_s$。

这个算法与执行时间与 s 成正比。对于较大 s，可以考虑 Fishman[25]中讨论的替代方法，该方法利用了负二项分布、γ 分布和泊松分布之间的特殊关系；其效率取决于从 γ 分布和泊松分布中快速生成的能力。Ahrens 和 Dieter[6]讨论了其他替代方法。

6)泊松分布

生成 $\text{Poisson}(\lambda)$ 随机变量的算法主要基于 $\text{Poisson}(\lambda)$ 分布和 $\exp(1/\lambda)$ 分布之间的关系。算法如下：

(1)令 $a=\mathrm{e}^{-\lambda}$，$b=1$，$i=0$；

(2)生成 $U_{i+1}\sim U(0,1)$ 并用 bU_{i+1} 替代 b；如果 $b<a$，返回 $X=i$；否则，执行步骤(3)；

(3)用 $i+1$ 替代 i 并返回执行步骤(2)。

注意，当且仅当 $X=i$ 符合以下条件时，该算法才是合理的

$$\sum_{j=1}^{i}Y_j\leqslant 1<\sum_{j=1}^{i+1}Y_j$$

其中，$Y_j=(-1/\lambda)\ln U_j\sim\exp(1/\lambda)$ 且 Y_j 是独立的，即

$$X=\max\left\{i:\sum_{j=1}^{i}Y_j\leqslant 1\right\}$$

因此，$X\sim\text{Poisson}(\lambda)$。

不过，该算法随着 λ 的增加而变慢，因为较大的 λ 意味着 $a=\mathrm{e}^{-\lambda}$ 较小，从而需要执行更多次的步骤(2)才能将 U_{i+1} 的累积乘积降到 a 以下(实际上，由于 X 比所需的 U_{i+1} 数量少1，所以步骤(2)的预期执行次数为 $E(X)+1=\lambda+1$，执行时间基本上与 λ 呈线性增长关系)。一种替代方法是将别名法与组合法结合使用(因为 X 的范围是无限的)。另一种方法是使用高效搜索的反变换方法，Atkinson[26]研究了几种此类搜索程序，并指出 Chen 和 Asau[23]方法的索引搜索效

果很好(Atkinson 将这种搜索程序称为 PQM，它需要少量的设置和额外的存储，但实现起来非常简单)。Devroye[27]还给出了其他快速生成服从泊松分布随机变量的方法。

3. 方差缩减技术

对仿真的输出结果进行统计分析的主要目的就是获得系统状态变量的高精度的统计特性，以便能够对仿真运行的结果加以正确利用。但由于系统本身所固有的随机性特点，无论是对单个系统输出结果的性能测度，还是对多个系统设计方案的比较，所得到的结果都必然会存在一定的误差，该误差以区间半长来表示，有 $\delta = t_{(n-1),\alpha/2}\dfrac{S}{\sqrt{n}}$。方差缩减技术主要应用于“蒙特卡罗仿真”中，是提高仿真效率的主要手段。常见的方差缩减方法有对偶变量法、控制变量法和条件期望法。

1) 对偶变量法(Antithetic Variables)

对偶变量法利用产生同分布负相关样本的方法减少方差。其基本思想是对系统模型进行成对的仿真运行。在两次仿真运行的过程中，设法使第一次仿真运行中的小观测值能够被第二次仿真运行中的大观测值所抵消，或者反之。即，采用互补的随机数对系统进行成对的仿真运行。也就是说，如果在第一次仿真运行中，某个输入随机变量是通过均匀随机数 u_k 产生的，则在第二次仿真运行中，该随机变量将通过随机数 $1-u_k$ 来产生。这相当于将两次仿真运行所得观测值的平均值作为分析的基准数据点，而这个平均值与所估计的观测值的期望更为接近。

设参数估计为 $A=E[X]$时，有 X_1 和 X_2 服从同分布的独立随机样本变量，且期望都为 A，如果 X_1 和 X_2 是负相关，就可以利用成对的负相关随机变量 X_1 和 X_2 估计 $A=E[X]$，这样远比使用两个独立的随机变量所估计的方差小得多，而且还减少了一半生成随机数的过程，节省了一半的时间，提高了仿真的效率。

设 $\hat{\theta}_1$、$\hat{\theta}_2$ 为 $\theta=\int f(x)\mathrm{d}x$ 的两个无偏估计，当样本量为 m 时，$\hat{\theta}_1$、$\hat{\theta}_2$ 方差为 σ^2/m，即它们的平均估计值 $\hat{\theta}=\left(\hat{\theta}_1+\hat{\theta}_2\right)/2$ 的方差为

$$\mathrm{Var}\left(\hat{\theta}\right)=\frac{1}{4}\mathrm{Var}\left(\hat{\theta}_1\right)+\frac{1}{4}\mathrm{Var}\left(\hat{\theta}_2\right)+\frac{1}{2}\mathrm{Cov}\left(\hat{\theta}_1,\hat{\theta}_2\right)$$

如果 $\hat{\theta}_1$、$\hat{\theta}_2$ 负相关，也就是说，$\mathrm{Cov}\left(\hat{\theta}_1,\hat{\theta}_2\right)<0$，那么有 $\mathrm{Var}\left(\hat{\theta}\right)<\mathrm{Var}\left(\hat{\theta}_1\right)$，$\mathrm{Var}\left(\hat{\theta}\right)<\mathrm{Var}\left(\hat{\theta}_2\right)$，可采用对偶抽样法产生负相关的 $\hat{\theta}_1$、$\hat{\theta}_2$。

对偶变量算法如下：

(1) 从 $U(0,1)$ 中产生 m 个独立的随机数 $U_1, U_2, \cdots, U_m$；

(2) 令 $X_1 = F^{-1}(U_1), X_2 = F^{-1}(U_2), \cdots, X_m = F^{-1}(U_m)$; $X_1' = F^{-1}(1-U_1)$; $X_2' = F^{-1}(1-U_1), \cdots, X_m' = F^{-1}(1-U_m)$；

(3) 两个无偏估计量分别为 $\hat{\theta}_1 = \frac{1}{m}\sum_{i=1}^{m} h(X_i), \hat{\theta}_2 = \frac{1}{m}\sum_{i=1}^{m} h(X_i')$；

(4) 平均估计值为 $\hat{\theta} = \frac{(\hat{\theta}_1 + \hat{\theta}_2)}{m}$；

(5) 重复以上步骤 n 次，得到 n 个估计量 $\hat{\theta}_1, \hat{\theta}_2, \cdots, \hat{\theta}_n$，则 $\hat{\theta}$ 的方差 $\mathrm{Var}(\hat{\theta})$ 就可以用样本方差 $\frac{1}{n}\sum_{i=1}^{n}\left(\hat{\theta}_i^c - \overline{\hat{\theta}_n^c}\right)^2$ 估计。

2) 控制变量法 (Control Varies)

控制变量法的基本原则是在保证原有函数期望不变的情况下，构造新的函数使原函数强相关，再对该新函数从系统的解析模型中抽取样本，从而达到减小试验方差和计算时间的目的。取与原函数 $h(X)$ 相关的随机变量 $t(X)$，它的期望已知为 θ，μ 和 θ 的蒙特卡罗估计为 $\hat{\mu} = \frac{1}{m}\sum_{i=1}^{m} h(X_i)$，$\hat{\theta} = \frac{1}{m}\sum_{i=1}^{m} t(X_i)$，对于常数 c，有无偏估计 $\hat{\mu}^c$，$\hat{\mu}^c = \hat{\mu} + c(\hat{\theta} - \theta)$ 为控制变量估计，其中，$t(X)$ 称为 $h(X)$ 的控制变量。对于 $\hat{\mu}^c = \hat{\mu} + c\hat{\theta}$，依据方差的性质推导可得 $\mathrm{Var}(\hat{\mu}^c) = \mathrm{Var}(\hat{\mu}) + 2c\,\mathrm{Cov}(\hat{\mu}, \hat{\theta}) + c^2\mathrm{Var}(\hat{\theta})$。

该方差在 $c^* = -\frac{\mathrm{Cov}(\hat{\mu}, \hat{\theta})}{\mathrm{Var}(\hat{\theta})}$ 时，取最小值 $\mathrm{Var}(\hat{\mu}^{c^*}) = \mathrm{Var}(\hat{\mu}) - \frac{\left[\mathrm{Cov}(\hat{\mu}, \hat{\theta})\right]^2}{\mathrm{Var}(\hat{\theta})}$。当 $\hat{\mu}$、$\hat{\theta}$ 正相关时，$\mathrm{Var}(\hat{\mu}^{c^*}) < \mathrm{Var}(\hat{\mu})$，此时 $\hat{\mu}^c = \hat{\mu} - \frac{\left[\mathrm{Cov}(\hat{\mu}, \hat{\theta})\right]^2}{\mathrm{Var}(\hat{\theta})}(\hat{\theta} - \theta)$。这种减少随机模拟误差方差的方法称为控制变量法。

控制变量算法如下：

(1) 从 $f(x)$ 中产生 m 个独立的随机数 $X_1, X_2, \cdots, X_m$；

(2) 选取控制变量 $t(X)$，其期望 θ 已知；

(3) 计算两个无偏估计量分别为 $\hat{\mu} = \frac{1}{m}\sum_{i=1}^{m} h(X_i)$，$\hat{\theta} = \frac{1}{m}\sum_{i=1}^{m} t(X_i)$，

$c=-\dfrac{\mathrm{Cov}\left(\hat{\mu},\hat{\theta}\right)}{\mathrm{Var}\left(\hat{\theta}\right)}$；

(4) 平均估计值为 $\hat{\mu}^c=\hat{\mu}+c\left(\hat{\theta}-\theta\right)$；

(5) 重复以上步骤 n 次，得到 n 个估计量 $\hat{\theta}_1^c,\hat{\theta}_2^c,\cdots,\hat{\theta}_n^c$，则 $\hat{\mu}^c$ 的方差 Var（$\hat{\mu}^c$）就可以用样本方差 $\frac{1}{n}\sum_{i=1}^{n}\left(\hat{\theta}_i-\overline{\hat{\theta}_n}\right)^2$ 估计。

3) 条件期望法（Conditional Expectation）

设总体为 X，对于 $\theta=E\left(X\right)$，θ 的蒙特卡罗估计量为 $\tilde{\theta}=\frac{1}{m}\sum_{i=1}^{m}X_i$。假设存在一个易抽样的随机变量 Y，且条件期望 $E\left(X/Y\right)$ 有解析表达式，则 $\hat{\theta}$ 为 θ 的无偏估计量，$E\left(X\right)=E\left(E\left(X/Y\right)\right)$，且 $\hat{\theta}$ 具有更小的方差，因为 $\mathrm{Var}\left(X\right)=E\left[\mathrm{Var}\left(X/Y\right)\right]+\mathrm{Var}\left\{E\left(X/Y\right)\right\}$。由于两边方差非负，从而 $\mathrm{Var}\left(\tilde{\theta}\right)=\dfrac{\mathrm{Var}\left(X\right)}{n}\geqslant\dfrac{\mathrm{Var}\left\{E\left(X/Y\right)\right\}}{n}=\mathrm{Var}\left(\hat{\theta}\right)$。这种改善随机仿真估计精度的方法称为条件期望法。

条件期望法算法如下：

(1) 从给定一个函数 $g(y)$，从 $g(y)$ 中独立抽取 $y_1,y_2,\cdots,y_m$；

(2) 估计值为 $\hat{\theta}=\frac{1}{m}\sum_{i=1}^{m}\left(X/Y=y_i\right)$；

(3) 重复以上步骤 n 次，得到 n 个估计量 $\hat{\theta}_1,\hat{\theta}_2,\cdots,\hat{\theta}_n$，则 $\hat{\theta}$ 的方差 $\mathrm{Var}\left(\hat{\theta}\right)$ 就可以用样本方差 $\frac{1}{n}\sum_{i=1}^{n}\left(\hat{\theta}_i-\overline{\hat{\theta}_n}\right)^2$ 估计。

3.4　本章小结

本章首先系统地阐述了系统可用性的数学理论基础，接着介绍了与可用性定义、建模以及评估紧密相关的术语和基本概念，深入理解这些术语和概念能够高效且准确地构建满足特定需求的系统可用度模型。这些模型在评估系统的可靠性、预测潜在故障以及优化系统性能等方面具有重要意义。最后，本章还介绍了几种常用的可用度评估方法，特别是针对连续和离散分布的随机数生成方法进行了全面整理。

第 4 章　基于可用性的检测模型

通常，维护策略的实施依赖于对系统状态的准确评估，即在任意时刻都能够明确判定系统是否处于运行状态或故障状态。然而，在长期贮存系统、备用系统或者安全系统等存在隐性故障的复杂系统中，其状态可能无法实时准确获取。在这种情况下，状态检测是一项不可或缺的维护措施。Barlow 等[28]首次讨论了一个较为常见的情境：当故障未被及时发现时，可能会导致经济损失，并且这种损失随着时间的推移而逐渐增加，然而，故障检测本身也往往伴随较高的成本。那么在这一情境下，如何确定“最具成本效益的检测策略”成为一个重要问题。依据 Natagawa[29]、Rausand 和 Hoyland[30]以及 Beichelt 和 Tittmann[31]等的研究，本章将深入探讨这一问题。

4.1　无更换检测

假设系统在 $t=0$ 时刻开始运行，系统寿命 L 的分布函数、概率密度和期望值分别为 $F(t)$ 、 $f(t)$ 和 μ ，单次检测成本为 c_1 。如果从故障发生到通过检测发现故障之间经过了时间 t ，产生损失成本 $c_2(t)$ ，且 $c_2(+0)=0$ ，即 $c_2(t)$ 在 $t=0$ 处的右极限为 0。假设函数 $c_2(t)$ 可微，并且在区间 $[0,\infty]$ 上严格递增，检测被安排在时间点 $t_1,t_2,\cdots$ 且 $0<t_1<t_2<\cdots$ ，那么，序列 $P=\{t_1,t_2,\cdots\}$ 被称为检测策略，也可以简写为 $P=\{t_k\}$ 。

如果 $B=\sup\{t,F(t)<1\}=\infty$ ，那么序列 $P=\{t_1,t_2,\cdots\}$ 应该具有 $\lim\limits_{k\to\infty}t_k=\infty$ 的属性，即 P 是点过程(Point Process)。但是，如果 $B<\infty$ ，或者只在一个有限的时间区间 $[0,T]$ 内检测系统(其中 $T<B$)，那么对于一个有限整数 n 来说，t_k 将具有以下特征： $0<t_1<t_2<\cdots<t_n=T$ 。上述相邻时间点的差值称为检测间隔 τ_k ，即 $t_{k+1}-t_k=\tau_k$ ，其中 $k=0,1,\cdots$ ，且 $t_0=0$ 。

因此，也可以通过检测间隔来描述检测策略，即检测策略 $P=\{\tau_0,\tau_1,\cdots\}=\{\tau_k\}$ 。如果对于所有 $k=0,1,\cdots$ 来说， $\tau_k=\tau$ 成立，则检测策略 P 具有严格周期特性，可以用 $P=P^{(\tau)}$ 表示。当 $T<\infty$ 时，检测策略 P 恰好规定了 n 次检测，且第 n 次检测在 T 时刻进行，此时可以将检测策略 P 用

$P_n=\{t_1,t_2,\cdots,t_n\}$ 或 $P_n=\{\tau_0,\tau_1,\cdots,\tau_{n-1}\}$ 来表示。本节假设检测时间忽略不计。

已知寿命分布 F，给定 $P=\{t_k\}$，假设 t 时刻系统发生故障，且发生在第 k 次检测和第 $k+1$ 次检测之间，即 $t_k<t\leqslant t_{k+1}$，依据图 4-1 给出的检测策略，相应的由停机和检测造成的总损失成本为 $(k+1)c_1+(t_{k+1}-t)c_2$，则 k=2 时带来的损失总计为 $3c_1+c_2(t_3-t)$。

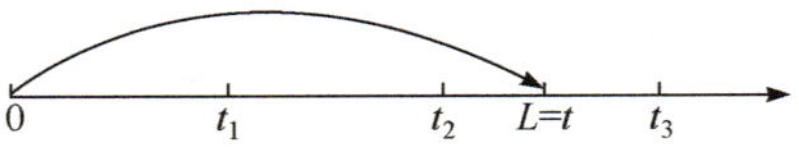

图 4-1　检测策略描述

如果 $T=\infty$，从系统开始运行直到检测到故障的预期总损失成本函数与 P、F 相关表示为

$$K(P,F)=\sum_{k=0}^{\infty}\int_{t_k}^{t_{k+1}}\left[(k+1)c_1+(t_{k+1}-t)c_2\right]\mathrm{d}F(t) \tag{4-1}$$

如果 $T<\infty$，相应预期总损失成本为

$$K(P_n,F)=\sum_{k=0}^{n-1}\int_{t_k}^{t_{k+1}}\left[(k+1)c_1+(t_{k+1}-t)c_2\right]\mathrm{d}F(t)+nc_1\bar{F}(T) \tag{4-2}$$

而当系统寿命 L 的分布函数 F 给定，为了确定关于 $K(P,F)$ 的最优策略 $P^*=\{t_k^*\}$，则

$$K^*(F)=K(P^*,F)=\min_P K(P,F)$$

如下述初步评估所示，$K^*(F)$ 是有限的，对于任何周期性检测策略 $P^{(\tau)}=k\tau$，预期总损失成本为

$$\begin{aligned}K\left(P^{(\tau)},F\right)&=\sum_{k=0}^{\infty}\int_{t_k}^{t_{k+1}}\left[(k+1)c_1+c_2(t_{k+1}-t)\right]\mathrm{d}F(t)\\&\leqslant\sum_{k=0}^{\infty}\int_{t_k}^{t_{k+1}}\left[(k+1)c_1+c_2(\tau)\right]\mathrm{d}F(t)\\&\leqslant\frac{c_1}{\tau}\sum_{k=0}^{\infty}(k\tau)\left[F((k+1)\tau)-F(k\tau)\right]+c_1+c_2(\tau)\end{aligned}$$

可知

$$K^*(F)\leqslant K\left(P^{(\tau)},F\right)\leqslant\left(\frac{\mu}{\tau}+1\right)c_1+c_2(\tau)\leqslant\infty \tag{4-3}$$

最优检测策略 $P=\{t_k\}$ 必须满足必要条件 $\left(\partial K(P,F)/\partial t_k\right)=0,k=1,2,\cdots$

$$c_2\left(t_{k+1}-t_k\right)=\int_0^{t_k-t_{k-1}}\frac{f\left(t_k-t\right)}{f\left(t_k\right)}\mathrm{d}c_2\left(t\right)-c_1,\quad k=1,2,\cdots \tag{4-4}$$

特别地，当线性损失函数 $c_2\left(\tau\right)=at,a>0$ 时，系统方程组将变为以下形式

$$t_{k+1}-t_k=\frac{F\left(t_k\right)-F\left(t_{k-1}\right)}{f\left(t_k\right)}-\frac{c_1}{a},\quad k=1,2,\cdots \tag{4-5}$$

因此，如果第一个最佳检测时间点 t_1^* 已知，则可以通过式(4-4)计算出其他最佳检测时间点，同时还需要确定 $t_1=t_1^*$，假设 $f\left(t\right)$ 是一个二阶 Pólya 密度（PD_2），就可以简化上述计算过程。

定理 4-1　如果对于所有 $h\geqslant 0$ 来说，$\dfrac{f\left(t-h\right)}{f\left(t\right)}$ 随 t 的增加而增加，或者 $\dfrac{f\left(t+h\right)}{f\left(t\right)}$ 随 t 的增加而减少，则概率密度 $f\left(t\right)$ 被称为二阶 Pólya 密度（PD_2）。易证：当且仅当所有 $h\geqslant 0$，$f\left(t\right)$ 均为 PD_2，则

$$\frac{f\left(t\right)}{F\left(t+a\right)-F\left(t\right)} \tag{4-6}$$

对于所有实数 $a\neq 0$ 来说，式(4-6)随 t 的增加而增大。同时，式(4-6)表明，PD_2 的性质与 IFR 概念密切相关。事实上，如果 $f\left(t\right)$ 是 PD_2，那么 $F\left(t\right)$ 就是 IFR，即系统寿命 L 的失效率 $\dfrac{f\left(t\right)}{F\left(\infty\right)-F\left(t\right)}=\dfrac{f\left(t\right)}{1-F\left(t\right)}$ 随 t 的增加而增加；但反过来则不一定成立。Barlow 等[28]首次利用 PD_2 密度的性质来表征基于线性损失函数 $c_2\left(\tau\right)=at,t\geqslant 0$ 的最佳检测策略；Beichelt[32]对具有上述性质的任何形式的损失函数 $c_2\left(\tau\right)$ 进行了同样的研究。

定理 4-2　设 $f\left(t\right)$ 为 PD_2 且 $\mu<\infty$：

(1) 如果 $T<\infty$，那么第一个最佳检测时间点 t_1^* 是最小的 t_1，且其所处序列 $P\left(t_1\right)$ 在 $t_{n^*}=T$ 处中断，即 n^* 是最佳检测次数；

(2) 如果 $T=\infty$，则 t_1^* 是最小的检测时间点，且 $\lim\limits_{k\to\infty}t_k=\infty$；

(3) 如果 $t_1>t_1^*$，则存在正整数 m，使得检测策略 $P\left(t_1\right)$ 中的检测间隔 τ_k 从 $k=m$ 时开始增加；

(4) 在 $T<\infty$ 和 $T=\infty$ 这两种情况下，最佳检测间隔都会减小。

上述定理中所列出的最优检测策略 $P^*=\left\{t_k^*\right\}$ 的前两个性质已足以确定关于任何所需精确度的最优检测策略。t_1 满足

$$c_1 = \int_0^{t_1} c_2(t_1 - t)\mathrm{d}F(t) \tag{4-7}$$

因为检测成本等于在时间上区间$[0,t_1]$内可能发生的故障引起的预期损失成本。根据定理中列出的最优策略特征，调整t_1递增或递减，使得所生成的序列$P(t_1)$逐步逼近最优策略。因此，“接近最优”检测策略的构建不再是一个计算问题，详细可见 Munford 和 Shahani[33, 34]以及 Tadikamalla[35]的相关研究。Keller[36]提出了一个基于检测密度$d(t)$的检测模型，$d(t)$是指t时刻单位时间内的检测次数，并据此构建了一个近似检测策略。基于上述想法，Kaio 和 Osaki[37]进一步构建了一个近似最优的检测策略。在随后的研究中，Kaio 和 Osaki[38, 39]比较讨论了“精确”检测策略和 Barlow-Hunter 类型的近似最优检测策略。

例 4-1 假设系统寿命L在区间$[0,T]$上均匀分布，则对于任意整数n，且$n < n^*$(n^*为最佳检测次数)，方程组(4-4)将变形为

$$c_2(\tau_{k+1}) = c_2(\tau_k) - c_1,\quad k = 0,1,2,\cdots,n-2$$

$$\sum_{k=0}^{n-1}\tau_k = T \tag{4-8}$$

命题：最佳检测次数n^*是满足式(4-9)的最大整数n

$$\sum_{k=0}^{n-1} c_2^{-1}(kc_1) < T \tag{4-9}$$

其中，$c_2^{-1}(\cdot)$是$c_2(t)$的反函数。为了证明上述命题，需说明关于n的条件式(4-9)是式(4-8)解的充分必要条件。通过对式(4-8)中$n-1$个方程求和，可得

$$c_2(\tau_{n-1}) = c_2(\tau_0) - (n-1)c_1$$

因此，$c_2(\tau_0) > (n-1)c_1$。同理，将式(4-8)最后$n-2$个方程求和，可得

$$c_2(\tau_1) > (n-2)c_1$$

通常，当$k = 0,1,2,\cdots,n-1$时，可以将上述规律表示为$c_2(\tau_k) > (n-k-1)c_1$或$\tau_k > c_2^{-1}((n-k-1)c_1)$。由于$\sum_{k=0}^{n-1}\tau_k = T$，条件式(4-9)是必要的。

现在，假设条件式(4-9)成立，以$t_1 = \tau_0$为起点，满足$c_2(\tau_0) > nc_1$，可利用式(4-8)生成序列$P(\tau_0) = \{\tau_0, \tau_1, \cdots, \tau_{n-1}\}$，它满足条件式

$$\sum_{k=0}^{n-1}\tau_k > \sum_{k=0}^{n-1} c_2^{-1}(kc_1)$$

此外，由于$c_2(t)$的连续性，可以选择合适的τ_0使$\sum_{k=0}^{n-1}\tau_k = T$，命题得证。

如果$c_2(t)$为线性损失函数$c_2(t)=at$，最优检测次数为满足$(n-1)n<2c_1 T/a$的最大整数n，最优检测时间点为

$$t_k = k\left[\frac{T}{n}+\frac{c_1}{2a}(n-k)\right],\quad k=1,2,\cdots,n \tag{4-10}$$

例 4-2　假设系统寿命L服从参数为λ的指数分布$F(t)=1-\mathrm{e}^{-\lambda t}, t\geqslant 0$，最优检测策略是周期性的。由式(4-1)，可以得出[33]

$$K\left(P^{(\tau)},F\right)=\frac{1}{1-\mathrm{e}^{-\lambda\tau}}\left[c_1+\mathrm{e}^{-\lambda\tau}\int_0^{\tau}c_2(t)\mathrm{e}^{\lambda t}\mathrm{d}t\right] \tag{4-11}$$

最佳检测间隔$\tau=\tau^*$满足下述方程

$$c_2(t)=\int_0^{\tau}\mathrm{e}^{\lambda t}\mathrm{d}c_2(t)-c_1 \tag{4-12}$$

基于上述假设，式(4-12)恒有正解。对于线性损失函数$c_2(t)=at$，式(4-11)和式(4-12)变为

$$K\left(P^{(\tau)},F\right)=\frac{c_1+a\tau}{1-\mathrm{e}^{-\tau/\mu}}-a\mu \tag{4-13}$$

$$\mathrm{e}^{\tau/\mu}-\tau/\mu=1+c_1/a\mu \tag{4-14}$$

例 4-3　假设系统寿命L的分布函数为$F(t)=1-\mathrm{e}^{-(t/10)^2}, t\geqslant 0$，且损失函数$c_2(t)=t^2$，单次检测成本为$c_1=1$，则式(4-4)变为

$$\tau_k^2=2\int_0^{\tau_{k-1}}\left(1-\frac{t}{t_k}\right)\mathrm{e}^{\left(2tt_k-t^2\right)/100}t\mathrm{d}t-1,\quad k=1,2,\cdots;\quad \tau_0=t_1$$

系统检测将在$T=10$的时间间隔内进行。由于$t_1=5$接近式(4-7)的解，从$t_1=5$开始计算$P(t_1)$。然而，根据定理 4-2，最佳首次检测时间点t_1^*必须是检测策略中的最小值，即$P(5)=\{5,7.99,10.77,\cdots\}$。更确切地说，需要确定最小的$t_1$，且检测策略中的整数$n$符合$P(t_1)=\{t_1,t_2,\cdots,t_n=10\}$及$\tau_n=0$两个性质。根据此性质确定的时间点$t_1^*=3.8246$（四舍五入），相应的最佳检测策略为$P^*=P\left(t_1^*\right)=\{3.82, 5.92, 7.62, 8.98, 9.95, 10\}$，相应成本为$K\left(P^*,F\right)=2\,5823$，系统的预期寿命为$E(L)=\sqrt{\pi/4}\approx 8.8623$。

为了便于比较，在相同假设下，最优严格周期性检测策略的检测间隔

$\tau^* = 2.5$，相应成本为 $K\left(P^{\left(\tau^*\right)}\right) = 4.9514$。

4.2　PF 间 隔

本节讨论 PF 间隔检测和更换策略，该方法在许多以可靠性为中心的维护(RCM)文献中都有被简要介绍。考虑一个受随机冲击事件影响的系统，假设这些冲击的发生都是遵循参数为 λ 的泊松过程。两次连续冲击之间的间隔时间服从参数为 λ 的指数分布。当冲击发生时，它会对系统产生一种潜在的故障，这种潜在故障随着时间的推移会发展并退化为故障。

设 P 为冲击发生后首次可以检测到潜在故障的时间点，F 是系统发生功能故障的时间点，从 P 时刻到 F 时刻的时间间隔，即被称为 PF 间隔，它是一个随机变量。假设潜在故障被检测到的模式如图 4-2 所示，则从 P 时刻到 F 时刻是采取行动避免故障的检测时间间隔。C_p 为预防性更换(或者维护)的成本，C_c 为故障后进行纠正性更换(或者维护)的成本。

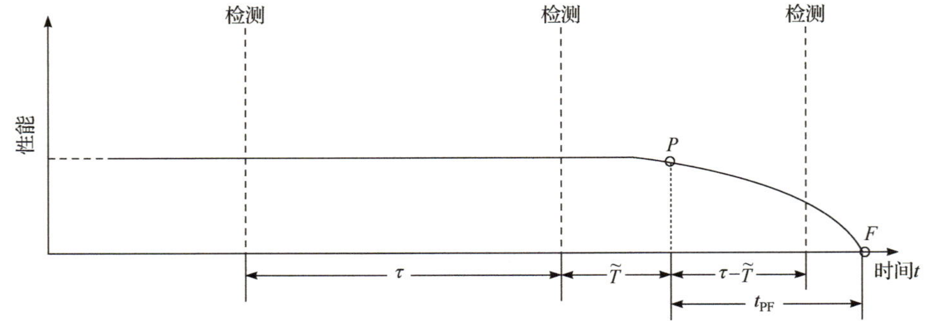

图 4-2　PF 间隔检测模型

以规律的时间间隔 τ 检测系统，单次检测的成本为 C_I。检测可以通过人类的感官(如视觉、嗅觉、听觉)进行观察，也可以使用一些监控设备。假设检测是完美的，即所有潜在的故障都能被检测到。然而，在许多情况中，这并不是一个现实的假设，成功检测的概率可能是 P 时刻之后关于时间的函数。

PF 间隔的大小通常取决于设备的材料、特性、失效模式、失效机理以及环境和运行条件。PF 间隔的估计值无法从可靠性数据源中直接获得，一般由操作人员、专家以及设备设计人员通过经验判断估算。PF 间隔的长度可视为具有一般分布函数的随机变量 T_{PF}。本节的主要目标是讨论平均成本最小化的最优检测间隔 τ。

4.2.1　完美检测模型

假设PF间隔t_{PF}的长度是已知的(确定的)。从检测到潜在缺陷P(在P发生后的第一次检测中)到故障排除的时间t_R也是已知的(确定的)。进一步假设检测是完美的，因此所有潜在故障都能在检测中被发现。如图 4-2 所示，当$\tau-t+t_R<t_{\mathrm{PF}}$时，会发生预防性更换；当$\tau-t+t_R>t_{\mathrm{PF}}$，会发生纠正性更换(故障更换)。即潜在故障发生到下一次检测出来与下一次检测出故障到排除故障的时间之和如果大于PF间隔，那么在故障排除之前，产品就会故障，进而触发纠正性更换；反之，如果小于PF间隔，那么在产品维护之前，不会故障，执行预防性更换。

假设从时间$t=0$开始观测，在冲击发生后很短时间内就能观测到潜在缺陷P。$N(t)$表示冲击发生前的检测间隔数。因此，$N(t)=n$意味着观察到前n个检测区间内没有发生任何冲击，而冲击发生在第$n+1$次检测。随机变量$N(t)$的几何分布为

$$\Pr\left(N(\tau)=n\right)=\left(\mathrm{e}^{-\lambda\tau}\right)^n\left(1-\mathrm{e}^{-\lambda\tau}\right),\ n=0,1,2,\cdots$$

平均值为

$$E\left(N(\tau)\right)=\frac{\mathrm{e}^{-\lambda\tau}}{1-\mathrm{e}^{-\lambda\tau}}$$

其中，该分布是几何分布，前n次检测正常，第$n+1$次检测失效。检测出失效的概率为$1-\mathrm{e}^{-\lambda\tau}$。

假设在检测间隔$n+1$中发生了冲击，可观测到潜在缺陷P。设$\tilde{T}$表示从第n次检测到P时刻的时间，则$\tilde{T}$的概率分布为

$$\Pr\left(\tilde{T}\leqslant t\right)=\Pr\left(T\leqslant t|T\leqslant\tau\right)=\frac{1-\mathrm{e}^{-\lambda t}}{1-\mathrm{e}^{-\lambda\tau}},\ 0<t\leqslant\tau$$

此时，预防性更换发生的概率为

$$P_p(\tau)=\Pr\left(\tilde{T}>\tau+t_R-t_{\mathrm{PF}}\right)=1-\frac{1-\mathrm{e}^{-\lambda(\tau+t_R-t_{\mathrm{PF}})}}{1-\mathrm{e}^{-\lambda\tau}}$$

纠正性更换发生的概率为

$$P_c(\tau)=\Pr\left(\tilde{T}<\tau+t_R-t_{\mathrm{PF}}\right)=\frac{1-\mathrm{e}^{-\lambda(\tau+t_R-t_{\mathrm{PF}})}}{1-\mathrm{e}^{-\lambda\tau}}$$

如果知道潜在缺陷将导致关键故障(纠正性维护)，则发生故障的平均时间为$1/\lambda+t_{\mathrm{PF}}$。其中，$1/\lambda$为检测到$P$潜在缺陷的时间，$t_{\mathrm{PF}}$为$P$时刻到发生关键故障的时间。另一方面，如果知道潜在故障将导致预防性更换，则更换的平均时间为$E\left(N(\tau)+1\right)\cdot\tau+t_R$，由上述假设可知，第$n+1$次检测出$P$事件，因此

$E\left(N(\tau)+1\right)\tau$ 表示平均检测时间。

那么，两次维护的平均间隔时间可表示为关于 τ 的函数

$$\begin{aligned}\text{MTBR}(\tau)&=\left(\frac{1}{\lambda}+t_{\text{PF}}\right)\cdot P_c(\tau)+\left(E\left(N(\tau)+1\right)\cdot\tau+t_R\right)\cdot P_p(\tau)\\&=\left(\frac{1}{\lambda}+t_{\text{PF}}\right)\cdot P_c(\tau)+\left(\frac{\tau}{1-\mathrm{e}^{-\lambda\tau}}+t_R\right)\cdot P_p(\tau)\end{aligned}\tag{4-15}$$

更换间隔的平均总成本为

$$C_T(\tau)=C_P\cdot P_p(\tau)+C_C\cdot P_c(\tau)+C_I(E\left(N(\tau)+\Pr(\tilde{T}>\tau-t_{\text{PF}})\right)$$

检测成本包括前期检测 n 次的成本，第 n 次检测到发生 P 故障的成本，以及PF时间之和大于检测间隔而在更换时经历的下一次检测成本。$\Pr(\tilde{T}>\tau-t_{\text{PF}})$ 为在潜在故障发生的检测间隔内，该组件不发生故障的概率，因此将进行下一次检测。当 $\tau-t_{\text{PF}}>0$ 时，可以由 $1-\dfrac{\mathrm{e}^{-\lambda(\tau-t_{\text{PF}})}}{1-\mathrm{e}^{-\lambda\tau}}$ 推出概率

$$\Pr(\tilde{T}>\tau-t_{\text{PF}})=\Pr\left(T>\tau-t_{\text{PF}}|T\leqslant\tau\right)=\frac{\mathrm{e}^{-\lambda(\tau-t_{\text{PF}})}-\mathrm{e}^{-\lambda\tau}}{1-\mathrm{e}^{-\lambda\tau}}$$

因此得到

$$\Pr\left(\tilde{T}>\tau-t_{\text{PF}}\right)=\begin{cases}\dfrac{\mathrm{e}^{-\lambda(\tau-t_{\text{PF}})}-\mathrm{e}^{-\lambda\tau}}{1-\mathrm{e}^{-\lambda\tau}}, & \tau-t_{\text{PF}}>0\\1, & \tau-t_{\text{PF}}<0\end{cases}$$

上式表明当检测间隔比PF间隔小时，该间隔内不会发生故障。

因此，平均成本可以表示为

$$C_T(\tau)=\begin{cases}C_P\cdot P_p(\tau)+C_C\cdot P_c(\tau)+C_I\cdot\dfrac{\mathrm{e}^{-\lambda(\tau-t_{\text{PF}})}}{1-\mathrm{e}^{-\lambda\tau}}, & \tau-t_{\text{PF}}>0\\C_P\cdot P_p(\tau)+C_C\cdot P_c(\tau)+C_I\cdot\left(\dfrac{\mathrm{e}^{-\lambda\tau}}{1-\mathrm{e}^{-\lambda\tau}}+1\right), & \tau-t_{\text{PF}}<0\end{cases}$$

在检测间隔 τ 的情况下，平均单位成本为

$$C(\tau)=\frac{C_T(\tau)}{\text{MTBR}(\tau)}\tag{4-16}$$

通过将 $C(\tau)$ 转化为 τ 的函数，可以找到最优的 τ 。

4.2.2 随机 PF 间隔的非完美检测模型

本节考虑与上述相同的情况，但假设检测存在误差，即非完美检测的情况。

通常，检测到潜在缺陷的概率取决于潜在缺陷被观察到以来所经历的时间。例如，当钢轨上出现裂缝时，裂缝会随着时间的推移而增大。裂纹越大，被检测到的概率越大。那么裂纹被成功检测的概率是关于裂纹尺寸变化的函数。简化模型，引入 $\theta_i(\tau)$ 作为在可观察到的潜在缺陷 P 发生后，在第 i 次检测未识别到潜在缺陷的概率，其中 $i=1,2,\cdots$ 。假设概率是检验间隔 τ 的函数，满足 $1>\theta_1(\tau)\geqslant\theta_2(\tau)\geqslant\cdots$。即随着检测次数的增加，未能检测到缺陷的概率递减。

假设PF间隔区间 T_{PF} 被视为是一个服从分布函数为 $F_{\mathrm{PF}}(t)$ 的随机变量，维修时间 t_R 是已知的(确定性变量)，设 $T_F=\tilde{T}+T_{\mathrm{PF}}$ 。因此，变量 T_F 是从潜在缺陷 P 发生之前的最后一次检测到(可能的)关键故障的时间，T_{PF} 为 PF 间隔。T_F 的分布可以通过 $\tilde{T}$ 和 $F_{\mathrm{PF}}(t)$ 的卷积得到

$$F_F(t)=\Pr(T_F\leqslant t)=\int_0^\tau F_{\mathrm{PF}}(t-u)\mathrm{d}F_{\tilde{T}}(u)=\frac{1}{1-\mathrm{e}^{-\lambda\tau}}\int_0^\tau F_{\mathrm{PF}}(t-u)\cdot\mathrm{e}^{-\lambda u}\mathrm{d}u \tag{4-17}$$

$\bar{F}_F(t)=1-F_F(t)$，设 $Z(\tau)$ 表示发生潜在缺陷 P 后进行的检测次数。想找到概率 $\Pr(Z(\tau)\geqslant k),k=0,1,\cdots$，显然 $\Pr(Z(\tau)\geqslant 0)=1$，即发生故障后的检测次数必定为非负数。如果 $T_F=\tilde{T}+T_{\mathrm{PF}}>\tau$，即发现故障前最后一次检测到发生关键故障的时间间隔大于检测间隔时，则至少进行一次检测

$$\Pr(Z(\tau)\geqslant 1)=\Pr(T_F>\tau)=\bar{F}_F(\tau)$$

如果 $T_F>\tau$，第一次检测未发现故障。如果 $T_F>2\tau$，则至少进行两次检测。由于

$$\Pr(T_F>\tau\cap T_F>2\tau)=\Pr(T_F>2\tau)$$

$$\Pr(Z(\tau)\geqslant 2)=\theta_1(\tau)\cdot\bar{F}_F(2\tau)$$

定义 $\theta_0(\tau)=0$，继续推理可得到更普遍的情况

$$\Pr(Z(\tau)\geqslant k)=\left(\prod_{j=0}^{k-1}\theta_j(\tau)\right)\cdot\bar{F}_F(k\tau),\ k=1,2,\cdots$$

因此平均检测次数为

$$E(Z(\tau))=\sum_{k=1}^{\infty}\Pr(Z(\tau)\geqslant k)=\sum_{k=1}^{\infty}\left(\prod_{j=0}^{k-1}\theta_j(\tau)\right)\cdot\bar{F}_F(k\tau)$$

预防性更换发生的概率为

$$P_p(\tau)=(1-\theta_1(\tau))\cdot\Pr(T_F>\tau+t_R)+\theta_1(\tau)\cdot(1-\theta_2(\tau))\cdot\Pr(T_F>2\tau+t_R)+\cdots$$

也可以写为

$$P_p(\tau)=\sum_{k=1}^{\infty}(1-\theta_k(\tau))\prod_{j=0}^{k-1}\theta_j(\tau)\cdot\Pr(T_F>k\tau+t_R)=\sum_{k=1}^{\infty}(1-\theta_k(\tau))\prod_{j=0}^{k-1}\theta_j(\tau)\cdot\bar{F}_F(k\tau+t_R)$$

纠正性更换的概率为 $P_c(\tau)=1-P_p(\tau)$。当知道该产品将被预防性更换，设 $Z_p(\tau)$ 为发生潜在故障 P 后进行的检测次数，则 $Z_p(\tau)$ 的概率函数为

$$\Pr\left(Z_p(\tau)\geqslant k\right)=\prod_{j=1}^{k-1}\theta_j(\tau)$$

其期望值为

$$E\left(Z_p(\tau)\right)=\sum_{k=1}^{\infty}\prod_{j=1}^{k-1}\theta_j(\tau)$$

连续更换的平均间隔时间为

$$\text{MTBR}(\tau)=\left(\frac{1}{\lambda}+E(T_{\text{PF}})\right)\cdot P_c(\tau)+\left[\left(E\left(N(\tau)\right)+E\left(Z_p(\tau)\right)\right)\cdot\tau+t_R\right]\cdot P_p(\tau)$$

其中，$\frac{1}{\lambda}+E(T_{\text{PF}})$ 为潜在故障将导致纠正更换的时间，$\left(E\left(N(\tau)\right)+E\left(Z_p(\tau)\right)\right)\cdot\tau+t_R$ 为潜在故障将导致预防性更换的时间，$E\left(N(\tau)\right)$ 为潜在故障 P 发生之前的平均检测次数。

更换间隔期间的平均总成本为

$$C_T(\tau)=C_P\cdot P_p(\tau)+C_C\cdot P_c(\tau)+C_I\left(E\left(N(\tau)\right)+E\left(Z(\tau)\right)\right)$$

在这种情况下，最优检测间隔 τ 可以确定为使得 $C(t)$ 最小的值，$C(\tau)=C_T(\tau)/\text{MTBR}(\tau)$。本节描述的模型可以以许多不同的方式进行扩展。一个明显的扩展是将修复时间 T_R 设为随机变量，另一个扩展是将到潜在故障的时间 P 设为故障率递增函数。

4.2.3 延迟时间模型

定期检查是当前工业中广泛使用的一种有效维护策略。在这种策略中，一个关键的决策变量是检查间隔的确定，这些间隔可以是周期性的，也可以是非周期性的。为了明确维护策略类型，假设有一个设备采用每个周期进行检测的策略(例如，每隔 7 小时等进行一次检查)，在设备故障发生时进行维修。检测内容包括一份检测清单和对设备运行状态的全面检查。任何发现的缺陷都将立即修复，维护策略的目标是最小化设备的停机时间。虽然还可以考虑其他目标，如成本、可用性、产出等，但在这里主要考虑减少停机时间。从概念上讲，单位时间内的期望停机时间 $D(T)$ 和服务周期 T 之间存在一定的关系，如果 T 很小，单位时间内的停机时间将会较大，因为设备会因维修频繁停机；而如果 T 足够大，单位时间内的停机时间基本上就会与故障维护策略下的停机时间相同。如果选择的服务

周期为 T^*，那么期望知道的唯一信息就是 $D(T^*)$，即当前的停机时间测量值。可通过延迟时间 $D(T)$ 建模技术来构建这一关系。

延迟时间模型假设故障依赖于缺陷的发生(早期或潜在的故障)。因此，组件的失效时间 T 可以分为两部分：①从启动到缺陷发生的时间 T_p，即从新阶段到识别出隐藏缺陷的正常运行阶段。②从缺陷发生到组件失效的延迟时间 T_{PF}，是从缺陷识别点到故障点的故障延迟时间。正是故障延迟时间的存在，为预防性维护的进行提供了机会，从而在故障发生前消除或纠正已识别的缺陷。通过对这两个阶段的持续时间进行适当的建模，可以确定最优的检测间隔。基于延迟时间原理的几种检验模型已经被构建，例如，不完美检测、非恒定缺陷率和非平稳检测规则等。其中一些模型已在工业中得到应用(例如，Dekker[40]和 Scarf[41]对延迟时间模型的工业应用进行了回顾)。

1. 完美检测的延迟时间模型

考虑以下基本的复杂系统维护建模场景：

(1) 每个时间单位 T 进行一次检测，成本为 c_s 单位，需要 d_s 时间单位，其中 $d_s << T$；

(2) 检测是完美的，所有的缺陷都是可以识别的；

(3) 所发现的缺陷将在检测期间进行修复；

(4) 缺陷的产生基于齐次泊松过程(Homogeneous Poisson Process，HPP)，单位时间的缺陷发生率为 λ；

(5) 随机缺陷的延迟时间 H 与初始点 U 无关；

(6) 故障将立即修复，平均成本为 c_f 和停机时间为 d_f；

(7) 该系统运行时间足够长，可以被认为处于稳定状态；

(8) 缺陷和故障只在系统运行时出现。

从假设可以看出，在每个检测间隔上的系统故障数量是相同和独立的，可以简单地研究这种故障过程在一个间隔上的行为，比如第一个间隔 $[0,T)$。假设以单位时间的预期停机时间 $D(T)$ 作为目标函数的度量，T 和 $D(T)$ 之间的关系可以直接使用更新奖励定理表示为

$$D(T)=\lim_{t\to\infty}\frac{E(\text{Downtime over } t)}{t}=\frac{d_f E\left[N_f(T)\right]-d_s}{T+d_s} \tag{4-18}$$

其中，$E\left[N_f(T)\right]$ 为 $[0,T)$ 内的预期故障数。显然，如果 $E\left[N_f(T)\right]$ 可计算，则 $D(T)$ 可以很容易地计算出来。

在 $[0,T)$ 上的失效过程是一个非齐次泊松过程 (Non-homogeneous Poisson

Process，NHPP）。为了推导出该NHPP在$[0,T)$内的故障发生率（ROCOF），首先推导出$[0,T)$内的预期故障数。由于到达$[t,t+\delta t),0\leqslant t<T$的期望缺陷数为$\lambda\delta t$，那么这些缺陷引起的故障的期望值为$\lambda F(T-t)\delta t$。将$t$从0积分到$T$，经过一些操作后，有

$$E\left[N_f(T)\right]=\int_0^T \lambda F(t)\mathrm{d}t \tag{4-19}$$

式(4-19)关于T的微分方程为

$$v(t)=\lambda F(t) \tag{4-20}$$

2. 不完美检测的延迟时间模型

上一节概述了在完美检测下的延迟时间模型。该模型是在一系列假设的基础上构建的，然而，其中一些假设在实际应用情况中可能完全不成立。虽然它极大地简化了所涉及的数学推导，但也限制了模型的普适性。其中，最严格的假设之一是检测的完美性。然而，在几乎所有基于延迟时间概念的案例研究中，均发现完美检测假设难以满足实际情况。另一个需要讨论的假设是系统缺陷发生的过程遵循HPP。因为通常随着系统的老化，缺陷发生的频率会增加。

本节介绍了一个延迟时间模型，它假设检测是不完美的。即缺陷有一定的概率被检测出来，而不被发现的概率为$1-r$。已证明，故障发生过程遵循NHPP，在系统的早期检测阶段，检测区间内的故障数量会有所不同。但随着检测次数的增加，每个检测区间内的故障次数趋向于稳定并逐渐相同，因此，需要进一步研究在假设检测次数较高情况下，故障过程的极限特性。该NHPP在时间t的故障发生率$v_i(t)$，$t\in\left[(i-1)T,iT\right)$为

$$v_i(t)=\lambda\sum_{n=1}^{i}(1-r)^{i-n+1}\left[F\big(t-(n-1)T\big)-F(t-nT)\right]+\lambda F\big(t-(i-1)T\big) \tag{4-21}$$

可通过归纳法来证明，当i很大时，$v_{i-1}(t)\approx v_i(t)$。鉴于式(4-21)可用，区间$\left[(i-1)T,iT\right]$的预期故障数为

$$\begin{aligned}
&E\left[N_f\big((i-1)T,iT\big)\right]\\
&=\int_{(i-1)T}^{iT} v_i(t)\mathrm{d}t\\
&=\int_{(i-1)T}^{iT}\left\{\lambda\sum_{n=1}^{i}(1-r)^{i-n+1}\left[F\big(t-(n-1)T\big)-F(t-nT)\right]+\lambda F\big(t-(i-1)T\big)\right\}\mathrm{d}t
\end{aligned} \tag{4-22}$$

在一个检测点（iT）发现的缺陷的预期数量，也是一个泊松变量，其均值为

$$E\left[N_s(iT)\right]=\lambda\sum_{n=1}^{i}(1-r)^{i-n+1}r\int_{(n-1)T}^{nT}\left[1-F(iT-u)\right]\mathrm{d}u + \lambda r\int_{(i-1)T}^{iT}\left[1-F(iT-u)\right]\mathrm{d}u \tag{4-23}$$

其中，r 是完美检测概率。

期望停机时间由式(4-18)给出

$$D(T)=\frac{d_f E\left[N_f\left((i-1)T,T\right)\right]+d_s}{T+d_s} \tag{4-24}$$

如果用成本参数替换式(4-24)中的停机时间参数，则立即遵循成本模型，即

$$C(T)=\frac{c_f E\left[N_f\left((i-1)T,T\right)\right]+c_s}{T+d_s}$$

其中，假设 $i\to\infty$ 系统已经处于稳定状态。为了计算目的，可以选择一个大的 i，然后 n 从第一个 k 开始，$(1-r)^{i-k+1}\geqslant$ 和 ε 是一个非常小的数字。式(4-24)是假设在检测中确定的缺陷被消除时不花费额外的停机时间。如果设 d_r 为每个被修复的缺陷的平均停机时间，则可得到以下预期的停机时间为

$$D(T)=\frac{d_f E\left[N_f\left((i-1)T,T\right)\right]+d_s+d_r E\left[N_s(iT)\right]}{T+d_s+d_r E\left[N_s(iT)\right]} \tag{4-25}$$

如果目标函数是单位时间的期望成本，则可以简单地用式(4-24)或式(4-25)中的停机时间参数代入相应的成本参数。

4.3　周期性检测

假设一个系统必须在有限区间 $(0,S)$ 内运行，故障发生时间服从一般分布 $F(t)$，并且在时刻 $kT,k=1,2,\cdots,N$ 周期性地检测系统故障。设 c_1 为单次检查成本，c_2 为故障发生后直到下次检查时故障被检测到所经历时间的单位时间成本，c_3 为更换成本。那么，到故障被检测或到时间 S 的总期望成本可以表示为[29]

$$\begin{aligned}C_1(T_1,T_2,\dots)&\equiv\sum_{k=0}^{N-1}\int_{T_k}^{T_{k+1}}\{c_1(k+1)+c_2\left[(k+1)T-t\right]\}\mathrm{d}F(t)+c_1N\overline{F}(NT)+c_3\\&=\left(c_1+\frac{c_2S}{N}\right)\sum_{k=0}^{N-1}\overline{F}\left(\frac{kS}{N}\right)-c_2\int_0^S\overline{F}(t)\mathrm{d}t+c_3,\quad N=1,2,3,\cdots\end{aligned}$$

当$\lambda = 0.01$时，各参数的取值如表 4-1 所示。

表 4-1　当 $\lambda = 0.01$ 时，$S = 100,50$ 和 $c_1/c_2 = 2,5,10$ 的近似时间 $\tilde{T}$ 、最优数量 N^* 、时间 $T^* = S/N^*$ 和期望成本 $\tilde{C}\left(N^*\right)/c_2$ [29]

S	c_1/c_2	$\tilde{T}$	N^*	T^*	$\tilde{C}(N^*)/c_2$
100	2	19.355	5	20.0	76.72
	5	30.040	3	33.3	85.48
	10	41.622	2	50.0	96.39
50	2	19.355	3	16.7	47.85
	5	30.040	2	25.0	53.36
	10	41.622	1	50.0	60.00

显然，$\lim_{N\to\infty} C(N) = \infty$，且有

$$C(1) = c_1 + c_2\int_0^S F(t)\mathrm{d}t + c_3$$

因此，存在一个使$C(N)$最小的有限数N^*（$1 \leqslant N^* < \infty$）。

特别地，假定失效时间服从指数分布，$F(t) = 1 - \mathrm{e}^{-\lambda t}$，则式(4-26)中的期望成本$C(N)$可以重写为

$$C(N) = \left(c_1 + \frac{c_2 S}{N}\right)\frac{1 - \mathrm{e}^{-\lambda S}}{1 - \mathrm{e}^{-\frac{\lambda S}{N}}} - \frac{c_2}{\lambda}\left(1 - \mathrm{e}^{-\lambda S}\right) + c_3 \tag{4-26}$$

为了得到使$C(N)$最小的值N^*，设$T = S/N$，则式(4-26)变为

$$C(T) = \left(c_1 + c_2 T\right)\frac{1 - \mathrm{e}^{-\lambda S}}{1 - \mathrm{e}^{-\lambda T}} - \frac{c_2}{\lambda}\left(1 - \mathrm{e}^{-\lambda S}\right) + c_3 \tag{4-27}$$

对$C(T)$于T求导并令导数等于零，可得

$$\mathrm{e}^{\lambda T} - \left(1 + \lambda T\right) = \frac{\lambda c_1}{c_2} \tag{4-28}$$

因此，存在一个有限且唯一的$\tilde{T}(0 < \tilde{T} < \infty)$满足式(4-28)。

对解集进行以下分类：

(1) 若$\tilde{T} < S$，使$\left[\frac{S}{\tilde{T}}\right] \equiv N$，并根据式(4-18)计算出$C(N)$和$C(N+1)$，其中，$[x]$表示$x$包含的最大整数。若$C(N) \leqslant C(N+1)$，则最优检测次数$N^* = N$；若$C(N) > C(N+1)$，则最优检测次数$N^* = N + 1$。

(2) 若$\tilde{T} \geqslant S$，则$N^* = 1$。

注意，$\tilde{T}$ 给出了指数分布情况下无限时间跨度的最佳检测时间。

4.4 序贯检测

在连续时间 $T_0 < T_1 < T_2 < T_3 < \ldots < T_N$ 时的检测策略称为序贯检测，如图 4-3 所示，其中 $T_0 \equiv 0$，$T_N \equiv S$。

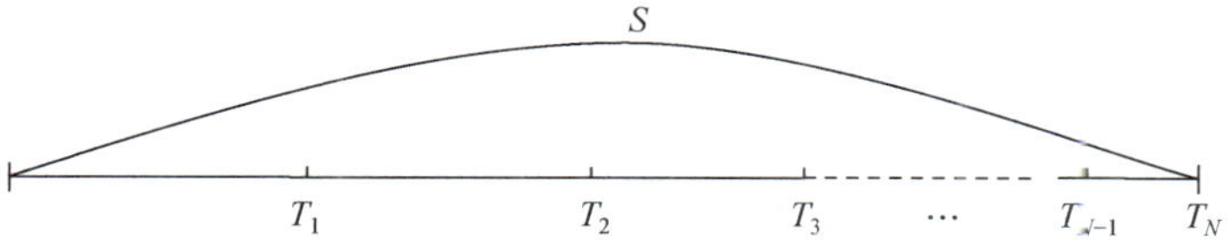

图 4-3　在有限间隔内的序贯检测过程

与式(4-27)类似，在故障检测或时间 S 之前的总预期成本为

$$C(N)=\sum_{k=0}^{N-1}\int_{T_k}^{T_{k+1}}\{c_1(k+1)+c_2(T_{k+1}-t)\}\mathrm{d}F(t)+c_1N\bar{F}(T_N)+c_3 \tag{4-29}$$

令 $\partial C(N)/\partial T_k=0$ 是最小化 $C(N)$ 的必要条件，有

$$T_{k+1}-T_k=\frac{F(T_k)-F(T_{k-1})}{f(T_k)}-\frac{c_1}{c_2},\quad k=1,2,3,\cdots,N-1 \tag{4-30}$$

得到的最小期望成本是

$$\tilde{C}(N)=C(N)+c_2\int_0^S\bar{F}(t)\mathrm{d}t-c_3=\sum_{k=0}^{N-1}\left[c_1+c_2(T_{k+1}-T_k)\right]\bar{F}(T_k),\quad N=1,2,\cdots \tag{4-31}$$

例如，当 $N=3$ 时，检验次数 T_1 和 T_2 由方程的解给出

$$S-T_2=\frac{F(T_2)-F(T_1)}{f(T_2)}-\frac{c_1}{c_2}$$

$$T_2-T_1=\frac{F(T_1)}{f(T_1)}-\frac{c_1}{c_2}$$

期望成本为

$$\tilde{C}(3)=c_1+c_2T_1+\left[c_1+c_2(T_2-T_1)\right]\bar{F}(T_1)+\left[c_1+c_2(S-T_2)\right]\bar{F}(T_2)$$

从上面的讨论，计算 $T_k\ (k=1,2,\cdots,N-1)$ 满足式(4-30)，代入式(4-31)，得到期望代价 $C(N)$。其次，比较所有 $N \geqslant 1$ 时的 $C(N)$，可以得到最优检验数 N^* 和次数 $T_k^*\left(k=1,2,\cdots,N^*\right)$。相关参数的取值如表 4-2 所示，可见，当 N=4 时，最优检测为 4 且最优检测时间分别为 44.1、66.0、84.0 和 100。

表 4-2　$S=100, c_1/c_2=2, F(t)=1-\mathrm{e}^{-\lambda t^2}$ 时，$N=1,2,\cdots,8$ 的检测时间 T_k 和期望成本 $\tilde{C}(N)/c_2$ [29]

N	1	2	3	4	5	6	7	8
T_1	100	64.14	50.9	44.1	40.3	38.1	36.8	36.3
T_2		100	77.1	66.0	60.0	56.2	54.3	53.3
T_3			100	84.0	75.4	70.5	67.8	66.6
T_4				100	88.6	82.3	78.9	77.3
T_5					100	91.1	87.9	85.9
T_6						100	94.9	92.5
T_7							100	97.2
T_8								100
$\tilde{C}(N)/c_2$	102.00	93.55	91.52	91.16	91.47	92.11	92.91	93.79

4.5　贮存系统的检测策略

安全气囊等贮存设备在自动驾驶车辆中扮演着至关重要的角色，并且这类智能装备系统在其整个寿命期间只能使用一次，系统在使用后将会破坏或必须进行大规模重建才能重新使用。在贮存期间，该类设备通常会受环境等因素影响而加速设备材料的退化，从而导致设备故障，由于其故障发生频率极低，很难利用大数据分析技术收集并分析对象车辆的历史故障数据，识别常见问题和潜在风险，因此，为维护较高的贮存可靠度和贮存可用度，整个寿命周期的状态评估以及适当的状态检测和预防性维护策略至关重要。然而，系统的电子和电气类组件会随时间逐渐退化，从而导致贮存可靠度和贮存可用度会随着时间的推移而下降。在大多数检测模型中，通常假设一般的检测可以识别系统的所有故障模式。然而，与电子和电气类组件不同，如包含氮化钠等化学物质的气体发生器需要进行破坏性检测才能识别其状态。因此，通常假设多组件贮存系统被分为两类独立组件：类型 1 的组件，其故障可被一般检测及时识别，故障组件将在每次检测与维护后，状态恢复“如新”；类型 2 的组件，其性能会随着时间的推移而逐渐下降。

本节考虑一个可靠度要求高于预先设定水平 $q(0<q\leqslant 1)$ 的贮存系统。为了维持所需可靠度，系统以 $NT(N=1,2,\cdots)$ 为周期进行检测和维护，当可靠度等于或小于 q 时进行大修；当系统可靠度刚好等于 q 时，可以得出大修前的检测次数 N^* 和时间 N^*T+t_0。基于上述条件，可以得到大修前的期望成本率 $C(T)$，并计算出使其最小化的最佳检测时间 T^*。下面将给出了组件失效时间分别为指数分

布和威布尔分布的数值示例。

假设该贮存系统由组件 1 和组件 2 串联而成。组件 i 的失效时间符合累积失效函数 $H_i(t)(i=1,2)$ 。当系统以 $NT(N=1,2,\cdots)$ 为周期进行检测时，组件 1 会被维护，且每次检测后都会恢复“如新”，组件 2 则不会进行任何维护措施，即它的失效率在任何检测中始终保持不变。

由上述假设可知，未经检测的系统的可靠度函数 $R(t)$ 为

$$R(t)=\mathrm{e}^{-H_1(t)-H_2(t)} \tag{4-32}$$

如果系统在 t 时刻进行检测和维护，则检测后的可靠度为 $R(t_{+0})=\mathrm{e}^{-H_2(t)}$ 。因此，第 n 次检测前后的可靠度分别为

$$R(NT_{-0})=\mathrm{e}^{-H_1(T)-H_2(NT)},\ R(NT_{+0})=\mathrm{e}^{-H_2(NT)} \tag{4-33}$$

假设如果系统可靠度等于或小于 q ，则进行大修。如果

$$\mathrm{e}^{-H_1(T)-H_2(NT)}>q\geqslant\mathrm{e}^{-H_1(T)-H_2[(N+1)T]} \tag{4-34}$$

则第 N 次检查前的可靠度高于 q，但再过一个周期(下次检查前)将会低于 q。因而，大修时间发生在 NT 与 $(N+1)T$，即大修时间为 $NT+t_0$，其中这时距离第 N 次检查的时间 $t_0(0<t_0\leqslant T)$ 满足

$$\mathrm{e}^{-H_1(t_0)-H_2(NT+t_0)}=q \tag{4-35}$$

这表明，在第 n 次检测之前，可靠度大于 q ，并且在 $NT+t_0$ 时刻等于 q 。

设 c_1 和 c_2 分别为检测和大修成本。然后，将时间区间 $[0,NT+t_0]$ 作为一个周期，可以得到大修前的期望成本率为

$$C(T,N)=\frac{Nc_1+c_2}{NT+t_0} \tag{4-36}$$

下面分别考虑累积故障函数 $H_i(t)$ 分别是指数分布和威布尔分布的两种特殊情况。可计算出一个满足式(4-34)的检测次数 N^* 和满足式(4-35)的 t_0 。基于上述数值，也可以计算出大修前的期望成本 $C(T,N)$ ，并确定使其最小化的最佳检测时间 T^* 。

1)指数分布情况

当组件的失效时间服从指数分布，即 $H_i(t)=\lambda_i t(i=1,2)$ 时，式(4-34)改写为如下形式

$$\frac{1}{Na+1}\log\frac{1}{q}>\lambda T\geqslant\frac{1}{(N-1)a+1}\log\frac{1}{q} \tag{4-37}$$

其中，$\lambda = \lambda_1 + \lambda_2$，$a \equiv H_2(T)/[H_1(T)+H_2(T)] = \lambda_2/\lambda (0<a<1)$，它表示检测速率(Efficiency of Inspection)，在实际贮存系统的可靠度计算中被广泛应用。

当检测时间 T 已经给定时，能够确定满足式(4-37)的检测次数 N^*。特别地，如果 $\log(1/q) \leqslant \lambda T$，则 $N^*=0$，且当 λT 趋于 0 时 N^* 发散。在这种情况下，式(4-35)将变为

$$N^*\lambda_2 T + \lambda t_0 = \log\frac{1}{q} \tag{4-38}$$

基于式(4-38)，可以很容易地计算出 t_0。因此，大修所需总时间为

$$N^*T + t_0 = N^*(1-a)T + \frac{1}{\lambda}\log\frac{1}{q} \tag{4-39}$$

期望成本率为

$$C(T,N^*) = \frac{N^*c_1 + c_2}{N^*(1-a)T + \dfrac{1}{\lambda}\log\dfrac{1}{q}} \tag{4-40}$$

当检测时间 T 给定时，能够根据式(4-37)计算出 N^*，根据式(4-39)计算出 N^*T+t_0。将这些值代入式(4-40)，可以得到 $C(T,N^*)$。令 T 从 0 增加到 $\log(1/q)/[\lambda(1-a)]$，由于 λT 小于式(4-37)中的 $\log(1/q)/(1-a)$，可以计算出使 $C(T,N^*)$ 最小化的最佳 T^*。在 $\lambda T > \log(1/q)/(1-a)$ 的特殊情况下，$N^*=0$，且期望成本率为 $C(T,0)=c_2/t_0=\lambda c_2/\log(1/q)$。

例 4-4　表 4-3 给出了当 $a=0.1$ 且 $q=0.8$ 时的 λT 的最佳检测数量 N^* 和大修时间 $\lambda(N^*T+t_0)$。例如，当 λT 从 0.203 增加到 0.223 时，$N^*=1$，$\lambda(N^*T+t_0)$ 从 0.406 增加到 0.424。随着 λT 的降低，式(4-37)和式(4-39)中的 N^* 和 $\lambda(N^*T+t_0)$ 皆逐渐增加。

表 4-3　当 $a=0.1$ 且 $q=0.8$ 时，基于 λT 的最佳检测次数 N^* 和大修时间 $\lambda(N^*T+t_0)$[29]

λT	N^*	$\lambda(N^*T+t_0)$
$[0.223, \infty]$	0	$[0.223, \infty]$
$[0.203, 0.223]$	1	$[0.406, 0.424]$
$[0.186, 0.203]$	2	$[0.558, 0.588]$
$[0.172, 0.186]$	3	$[0.687, 0.725]$
$[0.159, 0.172]$	4	$[0.797, 0.841]$

续表

λT	N^*	$\lambda(N^*T+t_0)$
$[0.149, 0.159]$	5	$[0.893, 0.940]$
$[0.139, 0.149]$	6	$[0.976, 1.026]$
$[0.131, 0.139]$	7	$[1.050, 1.102]$
$[0.124, 0.131]$	8	$[1.116, 1.168]$
$[0.117, 0.124]$	9	$[1.174, 1.227]$
$[0.112, 0.117]$	10	$[1.227, 1.280]$

表 4-4 给出了基于c_2/c_1、a和q的期望成本$C(T,N)$最小的最佳次数N^*和时间λT^*，以及更换时间点$\lambda\left(N^*T^*+t_0\right)$和期望成本率$C\left(T^*,N^*\right)/\lambda$。上述数据表明，当$c_2/c_1$和$a$均增加时，$\lambda T^*$增加，$\lambda\left(N^*T^*+t_0\right)$减少；而当$q$增加时，$\lambda T^*$和$\lambda\left(N^*T^*+t_0\right)$都减少。

表 4-4　最佳检测时间 λT^*、大修总时间 $\lambda\left(N^*T^*+t_0\right)$ 和期望成本率 $C\left(T^*,N^*\right)/\lambda$

c_2/c_1	a	q	N^*	λT^*	$\lambda\left(N^*T^*-t_0\right)$	$C\left(T^*,N^*\right)/\lambda$
10	0.1	0.8	8	0.131	1.158	15.41
50	0.1	0.8	19	0.080	1.536	43.51
10	0.5	0.8	2	0.149	0.372	32.27
10	0.1	0.9	7	0.062	0.552	32.63

2) 威布尔分布情况

当组件失效时间服从威布尔分布，即$H_i(t)=\left(\lambda_i t\right)^m (i=1,2)$，式(4-34)和式(4-35)将被改写为如下形式

$$\left\{\frac{1}{a\left[(N+1)^m-1\right]+1}\log\frac{1}{q}\right\}^{1/m}\leqslant\lambda T<\left\{\frac{1}{a\left(N^m-1\right)+1}\log\frac{1}{q}\right\}^{1/m} \tag{4-41}$$

$$(1-a)t_0^m+a\left(NT+t_0\right)^m=\frac{1}{\lambda^m}\log\frac{1}{q} \tag{4-42}$$

其中，$\lambda^m=\lambda_1^m+\lambda_2^m$，$a\equiv H_2(T)/\left[H_1(T)+H_2(T)\right]=\lambda_2^m/\lambda^m$。

当给定检测时间T时，根据式(4-41)和式(4-42)可以计算出N^*和t_0。将上述值代入式(4-36)，可以得到$C\left(T,N^*\right)$，并令T从0增加到$\left[\log(1/q)/(1-a)\right]^{1/m}/\lambda$，可以计算出使$C\left(T,N^*\right)$最小化的最佳$T^*$。

4.6 备用系统的检测策略

在现代电力系统中，智能电力设备利用先进的现代信息和通信技术实现电力系统的自动化、智能化和高效化。然而，这些系统的稳定性和可靠性高度依赖其各个组成部分的性能，因此，备用组件的配置对系统的稳定运行至关重要。备用组件不仅能够提升系统的容错能力，还能显著增强电力系统的安全性和可靠性，从而提升电力网络的效率、灵活性以及应对突发事件的能力。然而，鉴于智能电力系统对信息和通信技术的高度依赖，它们也面临着各种潜在的故障和攻击风险。为了确保系统的稳定运行和快速恢复，其备用组件的性能评估以及检测策略显得尤为重要。备用检测策略的核心目标是，在主系统出现故障时，能够通过快速切换到备用系统来减少由系统故障导致的停机时间，从而确保电力系统的高可用性。此外，结合自动化运维系统，故障或异常被实时检测并自动切换到备用组件，运维人员也会及时收到告警信息，从而提高运维效率，减少人为干预。然而，系统备份的设计通常会增加系统的结构复杂性，导致故障根因的识别更加困难。此外，备用组件在非运行状态下的故障也较难被及时发现。因此，针对备用系统的检测与维护策略，对于保障系统的连续运行和安全性至关重要。

本节将探讨备用组件的检测策略。假定备用组件的寿命X遵从一般分布$F(t)$，且其故障状态仅通过检测才能识别，故障的维修时间Y服从一般分布$G(t)$。假设检测时间忽略不计，且组件状态经检修后恢复“如新”。在前一次检修结束后，经过制定的时间间隔T实施下一次检验。设c_f和c_i分别表示单次故障维修成本和检测成本。在发生突发事件时，若备用组件处于故障状态，则将造成严重的经济损失。因此，损失成本c_a被设定为大于维修成本且大于或等于检测成本，即$c_a > c_f \geqslant c_i$。此外，假设在时刻$t=0$时，备用组件处于正常运行状态，突发事件发生时间服从指数分布$1-\mathrm{e}^{-\alpha t}$，$t \geqslant 0$，$\alpha > 0$，突发事件和随机变量X、Y均相互独立。下面将讨论最小化突发事件发生之前的期望成本的检测区间的优化问题。对于这种考虑备用组件的检测优化策略可参考 Nakagawa[29] 所构建的一般模型。比起一般模型，曹晋华和程侃[2]所提出的马尔可夫更新过程方法将大大简化该问题的数学模型。

1) 曹晋华和程侃[2]所提出的模型

系统状态定义如下：

状态 0：备用组件处于正常状态，进入该状态的时刻为备用组件恢复“如新”的时刻。

状态 1：备用组件正在修理，进入此状态的时刻为检查到组件发生故障并开始修理的时刻。

可见，进入状态 0 和状态 1 的时刻是再生点[30]。系统状态变化的可能发展进程如图 4-4 所示，系统状态的转移关系如图 4-5 所示，令 $X(t)=j$，在 t 时刻系统处于 j 状态，$j=0$ 或 1。该过程不仅给出了状态之间的转移，还考虑了状态间转移的时间长度，可证明 $\{X(t),t\geqslant 0\}$ 是一个半马尔可夫过程。为方便讨论，引入一个虚设状态 2。

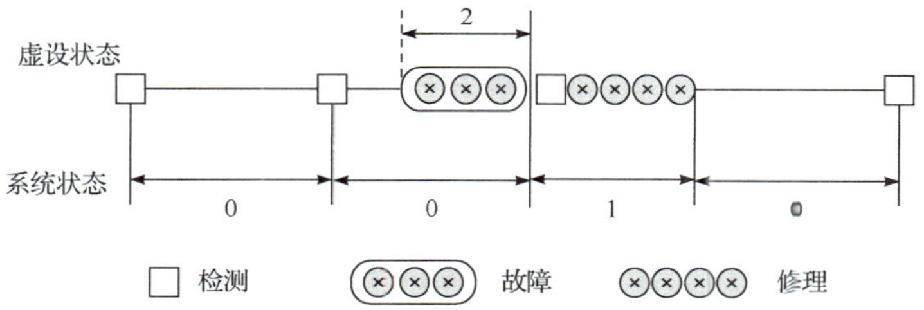

图 4-4　系统状态变化进程

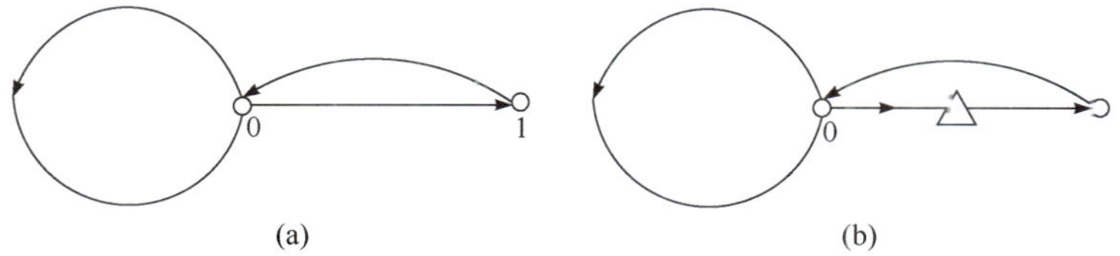

图 4-5　系统状态的转移关系

状态 2：备用组件已发生故障，但尚未被检测到，进入该状态的时刻为组件发生故障的时刻。

由于系统在虚设状态 2 的停留期间依赖于上一次检测的时间，因此进入状态 2 的时刻不是再生点，为了简化分析，假设检测的时间间隔为定长的随机变量 X_T，其分布为

$$U(t)=P\{X_T\leqslant t\}=\begin{cases}0, & t<T\\ 1, & t>T\end{cases} \tag{4-43}$$

可得

$$Q_{00}(t)=P\{X_T\leqslant t,X>X_T\}=\int_0^t\overline{F}(u)\mathrm{d}U(u) \tag{4-44}$$

$$Q_{02}(t)=P\{X\leqslant t,X\leqslant X_T\}=\int_0^t\overline{U}(u)\mathrm{d}F(u) \tag{4-45}$$

$$Q_{10}(t)=P\{Y\leqslant t\}=G(t) \tag{4-46}$$

$$Q_{01}^{(2)}(t)=P\{X_T\leqslant t,X\leqslant X_T\}=\int_0^t F(u)\mathrm{d}U(u) \tag{4-47}$$

$$Q_{jk}(t)=0 \tag{4-48}$$

将以上式子做 LS 变换(Laplace-Stieltjes Transform)可得

$$\begin{cases}\hat{Q}_{00}(s)=\mathrm{e}^{-sT}\overline{F}(T)\\ \hat{Q}_{02}(s)=\int_0^T\mathrm{e}^{-st}\mathrm{d}F(t)\\ \hat{Q}_{10}(s)=\overline{G}(s)\\ \hat{Q}_{01}^{(2)}(s)=\mathrm{e}^{-sT}F(T)\end{cases} \tag{4-49}$$

令 $P_{kj}(t)$ 表示在 0 时刻进入状态 k，并在时刻 t 处于状态 j 的概率，$k=0,1,j=0,1,2,\cdots$。它们满足马尔可夫更新方程组(仅需 $P_{01}(t)$ 和 $P_{02}(t)$)

$$\begin{cases}P_{01}(t)=Q_{00}(t)*P_{01}(t)+Q_{01}^{(2)}(t)*P_{11}(t)\\ P_{02}(t)=\left[Q_{02}(t)-Q_{01}^{(2)}(t)\right]+Q_{01}^{(2)}(t)*P_{12}(t)+Q_{00}(t)*P_{02}(t)\\ P_{11}(t)=\left[1-Q_{10}(t)\right]+Q_{10}(t)*P_{01}(t)\\ P_{12}(t)=Q_{10}(t)*P_{02}(t)\end{cases} \tag{4-50}$$

将上式两端做 L 变换，可解得

$$\begin{cases}P_{01}^{*}(s)=\dfrac{\hat{Q}_{01}^{(2)}(s)\left[1-\hat{Q}_{10}(s)\right]}{s\left[1-\hat{H}_{00}(s)\right]}\\ P_{02}^{*}(s)=\dfrac{\hat{Q}_{02}(s)-\hat{Q}_{01}^{(2)}(s)}{s\left[1-\hat{H}_{00}(s)\right]}\end{cases} \tag{4-51}$$

其中，$\hat{H}_{00}(s)=1-\hat{Q}_{00}(s)-\hat{Q}_{01}^{(2)}(s)\hat{Q}_{10}(s)$，令 $M_{0i}(t)$ 表示从进入状态 0 出发，在 $(0,t]$ 时间内进入状态 i 时，对组件进行检测的期望次数，即

$$M_{0i}(t)=M_{00}^{(0)}(t)+M_{01}(t) \tag{4-52}$$

设 $M_{jk}(t)$ 是一般的马尔可夫更新函数，表示系统在时刻 0 从状态 j 进入状态 k 之间的期望维修次数；因此，$M_{00}^{(0)}(t)$ 表示系统在 0 时刻从状态 0 出发，在时间区间 $(0,t]$ 内直接从状态 0 转入状态 0 的期望次数。需要注意的是，$M_{00}^{(0)}(t)$ 与 $M_{00}(t)$ 并不相同。$M_{00}(t)$ 中包含了两条可能的路径。第一条路径是从状态 0 出发，经过状态 2 和状态 1 再回到状态 0；第二条路径是从状态 0 出发直接进入状态 0，无须经过状态 2 和状态 1，而 $M_{00}^{(0)}(t)$ 仅考虑第二种情况，即直接进入状态 0 的期望次数。式(4-52)是对组件的检测恰好发生在进入状态 1 时刻和从状态 0 时刻进入状态 0 时刻。

可以得到以下方程组

$$\begin{cases} M_{01}(t) = Q_{00}(t) * M_{01}(t) + Q_{01}^{(2)}(t) * \left[M_{11}(t) + 1\right] \\ M_{11}(t) = Q_{10}(t) * M_{01}(t) \end{cases} \tag{4-53}$$

以及

$$M_{00}^{(0)}(t) = Q_{00}(t) * \left[M_{00}^{(0)}(t) + 1\right] + Q_{01}^{(2)}(t) * Q_{10}(t) * M_{00}^{(0)}(t) \tag{4-54}$$

对以上各式做 LS 变换，可解得

$$\begin{cases} \hat{M}_{00}^{(0)}(s) = \dfrac{\hat{Q}_{00}(s)}{1 - \hat{H}_{00}(s)} \\ \hat{M}_{01}(s) = \dfrac{\hat{Q}_{01}^{(2)}(s)}{1 - \hat{H}_{00}(s)} \end{cases} \tag{4-55}$$

由式(4-52)可得

$$\hat{M}_{0i}(s) = \frac{\hat{Q}_{00}(s) + \hat{Q}_{01}^{(2)}(s)}{1 - \hat{H}_{00}(s)} \tag{4-56}$$

根据问题所提供的各种成本，在 $(0,t]$ 时间内的期望成本为

$$C(t) = c_f * M_{01}(t) + c_i * M_{0i}(t) + c_a * \left[P_{02}(t) + P_{01}(t)\right] \tag{4-57}$$

即，特殊事件发生前的期望成本为

$$\begin{aligned} C_2(T) = \int_0^{\infty} C(t) \alpha \mathrm{e}^{-\alpha t} \mathrm{d}t = c_f * \hat{M}_{01}(\alpha) + c_i * \hat{M}_{0i}(\alpha) \\ + c_a * \alpha * \left[P_{02}^{*}(\alpha) + P_{01}^{*}(\alpha)\right] \end{aligned} \tag{4-58}$$

将式(4-45)、式(4-47)和式(4-53)代入上式得

$$C_2(T)=\frac{e^{-\alpha T}\left[c_i+c_f*F(T)\right]+c_a\left[\int_0^T e^{-\alpha t}dF(t)-e^{-\alpha T}*F(T)*\hat{G}(\alpha)\right]}{1-e^{-\alpha T}\left[\bar{F}(T)+F(T)*\hat{G}(\alpha)\right]} \tag{4-59}$$

显然

$$C_2(0)=\lim_{T\to 0}C_2(T)=\infty \tag{4-60}$$

$$C_2(\infty)=\lim_{T\to\infty}C_2(T)=c_a*\hat{F}(\alpha) \tag{4-61}$$

其中，$C_2(\infty)$表示不做任何检测时的期望成本。

对充分大的T，有

$$\frac{d}{dT}\ln C_2(T)\sim\alpha e^{-\alpha T}\left[\frac{\hat{G}(\alpha)*c_a-c_i-c_f}{c_a*\hat{F}(\alpha)}\right] \tag{4-62}$$

因此，如果上述右端大于零，则

$$\hat{G}(\alpha)*c_a\left[1-\hat{F}(\alpha)\right]>c_i+c_f \tag{4-63}$$

至少存在某个有限的$\tilde{T}$，使$C_2(\tilde{T})<C_2(\infty)$，那么在$\tilde{T}$对备用组件进行检测比不做任何检验有利。

2) Nakagawa[29]模型

该模型假设下一次检测时间安排在前一次检测或维护完成后的恒定时间$T(0<T<\infty)$以后进行。

考虑两个最优化问题：

(1) 确定从开始到停电时间内期望成本最小的最优检测时间T^*；

(2) 确定最大的检测时间区间$\bar{T}$，使得备用发电机组在供电中断时发生故障的概率不大于预定值ε。

为了计算上述检测模型的期望成本，需求出备用组件的检测次数和维修次数的期望值，以及其在停电时发生故障的概率。为了方便起见，假设组件进入待机状态并且在0时刻处状态良好为初始条件。同时，定义$D(t)$为T时刻的退化分布。

设$H(t)$为备用组件在检测或修复完成后状态为正常时所需的重生时间分布函数，那么有

$$H(t)=\int_0^t\bar{F}(u)dD(u)+\left[\int_0^t F(u)dD(u)\right]*G(t) \tag{4-64}$$

其中，* 表示黎曼-斯蒂尔杰斯卷积，$\int_0^t \bar{F}(u)\mathrm{d}D(u)$ 是备用组件从检测时刻到 t 时刻均处于良好状态的概率，$\left[\int_0^t F(u)\mathrm{d}D(u)\right]*G(t)$ 是在检测时发现故障组件并在 t 时刻之前完成修理的概率。

此外，设 $M_0(t)$ 和 $M_1(t)$ 分别为 $(0,t]$ 区间内故障组件的预期修理次数和备用组件的预期检测次数，则更新后方程为

$$M_0(t)=\int_0^t F(u)\mathrm{d}D(u)+H(t)*M_0(t) \tag{4-65}$$

$$M_1(t)=D(t)+H(t)*M_1(t) \tag{4-66}$$

从而形成式(4-64)～式(4-66)的 LS 变换，分别得到

$$H^*(s)=\mathrm{e}^{-sT}\left[\bar{F}(T)+F(T)G^*(s)\right] \tag{4-67}$$

$$M_0^*(s)=\frac{\mathrm{e}^{-sT}F(T)}{1-H^*(s)},\quad M_1^*(s)=\frac{\mathrm{e}^{-sT}}{1-H^*(s)} \tag{4-68}$$

本节用 * 表示 LS 变换，例如，对于 $s>0$，$G^*(s)=\int_0^\infty \mathrm{e}^{-st}\mathrm{d}G(t)$。

接下来，设 $P(t)$ 表示备用组件在 t 时刻发生故障的概率，即故障状态备用组件将在下一次检测时被检测到，或者之前检测时被检测到的故障组件现在正在维护中。那么，备用组件在 t 时刻处于良好状态的概率为

$$\bar{P}(t)=\bar{F}(t)\bar{D}(t)+H(t)*\bar{P}(t)$$

$P(t)$ 经过 LS 变换可以得到

$$1-P^*(s)=\frac{\int_0^T s\mathrm{e}^{-st}\bar{F}(t)\mathrm{d}t}{1-H^*(s)} \tag{4-69}$$

考虑到停电时的总预期成本，备用组件的检测模型可能至少涉及以下三类成本：单次修理和检测时所产生的成本 c_f 和 c_i，以及备用组件在供电停止时发生故障所产生的成本 c_a。假设电力供应在 t 时刻停止，则 $(0,t]$ 区间内的总期望成本为

$$\tilde{C}(t)=c_f M_0(t)+c_i M_1(t)+c_a P(t)$$

因此，从模型中去掉电源在 t 时刻停止的条件，可得到期望成本

$$C_1(T)=\int_0^\infty \tilde{C}(t)\alpha\mathrm{e}^{-\alpha t}\mathrm{d}t=c_f M_0^*(\alpha)+c_i M_1^*(\alpha)+c_a P^*(\alpha)$$

期望成本 $C_1(T)$ 是关于 T 的函数。基于式(4-68)和式(4-69)，$C_1(T)$ 可以写成

$$C_1(T)=\frac{\mathrm{e}^{-\alpha T}\left[c_f F(t)+c_i\right]-c_a\int_0^T \alpha \mathrm{e}^{-\alpha T}\bar{F}(t)\mathrm{d}t}{1-\mathrm{e}^{-\alpha T}\left[\bar{F}(T)+F(T)G^*(\alpha)\right]}+c_a \tag{4-70}$$

显然

$$C_1(0)\equiv\lim_{T\to 0}C_1(T)=\infty,\quad C_1(\infty)\equiv\lim_{T\to 0}C_1(T)=c_a F^*(\alpha)$$

其中，$C_1(T)$ 表示不进行检测的情况下的预期成本。

当 T 趋于无穷大时，$\log C_1(T)$ 对 T 求导，结果如下

$$\frac{\mathrm{d}\log C_1(T)}{\mathrm{d}T}\approx \alpha \mathrm{e}^{-\alpha T}\left[\frac{c_a G^*(\alpha)-c_f-c_i}{c_a F^*(\alpha)}-G^*(\alpha)\right]$$

因此，如果右边括号中的数值为正，即

$$c_a G^*(\alpha)\left(1-F^*(\alpha)\right)>c_i+c_f \tag{4-71}$$

那么至少存在一个有限的 T 使得 $C_1(\infty)>C_1(T)$。因此，最好在有限时间 T 内检测备用组件。

一般来说，很难明确讨论出使 $C_1(T)$ 最小的最佳检测时间 T^*。特别是在考虑 $F(t)=1-\mathrm{e}^{-\lambda t}$，$G(t)\equiv 1(t\geqslant 0)$ 的情况，即故障时间呈指数分布，修复时间可以忽略不计。由此产生的成本为

$$C_1(T)=\frac{\mathrm{e}^{-\alpha T}\left[c_f\left(1-\mathrm{e}^{-\lambda T}\right)+c_i\right]+c_a\int_0^T \alpha \mathrm{e}^{-\alpha T}\bar{F}(t)\mathrm{d}t}{1-\mathrm{e}^{-\alpha T}}+c_a \tag{4-72}$$

$C_1(T)$ 对 T 求导并令其等于 0，即

$$c_f \mathrm{e}^{-\lambda T}\left[1+\frac{\lambda}{\alpha}\left(1-\mathrm{e}^{-\alpha T}\right)\right]+c_a\left[1-\mathrm{e}^{-\lambda T}-\frac{\lambda}{\alpha+\lambda}\left(1-\mathrm{e}^{-(\alpha+\lambda)T}\right)\right]=c_f+c_i \tag{4-73}$$

其中，当 $c_a>\left[(\alpha+\lambda)/\alpha\right]c_f$ 时，式(4-73)左边部分严格递增；反之，当 $c_a\leqslant\left[(\alpha+\lambda)/\alpha\right]c_f$ 时，等式左边部分不递增。可以注意到，当 $T\to 0$ 时，等式左边部分等于 c_f；当 $T\to\infty$ 时，等式左边部分等于 $\left[\alpha/(\alpha+\lambda)\right]c_a$。

因此，从上面的讨论能够得到以下结果：

(1) 如果 $c_a>\left[(\alpha+\lambda)/\alpha\right]\left(c_f+c_i\right)$，则存在满足式(4-73)的有限检测时间 T_1^*，所得相应成本为

$$C_1\left(T^*\right)=c_a-c_i-c_f-\left(c_a-c_f\frac{\alpha+\lambda}{\alpha}\right)\mathrm{e}^{-\lambda T^*} \tag{4-74}$$

(2) 如果 $c_a \leqslant \left[(\alpha+\lambda)/\alpha\right]\left(c_f+c_i\right)$，那么 $T_1^*=\infty$，即不进行检测，$C_1(\infty)=c_a\left[\lambda/(\alpha+\lambda)\right]$。

可以注意到，由式(4-71)可以导出不等式 $c_a>\left[(\alpha+\lambda)/\alpha\right]\left(c_f+c_i\right)$。

通过检测，及时识别备用组件的状态，确保其在电力供应停止时处于故障状态的概率尽可能小，是非常有意义的。如果预先已经给定概率，可以计算出一个检测时间 $\bar{T}$，使得 $P^*(\alpha)<\varepsilon$，即

$$\frac{\int_0^T \mathrm{e}^{-\alpha t}\mathrm{d}F(t)-\mathrm{e}^{-\alpha T}F(T)G^*(\alpha)}{1-\mathrm{e}^{-\alpha T}\left[\bar{F}(T)+F(T)G^*(\alpha)\right]}<\varepsilon \tag{4-75}$$

例如，如果修复时间忽略不计，即 $G^*(\alpha)=1$，则式(4-75)的左侧在 T 区间内严格递增，因此对于足够小的 $\varepsilon>0$ 来说，存在唯一的检验时间 $\bar{T}$ 满足下式

$$\frac{\int_0^T F(t)\alpha\mathrm{e}^{-\alpha t}\mathrm{d}t}{1-\mathrm{e}^{-\alpha T}}=\varepsilon \tag{4-76}$$

到目前为止，一直假设备用组件在检测后会恢复“如新”。接下来，除了备用组件的故障率不受任何检测的干扰外，做出了与前面相同的假设。这个假设在实践中比之前的模型更可信，然而，这一假设所需进行的分析将变得更加困难。那么，在停电之前的预期成本[42]为

$$C_2(T)=\frac{c_f\sum_{k=1}^{\infty}\mathrm{e}^{-\alpha kT}\left[\bar{F}((k-1)T)-\bar{F}(kT)\right]+c_i\sum_{k=1}^{\infty}\mathrm{e}^{-\alpha kT}\bar{F}((k-1)T)-c_a\left[1-F^*(\alpha)\right]}{1-G^*(\alpha)\sum_{k=1}^{\infty}\mathrm{e}^{-\alpha kT}\left[\bar{F}((k-1)T)-\bar{F}(kT)\right]}+c_a \tag{4-77}$$

显然，$C_2(0)=\infty$，$C_2(\infty)=c_2F^*(\alpha)$。更进一步来说，当 T 为一个极大数值时，有

$$\frac{\mathrm{d}\log C_2(T)}{\mathrm{d}T}\approx\alpha\mathrm{e}^{-\alpha T}\left[\frac{c_aG^*(\alpha)-c_f-c_i}{c_aF^*(\alpha)}-G^*(\alpha)\right]$$

因此，如果 $c_aG^*(\alpha)\left[1-F^*(\alpha)\right]>c_f+c_i$，则存在至少一个有限的 T 使得 $C_2(\infty)>C_2(T)$，这与前面模型所得结果一致。

很难明确确定使式(4-77)中$C_2(T)$最小的最佳检测时间T_2^*。然而，值得注意的是，当处于$t>0$、$F(t)=1-\mathrm{e}^{-\lambda t}$及$G(T)\equiv 1$的特殊情况下时，期望成本$C_2(T)$与式(4-72)一致。

例 4-5 给出一个数值示例，其中$\bar{F}(t)=(1+\lambda t)\mathrm{e}^{-\lambda t}$和$\bar{G}(t)=(1+\theta t)\mathrm{e}^{-\theta t}$，两者都是形状参数为 2 的$\gamma$分布。表 4-5 给出了当$c_f=30$、$c_i=3$、$1/\theta=12\,\mathrm{h}$、$1/\alpha=1460\,\mathrm{h}$(即电力供应平均每年停止 6 次)时，基于平均故障时间$2/\lambda$和成本c_a的最佳检测时间T_1^*和T_2^*。结果表明，当$2/\lambda$增加时，两个检测时间都增加；当c_a增加时，两个检测时间都减少。此外，当c_2和$2/\lambda$足够大时，T_1^*开始逐渐大于T_2^*。

表 4-5 当$c_f=30$、$c_i=3$、$1/\theta=12\mathrm{h}$、$1/\alpha=1460\mathrm{h}$时，基于平均故障时间$2/\lambda$和成本c_a的最佳检测时间T_1^*和T_2^*

$2/\lambda$	$c_a=150$		$c_a=250$		$c_a=350$	
	T_1^*	T_2^*	T_1^*	T_2^*	T_1^*	T_2^*
1200	292	480	249	308	224	241
1600	368	535	311	354	279	280
2000	439	594	369	399	330	318
2400	507	656	424	445	379	356
2800	572	720	477	491	425	393
3200	635	783	528	537	469	430
3600	697	848	578	582	512	467
4000	757	914	626	628	554	503

4.7 基于可用性的贮存系统检测策略

贮存系统在贮存期间通常受到环境因素影响，如氧化、腐蚀、生锈和老化等，这些因素会加速系统关键组件的退化，导致贮存可用度逐渐下降。由于退化过程具有随机性，部分组件可能在不确定的时刻失效，且其失效状态难以实时监测。贮存系统的失效状态往往只有在进行检测或系统使用时才能被识别。因此，为了防止系统在需要时无法发挥应有的功能，必须定期检测系统是否处于正常工作状态，并按要求进行必要的维护。系统在贮存过程中，可以通过及时检测和维护来提高系统的可用度。相关研究表明，在贮存系统的可靠度和成本优化领域，研究人员积极探讨的问题是如何在满足特定目标值的前提下确定检测区间，实现这一目标的优化问题如下：

(1)计算贮存系统的贮存可靠度/可用度(考虑检测设备故障与否)；

(2)确定可修复贮存系统的定期/序贯检测区间；

(3)确定由多组件贮存系统的最佳检测时间；

(4)确定满足给定区间可用度的最优检测时间点和预防性维护阈值。

贮存设备的组件通常被划分为两类相互独立的类别：第一类组件是电子装置(例如，冷却剂泵、导向装置)，它服从一般故障分布，在贮存期间随机失效。在现有文献中，指数分布和威布尔分布通常被用于描述第一类组件的失效发生时间。通过检测可以识别到故障组件，同时纠正性维护(修理/更换)可以恢复故障组件的功能。如果第一类组件的故障时间服从指数分布，那么对组件进行预防性维护是无效的。而如果服从威布尔分布，则组件的故障概率随着时间的推移而增加。为了提高系统性能(系统可用度)，在检测点对老化的组件进行预防性维护，将使达到预防性维护阈值的老化组件更新为新的组件。贮存设备中的第二类组件是包含化学物质的特殊组件，在贮存期间由于腐蚀、热疲劳或反复冲击负荷，其状态随着时间增长而逐渐退化，一旦退化到一定程度，会导致系统无法正常工作。因此，第二类组件的故障只能通过破坏性试验来检测，但是会给出在研制阶段通过可靠性试验确定的预定使用寿命。例如，热电池的寿命为 10 年。由于第二类组件的确切状态难以监控，研究中通常假设已知其退化函数，当退化程度超过失效阈值时，组件被认为处于失效状态。为了避免故障的发生，可将退化程度达到预防性维护阈值的第二类组件进行更换。布朗运动、复合泊松过程[43]、γ 过程[44, 45]以及 Li 和 Pham[46]提出的随机退化函数被广泛用于可靠度领域中的退化建模。

对于由贮存设备和保障设备共同组成的贮存系统，其贮存设备和保障设备通常按需共同工作。例如，一个导弹系统需要辅助设备的保障才能成功发射，保障设备也是由多个组件串联而成，故障随机发生。故障组件可及时识别并进行维护。这些组件的故障时间遵循特定的故障分布，类似于贮存设备的第一类组件。另外，若缺乏辅助设备的支持，即便贮存设备处于按需工作状态也不能正常工作。

4.7.1　贮存可靠度评估

处于贮存状态的系统保持其所需功能的能力可通过贮存可靠度来度量[47]。贮存可靠度被定义为系统在规定的条件下和规定的时间内，在外界产生需求时能够成功执行所需功能的概率[48]。作为贮存系统性能的重要评估指标，系统可靠度已经广泛应用于各类贮存系统的研究[49]。学术界已有多项关于贮存系统的可靠度评估的研究成果，例如，Zhao 和 Xie[50]、Zhao 等[51]、Su 等[52]、Liu 和 Liu[53]都进行了相关的研究。其中，Liu 和 Liu[53]将贮存可靠度的分析方法归纳为三类，即失效机理分析方法、基于寿命数据的建模方法和加速贮存测试方法。Jang 和 Son[54]提出了一种贮存系统的可靠度估计模型，该模型采用破坏性检测，在任意时刻所采集样本的成功以及失败的数据(即量子响应数据)，量子响应数据的可靠度估计通常可采用参数、非参数估计和贝叶斯估计方法。在破坏性试验中，由于很难收集到足够的设备寿命信息，为了在短时间内收集到更多的故障信息，常会采用加速寿命试验[55-57]。此外，系统的寿命分布常常是未知的[58, 59]。因此，贮存系统的可靠度估计问题成为了可靠度研究领域的一个重点和难点。贮存系统在贮存过程中往往会受到组件老化或劣化的影响，其可靠度会随着贮存时间的推移而逐渐下降。为满足系统高可靠度的要求，需要对系统进行定期检测并对识别故障的组件进行维护管理。而对于这些可修系统来说，系统可用度是评估其性能的更为合适的指标。在可靠性领域，很多研究已经探讨了仅能通过检测来识别系统故障的检测模型[59]。Sarkar 和 Sarkar[60]研究了在定期检测和恒定修复时间的完美修复政策下安全系统的瞬时可用度和稳态可用度。Cui 和 Xie[61]追加考虑了由维护引起的随机停机时间。Tang 等[62]给出了多种故障模式的定期检测系统的瞬时可用度和稳态可用度数学模型。Qiu 等[63]推导出了具有隐性故障的系统的瞬时可用度和稳态可用度，并且提出将稳态可用度作为确定检测区间的优化准则。

大部分关于贮存设备的瞬时可用度和稳态可用度的研究都假设了隐性故障，并且聚焦于最优检测策略。Martinez[64]首先提出了贮存可靠度问题，用于估计在使用前必须长时间处于贮存或休眠状态的设备的可靠度。贮存可靠度被定义为“设备在贮存几年后执行其预期功能的概率”，并且这些设备在贮存期间会被定期进行检测，因此也被称为贮存可用度。尽管 Martinez[64]的贮存可靠度模型很好地描述了实际贮存系统的特点和失效情况，但很少有研究引用该模型来处理贮存可靠度和检测问题。Kim 和 Yun[65]分别推导了系统失效时间服从指数分布和威布尔分布时检测前后的瞬时可用度模型。在指数分布情况下考虑完美修复，而在威布尔分布情况下考虑最小修复。此外他们还假设未被检测到的故障在系统寿命结束前无法发现。

稳态可用度通常被定义为系统在长期运行中维持正常工作的平均时间比例，是评估复杂可修系统性能的重要指标。Kitagawa 等[66]假设在检测到故障时进行最小修复，并且在检测到第 n 次故障时更换贮存系统，推导了单组件贮存系统的平均可用度，并且还考虑了由于检测、最小修复和更换带来的停机时间。Kitagawa 等[67]进一步给出了单组件贮存系统在第 n 次故障后更换和第 m 次定期检测点更换时的平均可用度。然而，由于贮存系统可能在未知的时间突然执行任务(例如，事故中弹出的安全气囊)，因此，区间可用度，即贮存系统在两次检测之间处于正常工作状态的平均概率，可作为评估贮存系统性能的指标。Yun 等[68]、Zhao 和 Yun[69]认为区间可用度是指在给定的检测区间内，贮存系统正常工作的平均时间比例。目前，关于贮存系统的可靠度与可用度的研究已经涉及了多种模型和方法，涵盖了从运行模型、性能评估到仿真研究等方面。多项研究采用了瞬时可用度和区间可用度作为系统性能的度量指标，并结合蒙特卡罗方法和离散事件仿真模型，评估了具有复杂结构的贮存系统的区间可用度，如表 4-6 所示。

表 4-6　对贮存系统可用度的评价指标

文献	系统结构	运行模式	方法	性能指标
Martinez[64]	单一系统、单组件	四阶段	数学模型	瞬时可用度（可靠度）
Cui 等[70]	单一系统、单组件	单阶段	数学模型	瞬时可用度和极限平均可用度
Yun 等[68]	单一系统、多组件、串联结构	单阶段	数学模型和离散事件仿真	区间可用度
Kim 和 Yun[65]	单一系统、单组件	四阶段	数学模型	区间可用度
Kitagawa 等[66]	单一系统、单组件	四阶段	数学模型（下降法）	平均可用度
Kitagawa 等[67]	单一系统、单组件	单阶段	数学近似法	平均可用度
Liu 和 Liu[53]	多系统、多组件、串联结构	单阶段	离散事件仿真	区间可用度
Zhao 和 Yun[69]	单一系统、多组件、串联结构	单阶段	数学模型和蒙特卡罗仿真	区间可用度

4.7.2　瞬时可用度评估

本小节介绍了两种基本的瞬时可用度模型，假设贮存系统有四个运行阶段。贮存系统定期检测系统运行情况，并在故障维护后将系统重新送回仓库进行贮存。图 4-6 给出了这四个阶段的运行模式。在 Martinez[64]研究中，系统运行流程被分为功能履行前的四个阶段，分别为工厂检测（阶段 1）、运输（阶段 2）、预验收（阶段 3）和贮存（周期检测，阶段 4），每个阶段都有不同的时间区间和故障率。需要注意的是，该模型考虑贮存阶段为系统的运行阶段。

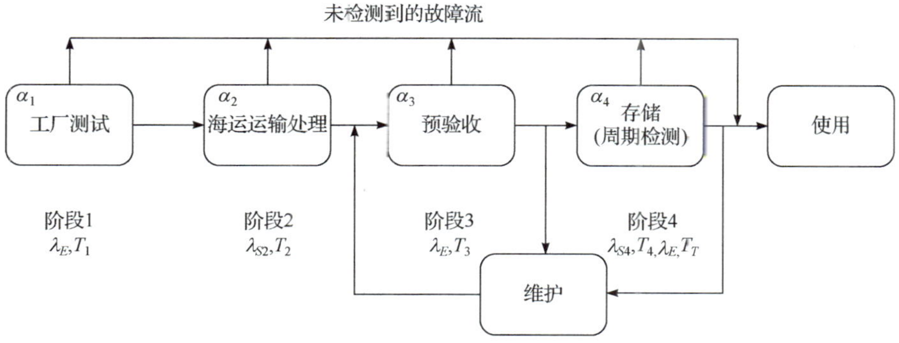

图 4-6　定期巡检下的四阶段运行模式

1. Martinez 贮存可用度模型

Martinez[64]在考虑检测误差的情况下，将预贮存阶段的预期故障数计算为阶段 1～阶段 3 的期望故障数之和，即

$$F_3=(1-\alpha_1)\lambda_E T_1+(1-\alpha_3)(\lambda_{S2}T_2+\lambda_E T_3) \tag{4-78}$$

贮存前系统的可靠度为

$$R=\mathrm{e}^{-F_3} \tag{4-79}$$

贮存状态下一个周期内的期望故障数为

$$F_P=\lambda_{S4}T_4+\lambda_E T_T+\lambda_C C \tag{4-80}$$

其中，λ_C 为电源开关故障率，C 为周期检测周期内的检测循环次数。利用式(4-78)和式(4-80)，计算第 n 次检测前后的系统可靠度

$$R_{N(\mathrm{Min})}=\mathrm{e}^{-\left[(N-1)(1-\alpha_4)F_P+F_3\right]}\times\mathrm{e}^{-\lambda_{S4}T_4} \tag{4-81}$$

$$R_{N(\mathrm{Max})}=\mathrm{e}^{-\left[N(1-\alpha_4)F_P+F_3\right]} \tag{4-82}$$

2. Kim-Yun 瞬时可用度模型

Kim 和 Yun[65]对 Martinez[64]提出的贮存系统定期检测下的贮存可用度模型进行了修正，其中贮存系统在四个运行阶段下的故障发生时间服从指数分布，且可应用于具有一般故障分布模型的系统。通过计算各个阶段的可靠度，可以得到系统的瞬时可用性。假设 R_i 表示系统在第 i 阶段检测后正常工作的概率。因此，R_1 表示系统通过工厂检测的概率，其中包括系统在工厂检测前没有发生故障的概率，以及系统工厂检测前发生故障，但故障被检测到并维护至“如新”状态的概率。R_2 表示系统通过预验收检测的概率，包括系统在运输后到达贮存位置前保持正常状态的概率，以及系统发生故障、故障被检测到并维护至“如新”状态的概率。另外，R_3 表示系统在长期贮存后经过定期检测后存活的概率，其中包括三种类型的概率：第一种是系统在贮存后通过检测的概率，第二种是检测设备在 C 次通断电检测中不发生故障的概率：最后一种是经检测识别到故障并维护至“如新”状态的概率。指数分布和威布尔分布被认为是系统故障时间的分布。

1) 指数分布情况

如果系统的故障时间服从指数分布，则可以得到

$$R_1=\mathrm{e}^{-\lambda_E T_1}\times\alpha_1\left(1-\mathrm{e}^{-\lambda_E T_1}\right)$$

$$R_2=\mathrm{e}^{-\lambda_{S2}T_2-\lambda_E T_3}\times\alpha_1\left(1-\mathrm{e}^{-\lambda_E T_1}\right)$$

$$R_3 = \mathrm{e}^{-\lambda_{S4}T_4 - \lambda_E T_T} \cdot (1-\lambda_C)^C + \alpha_4 \left\{ \left(1-\mathrm{e}^{-\lambda_{S4}T_4}\right) + \mathrm{e}^{-\lambda_{S4}T_4} \cdot \left(1-\mathrm{e}^{-\lambda_E T_T}\right) + \mathrm{e}^{-\lambda_{S4}T_4 - \lambda_E T_T} \left(\sum_{i=1}^{C-1} \lambda_C (1-\lambda_C)^k \right) \right\} \tag{4-83}$$

贮存可用度 R_N 被定义为系统在贮存后第 n 次检测时能够正常工作的概率。由此可得第 n 次检测前后的贮存可用度，即

$$\begin{cases} R_{N(\mathrm{Min})} = \left(R_1 \cdot R_2 \cdot R_3{}^{N-1}\right)\mathrm{e}^{-\lambda_{S4}t} \\ R_{N(\mathrm{Max})} = R_1 \cdot R_2 \cdot R_3{}^{N} \end{cases} \tag{4-84}$$

2) 威布尔分布情况

当贮存系统在各阶段的故障时间服从具有相同形状参数的威布尔分布时，为了推导出系统可用度，假设了不同阶段故障分布的累积概率模型[71]。当系统发生故障时，假设故障在检测时进行了维护，并且系统被假定进行了最小修复，使其恢复到故障前的状态。

系统在阶段 $i(i=1,2,3)$ 进行检测时能正常工作的概率如下

$$R_1 = \mathrm{e}^{-(\lambda_E T_c)^\beta} + \alpha_1 \left\{ 1 - \mathrm{e}^{-(\lambda_E T_a)^\beta} \right\}$$

$$R_2 = \frac{\mathrm{e}^{-\{\lambda_{S2}(T_a^* + T_b)\}^\beta - \{\lambda_E(T_b^* + T_c)\}^\beta}}{\mathrm{e}^{-(\lambda_{S2}T_a^*)^\beta - (\lambda_E T_b^*)^\beta}} + \alpha_3 \left(1 - \frac{\mathrm{e}^{-\{\lambda_{S2}(T_a^* + T_b)\}^\beta - \{\lambda_E(T_b^* + T_c)\}^\beta}}{\mathrm{e}^{-(\lambda_{S2}T_a^*)^\beta - (\lambda_E T_b^*)^\beta}} \right)$$

其中，$T_a^* = \dfrac{\lambda_E}{\lambda_{S2}} T_a$，$T_b^* = \dfrac{\lambda_{S2}}{\lambda_E}\left(T_a^* + T_b\right)$，$T_c^* = \dfrac{\lambda_E}{\lambda_{S4}} T_b^* + T_c$，$T_s^* = \dfrac{\lambda_{S4}}{\lambda_E}\left(T_c^* + T_s\right)$。

因此，第 n 次检测前后的可用度分别为

$$\begin{aligned} R_3 = {} & \frac{\mathrm{e}^{-\{\lambda_{S4}(T_c^* + T_s)\}^\beta - \{\lambda_E(T_s^* + T_T)\}^\beta}}{\mathrm{e}^{-(\lambda_{S4}T_c^*)^\beta - (\lambda_E T_s^*)^\beta}} \times (1-\lambda_C)^C \\ & + \alpha_4 \left[\begin{aligned} & \left(1 - \frac{\mathrm{e}^{-\{\lambda_{S4}(T_c^* + T_s)\}^\beta}}{\mathrm{e}^{-(\lambda_{S4}T_c^*)^\beta}} \right) + \frac{\mathrm{e}^{-\{\lambda_{S4}(T_c^* + T_T)\}^\beta}}{\mathrm{e}^{-(\lambda_{S4}T_c^*)^\beta}} \times \left(1 - \frac{\mathrm{e}^{-\{\lambda_E(T_s^* + T_T)\}^\beta}}{\mathrm{e}^{-(\lambda_E T_s^*)^\beta}} \right) \\ & + \frac{\mathrm{e}^{-\{\lambda_{S4}(T_c^* + T_T)\}^\beta - \{\lambda_E(T_d^* + T_T)\}^\beta}}{\mathrm{e}^{-(\lambda_{S4}T_c^*)^\beta - (\lambda_E T_s^*)^\beta}} \times \sum_{k=0}^{C-1} \lambda_C (1-\lambda_C)^k \end{aligned} \right] \end{aligned} \tag{4-85}$$

$$R_{N(\mathrm{Min})}\begin{cases} R_2\times\dfrac{\mathrm{e}^{-\left\{\lambda_{S4}\left(T_c^*+T_s\right)\right\}^{\beta}-\left\{\lambda_E\left(T_s^*+T_T\right)\right\}^{\beta}}}{\mathrm{e}^{-\left(\lambda_{S4}T_c^*\right)^{\beta}-\left(\lambda_E T_s^*\right)^{\beta}}}+\left(1-\dfrac{\mathrm{e}^{-\left\{\lambda_{S4}\left(T_c^*+T_s\right)\right\}^{\beta}}}{\mathrm{e}^{-\left(\lambda_{s4}T_c^*\right)^{\beta}}}\right) \\ \quad +\left(\dfrac{\mathrm{e}^{-\left\{\lambda_{S4}\left(T_c^*+T_T\right)\right\}^{\beta}}}{\mathrm{e}^{-\left(\lambda_E T_s^*\right)^{\beta}}}\times\left(1-\dfrac{\mathrm{e}^{-\left\{\lambda_E\left(T_s^*+T_T\right)\right\}^{\beta}}}{\mathrm{e}^{-\left(\lambda_E T_s^*\right)^{\beta}}}\right)\right),\quad N=1 \\ R_{N-1}\times\dfrac{\mathrm{e}^{-\left\{\lambda_{s4}\left(T_{T_{N-1}}^*+T_s\right)\right\}^{\beta}-\left\{\lambda_E\left(T_{s_{N-1}}^*+T_T\right)\right\}^{\beta}}}{\mathrm{e}^{-\left(\lambda_{s4}T_{T_{N-1}}^*\right)^{\beta}-\left(\lambda_E T_{s_{N-1}}^*\right)^{\beta}}}+\left(1-\dfrac{\mathrm{e}^{-\left\{\lambda_{s4}\left(T_{T_{N-1}}^*+T_s\right)\right\}^{\beta}}}{\mathrm{e}^{-\left(\lambda_{s4}T_{T_{N-1}}^*\right)^{\beta}}}\right) \\ \quad +\left(\dfrac{\mathrm{e}^{-\left\{\lambda_{s4}\left(T_{s_{N-1}}^*+T_T\right)\right\}^{\beta}}}{\mathrm{e}^{-\left(\lambda_E T_{s_{N-1}}^*\right)^{\beta}}}\times\left(1-\dfrac{\mathrm{e}^{-\left\{\lambda_E\left(T_{s_{N-1}}^*+T_T\right)\right\}^{\beta}}}{\mathrm{e}^{-\left(\lambda_E T_{s_{N-1}}^*\right)^{\beta}}}\right)\right),\quad N\geqslant 2 \end{cases} \tag{4-86}$$

$$R_{N(\mathrm{Max})}=\begin{cases} R_3, & N=1 \\ R_{sN}, & N\geqslant 2 \end{cases} \tag{4-87}$$

4.7.3 区间可用度评估

本节考虑具有串联结构的多组件贮存系统。Zhao 和 Yun[69]提出了具有不完美检测的多组件贮存系统的贮存可用度(区间可用度)模型。系统中每个组件的故障都可以以恒定的概率 α 被检测出。假设贮存系统的初始状态为完美状态，并且贮存系统中的所有组件在第一次贮存的开始时刻都处于工作状态。贮存系统定期检测，检测结果考虑两种情况，即未发现的故障可以在后续检测中检测到的情况和不会再被检测到的情况。针对周期性检测的贮存系统，采用区间可用度来评估该系统的性能。区间可用度 $A(k,T)$ 被定义为贮存系统在起始时间点正常工作的情况下，在检测区间[kT, $(k+1)T$]（k=1,2,⋯）内正常运行时间的平均概率，如图 4-7 所示。

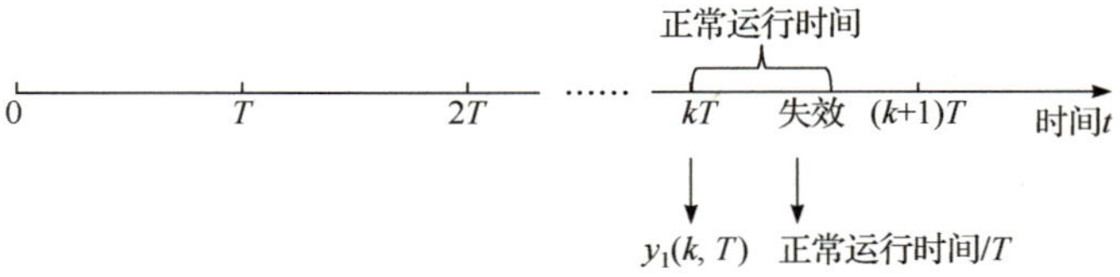

图 4-7　贮存系统的区间可用度

kT 和 $(k+1)T$ 之间的区间可用度为

$$A(k,T)=\frac{\mathrm{UT}(k,T)}{T}=\frac{y_1(k,T)\int_{kT}^{(k+1)T}R(x,T)\mathrm{d}x}{T}=y_1(k,T)\cdot A_{\mathrm{av}}(T) \tag{4-88}$$

其中，$R(x,T)$是检测区间为T时x点的可靠度，$A_{\mathrm{av}}(T)$是在给定区间T内运行时间的期望比例，$y_1(k,T)$表示系统在$kT(k=1,2,\cdots,K)$时刻处于工作状态的概率，根据所发现的故障是否可以再次被检测到的假设，上述概率可以分别计算而得。

首先，0 和kT之间的区间可用度可以根据$A(i,T)(i=0,1,\cdots,k-1)$得出。由于贮备系统具备串联结构，当组件失效时间服从故障率为$\lambda_i(i=1,\cdots,n)$的指数分布时，$A_{\mathrm{av}}(T)$为

$$A_{\mathrm{av}}(T)=\frac{\dfrac{1}{\sum_{j=1}^{n}\lambda_i}\left(1-\mathrm{e}^{-\sum_{j=1}^{n}\lambda_i T}\right)}{T} \tag{4-89}$$

1. 隐藏故障无法再次检测

系统在第一次贮存前是完全可以正常运行的，此时概率为$y_1(0,T)=1$。当$k>1$时，$y_1(k,T)$是两个独立概率的乘积，即系统在$(k-1)T$时刻工作的概率$y_1((k-1),T)$以及系统在区间T后正常运行的概率$p(1,1,\cdots,1)$的乘积

$$y_1(k,T)=\begin{cases}1, & k=0\\ y_1((k-1),T)\cdot p_{(1,1,\cdots,1)}, & k>0\end{cases} \tag{4-90}$$

设定状态向量$(1,1,\cdots,1)$表示所有组件都处于工作状态，一个周期T后状态向量仍为$(1,1,\cdots,1)$的概率如下

$$\begin{aligned}p_{(1,1,\cdots,1)}=&\prod_{j=1}^{n}R_j(T)+\alpha F_1(T)\prod_{j=2}^{n}R_j(T)+\cdots+\alpha^{n-1}\prod_{j=1}^{n-1}F_j(T)R_n(T)\\&+\alpha^n\prod_{j=1}^{n}F_j(T)\end{aligned} \tag{4-91}$$

其中，$R_j(T)$为组件j在t时刻的贮存可靠度，α为检测到故障的概率。

2. 隐藏故障可再次检测

在这种情况下，考虑故障在第$k-1$次检测时未被发现，在第k次检测时被发现并修复的概率，用$(z(k-1),T)$表示这一概率。

$$\begin{cases} y_1\left(k,T\right)=1, & k=0 \\ \prod_{j=1}^{n}R_j\left(T\right)+\alpha F_1\left(T\right)\prod_{j=2}^{n}R_j\left(T\right)+\cdots+\alpha^{n-1}R_1\left(T\right)\prod_{j=2}^{n}F_j\left(T\right)+\alpha^{n}\prod_{j=1}^{n}F_j\left(T\right), & k=1 \\ y_1\left(\left(k-1\right),T\right)\cdot p_{(1,1,\cdots,1)}+z\left(\left(k-1\right)T\right), & k>1 \end{cases} \tag{4-92}$$

$$z\left(\left(k-1\right),T\right)=y_{0,1,\cdots,1}\left(\left(k-1\right),T\right)\alpha\prod_{j=2}^{n}R_j\left(T\right)+\cdots+y_{0,0,\cdots,1}\left(\left(k-1\right),T\right)\alpha^{n-1}R_n\left(T\right)+$$
$$\left(y_{0,1,\cdots,1}\left(\left(k-1\right),T\right)\prod_{j=2}^{n}F_j\left(T\right)+\cdots+y_{0,0,\cdots,1}\left(\left(k-1\right),T\right)F_n\left(T\right)+y_{0,0,\cdots,0}\left(\left(k-1\right),T\right)\alpha^{n}\right) \tag{4-93}$$

由于模型中有 n 个组件，组件状态 $x_i\left(i=1,2,\cdots,n\right)$ 有 0 和 1 两种状态，那么 $y_{0,1,\cdots,1}\left(\left(k-1\right),T\right)$ 为组件在 $\left(k-1\right)T$ 时刻处于 $\left(0,1,\cdots,1\right)$ 状态时系统失效的概率。

对于难以确切地计算区间可用度的问题，可通过蒙特卡罗方法[69]或离散事件仿真[68, 72]来评估具有多组件、复杂失效模式和维护过程的贮存系统区间可用度。

4.7.4　单组件贮存系统的最优检测策略

上一节介绍了单组件贮存系统的瞬时可用度和多组件贮存系统的区间可用度。像安全气囊这样的贮存系统，需要确保不论贮存时间多长，其功能在整个寿命周期内都能随时成功执行。然而，在贮存过程中，系统的某些电子和电气组件随着时间推移而退化，贮存系统可能无法执行其所需的功能[73, 74]。因此，对于单组件贮存系统，为了确保贮存系统在整个寿命周期内较高的贮存可用度，与维护相关的操作(小修、维护和更换)的实施至关重要。然而，贮存系统的状态只有在系统运行或检测时才能观察到，因此定期或连续检测是观察贮存系统以及与其具备相同性质的备件系统[75, 76]、安全系统[77]、保护系统[78]、隐藏故障[62, 63]或贮存系统状态并评估其退化状况的有效方法。Nakagawa[29]总结了具有备用组件系统的检测模型。Nakagawa 和 Mizutani[79]回顾了三种有限时间范围内的检测模型：定期检测、序贯检测和渐近检测。

对于贮存系统，Ito 和 Nakagawa[80]考虑了具有两组件贮存系统的定期检测策略。定期对系统进行检测，直至系统可靠度小于或等于预定值 q，此时对系统进行检修。每次检测后，组件 1 维护至全新状态，组件 2 的故障率保持不变，由此可以得到使平均成本(包括检测和检修成本)最小的最优检测时间。Ito 等[81, 82]的研究认为组件 2 由组件 2-1 和组件 2-2 组成，在检测时组件 2-1 进行更换，但组件 2-2 没有更换。期望总成本包括检测成本和停机时间(故障与检测之间的时间)成本，它被认为是确定最优检测区间的优化准则。随后，Ito 和 Nakagawa[81]假设系统在检测时间点或可靠度低于 q 时进行预防性更换。在 Ito 等[82]的定期检测策略中，假设组件 2 具有两类失效率函数，其中一个失效率函数随时间退化，另一个失效率函数在每次检测时退化。Ito 和 Nakagawa[83]通过考虑预期成本率模型进一步扩展了上述模型。然后，他们能够得到基于最长检修时间和最小预期成本率的最优检测时间。Cui 等[70]推导出了单组件贮存系统定期检测下的瞬时可用度和极限平均可用度模型。Kitagawa 等[84]提出了多组件贮存系统的定期检测策略。当检测到故障时，对组件进行小修，当检测到第 n 次故障时更换所有组件。Kitagawa 等[67]提出并比较了基于故障次数和定期策略的策略，用于带有定期检测策略的单组件贮存系统。

然而，在检测过程中，每次进行维护操作后，组件的寿命都会发生变化，这与每个组件的维护模式息息相关。基于这些信息，可确定下一次检测的时间。因此，对于一般分布模型来说，非周期检测更为适合。Nakagawa 等[85]假设系统随着年龄的增长而退化，故障时间服从一般分布函数。他们通过考虑随机运行时间，总结了两种检测策略，即周期性检测策略和序贯检测策略。之后提出了系统在完成第 n 次工作时进行检测的检测策略。Yun 等[68]建立了区间可用度模型，并获得了周期性检测策略下的最优检测区间。此外，针对一般分布函数，采用仿真方法评估非周期策略下的区间可用度和寿命周期成本。Kitagawa 等[56]也制定了定期和非定期检测策略下的预期成本率和平均可用度。

考虑到检测效果，检测可以分为完美检测和不完美检测。在现有的大多数检测模型中，均假设检测是完美的，能够识别出所有系统故障。然而，在实际应用中，不完美检测是行业中的常态。由于操作失误、检测设备老化等不确定因素，检测报告可能给出错误的结果。在不完美检测中，某些故障可能未被识别，而某些正常运行的系统被误判为故障；针对这种情况，一些学者已在其检测模型中考虑到了这种现实可能性，比如 Kaio 和 Osaki[86]、Badia 等[87]以及 Berrade 等[78]的研究。而对于贮存系统，很少有研究在检测模型中考虑到检测误差。在 Martinez[64]及 Kim 和 Yun[65]的可用度模型中，检测错误导致某些故障在所有阶段均未被识别。Cho 和 Lee[88]提出了一种两阶段的检测策略，即通过定期的简单检测对系统进行检测。随后，如果简易检测的结果显示系统处于故障状态，则进行精确检测以确认系统的最终状态。在简易检测中考虑了两种类型错误的概率：一种是运行系统可能以恒定概率 $a(0 \leqslant a \leqslant 1)$ 误判为故障，另一种是故障以恒定概率 $b(0 \leqslant b \leqslant 1)$ 保持不被识别。

本节对贮存系统的检测策略进行了总结、分类和比较。表 4-7 列出了从多个现有最佳检测模型总结出的单组件贮存系统的各种检测策略，其中 Yun 等[68]研究了有限时间跨度内具有两种类型组件的贮存系统的检测策略问题，其中第 1 类组件在检测时进行维护，第 2 类组件在预定时间内进行更换。当第 1 类组件的故障时间服从指数分布时，他们提出了一种启发式方法来确定满足目标区间可用度的最优检测区间。而在第 1 类组件的失效时间服从不同分布的情况下，他们提出了一种基于仿真的遗传算法搜索贮存系统的全局最优检测时间点。后来，Yun 等[68]考虑用 γ 过程来模拟第 2 类组件的退化过程，并采用 γ 桥抽样方法来模拟 γ 过程的故障随机发生时间。Zhao 和 Yun[69]提出了一种基于定期检测的不完美检测模型，继而推导了故障识别概率 α 为恒定值的区间可用度模型和寿命周期成本模型，并将其作为确定检测区间的优化准则。同时，他们提出了利用蒙特卡罗方法估计大型系统区间可用度和寿命周期成本，并且提出了一种寻找最优解的启发式算法。

表 4-7　单组件贮存系统的最优检测模型研究综述

文献	系统结构	检测策略	优化准则	方法	决策变量
Kitagawa 等[66]	单一系统、单组件	周期性和非周期性的最小修复	平均可用度、期望成本率	数学建模、模拟退火	更换前的最佳故障数、最佳检测区间
Kitagawa 等[67]	单一系统、单组件	定期	平均可用度、期望成本率	数学建模	更换前的最佳故障数、最佳检测区间
Yun 等[68]	单一系统、多组件、串联结构	周期性更换、非周期性更换	区间可用度、寿命周期成本	数学建模与仿真模型、遗传算法和启发式算法	最佳检测区间
Zhao 和 Yun [69]	单一系统、多组件、串联结构	非完善、定期	区间可用度、期望成本率	数学建模和蒙特卡罗模拟	最佳检测区间、最佳检测次数
Ito 和 Nakagawa[80]	单一系统、两类组件	定期	期望成本率	数学建模	最佳检测时间、检修时间
Ito 和 Nakagawa[81]	单一系统、两类组件	定期	更换前的总预期成本	数学建模	最佳检测时间
Ito 等[89]	单一系统、三类组件	定期	期望成本率	数学建模	最佳检测时间、最佳检测次数、最佳更换次数
Ito 和 Nakagawa[83]	单一系统、两类组件	定期	检修时间预期成本率	数学建模	最佳检测时间 T^*
Cho 和 Lee[88]	单一系统、单组件	非完全周期	期望成本率	数学建模	最优检测时间 T^*、最优检测次数 N^*

本节将介绍 Kitagawa 等[66]的单组件贮存系统的定期检测策略和序贯检测策略。采用等区间（周期检测模型）或非等区间（序贯检测模型）对故障率递增（Increasing Failure Rate，IFR）的单组件贮存系统进行检测。当识别到系统故障时，对系统进行小修。在出现第 n 次故障时，系统将进行更换。其目标是找到更换前的最佳故障数量和使预期成本率最小化的检测区间。

1. 最小修复的周期检测策略

确定更换之前的最佳检测区间和最小维护次数，从而最小化预期成本率，并确定平均可用度。下面给出定期检测下的平均可用度和期望成本率

$$A_{\mathrm{av}}(n,T)=\frac{\sum_{l=1}^{n}\mu^{(l)}}{(T+m_I)\sum_{l=1}^{n}\sum_{k=0}^{\infty}\bar{F}^{(l)}(kT)+(n-1)m_R+m_P} \tag{4-94}$$

$$C(n,T)=\frac{C_I\sum_{l=1}^{n}\sum_{k=0}^{\infty}\bar{F}^{(l)}(kT)+(n-1)C_R+C_P}{(T+m_I)\sum_{l=1}^{n}\sum_{k=0}^{\infty}\bar{F}^{(l)}(kT)+(n-1)m_R+m_P} \tag{4-95}$$

其中，C_I、C_R 和 C_P 分别为检测、最小维修和更换的成本；m_I、m_R 和 m_P 分别为检测、最小维修和更换所需花费的平均时间；$\mu^{(l)}$ 表示系统第 $l-1$ 次失效和第 l 次失效之间的平均运行时间。

对于故障发生服从威布尔分布的定期检测策略，设 T^* 为得出最大平均可用度的检测区间，当 $T>T^*$ 时，期望成本率单调递减。设 T_1 和 T_2 为满足 $A_{\mathrm{av}}(n,T_1)=A_{\mathrm{av}}(n,T_2)=A_T$ 和 $T_1<T_2$ 的检测区间。对于给定的 n，Kitagawa 等提出了一种寻找最优 T^* 的启发式方法：

(1) 使用黄金分割法获得 T^*；

(2) 如果 $A_{\mathrm{av}}(n,T^*)<A_T$，则最优解不存在；否则，则可以得到 T_1、T_2 和 $C(n,T_2)$；

(3) 使用下降法求出 $[T_1,T^*]$ 区间内的最小期望成本率，并将其与 $C(n,T_2)$ 进行比较；当最小期望成本率最低时，此时的 T 是最优解；

(4) 改变 n 的值，比较期望成本率，最终确定最优的 (n,T)。

2. 最小维修的序贯检测策略

在序贯（非周期）检测模型中，在检测到系统故障时，对系统进行最小维修

(小修)。$T^{(1)},\cdots,T^{(n)}$是最小维修之间的检测区间，当第n次故障被检测到时系统被更换。如果系统的失效时间服从尺度参数为η、形状参数为$\beta(\beta>1)$的威布尔分布且系统故障可以立即被检测到，则第$l-1$次故障和第l次故障之间的平均运行时间为

$$\mu^{(l)}=\int_0^\infty\frac{\left[H(t)\right]^{l-1}}{(l-1)!}\mathrm{e}^{-H(t)}\mathrm{d}t=\frac{\eta}{\beta}\frac{\Gamma(l+1/\beta-1)}{\Gamma(l)} \tag{4-96}$$

其中，$H(t)$为累积风险率函数。

系统的平均可用度和期望总成本率如下

$$A_{\mathrm{av}}\left(T^{(1)},\cdots,T^{(n)}\right)=\frac{\sum\limits_{l=1}^{n}\mu^{(l)}}{\sum\limits_{l=1}^{n}\sum\limits_{k=0}^{\infty}\left\{\left(T^{(l)}+m_I\right)\overline{F}^{(l)}\left(kT^{(l)}\right)\right\}+(n-1)m_R+m_P} \tag{4-97}$$

$$C\left(T^{(1)},\cdots,T^{(n)}\right)=\frac{C_I\sum\limits_{l=1}^{n}\sum\limits_{k=0}^{\infty}\overline{F}^{(l)}\left(kT^{(l)}\right)+(n-1)C_R+C_P}{\sum\limits_{l=1}^{n}\sum\limits_{k=0}^{\infty}\left\{\left(T^{(l)}+m_I\right)\overline{F}^{(l)}\left(kT^{(l)}\right)\right\}+(n-1)m_R+m_P} \tag{4-98}$$

为了得到最优的n和$T^{(1)},\cdots,T^{(n)}$，采用了模拟退火算法，对于一个固定的n来说，具体过程如下：

(1)选择一个满足$A_{\mathrm{av}}\geqslant A_T$的初始解$\left\{T^{(1)},\cdots,T^{(n)}\right\}$，并计算其期望成本率；

(2)在现有检测区间+3.0范围内随机改变检测区间；

(3)计算期望成本率和平均可用度；如果最新得出的可用度满足$A_{\mathrm{av}}\geqslant A_T$，并且最新得出的期望成本率低于前一个计算得出的期望成本率，则更新解决方案；但是，如果最新得出的可用度满足$A_{\mathrm{av}}\geqslant A_T$，并且最新得出的期望成本率比前一个计算得出的期望成本率更大，则以概率$\exp(-D/t)$更新解决方案，其中t为温度，D为期望成本率的差值；如果上述条件均不符合，即最新得出的可用度满足$A_{\mathrm{av}}<A_T$，则拒绝新的解决方案；

(4)如果连续重复 200 次，解决方案没有任何改善，则将当前解决方案确定为最优解；否则，令t乘以0.95(几何冷却计划)，然后转到步骤(2)；

(5)改变n的值，比较期望成本率，最终确定最优的$\left(n,T^{(1)},\cdots,T^{(n)}\right)$。

4.7.5　多组件贮存系统的最优检测策略

本节介绍多组件贮存系统的定期检测策略和序贯检测策略。采用等区间(周期检测模型)或非等区间(序贯检测模型)对多组件贮存系统进行检测。在多组件贮存系统中会根据预先指定的条件进行组件的更换，例如，在周期性的 NT 时间内进行更换，以维持高可用度。目标是确定满足目标可用度且最小化期望成本率的检测区间。

1. 定期检测策略

Ito 和 Nakagawa[80]提出了一个多组件贮存系统的基本检测优化模型，他们认为贮存系统包括两种类型的组件，且组件 i 有累积故障函数 $H_i(t)(i=1,2)$ 。该系统按照时间 $NT(N=1,2,\cdots)$ 进行检测和维护，当系统可靠度小于或等于 q 时进行检修。第一类组件在每一个 NT 后进行维护并恢复至完好状态，第二类组件则不会进行维护，即在任何检测后其故障率均保持不变。

下面通过考虑检测和检修成本，可以推导出期望成本率。根据预先要求的系统可靠度 q ，可以求出使期望成本率最小的最优检测区间 T 和检测次数 N 。检修时间为 $NT+t_0$ ，其中 t_0 应该满足 $t_0(0<t<T)$ 且 $\exp[-H_1(t_0)-H_1(t_0)]=q$ 。期望成本率 $C(T)=Nc_1+c_1/NT+t_0$ ，使期望成本率最小的最优检测区间 T 应满足上述方程。Ito 和 Nakagawa[89] 提出了对一种针对含有两种类型组件的贮存系统的定期检测策略，其中第一类组件在每次检测时间点都会进行故障检测和维护，而第二类组件则不进行任何检测和维护。系统在发生故障或其可靠度低于预定可靠度时进行更换。Ito 等[82]则进一步考虑了包含三种类型组件的贮存系统，其中第一类组件在每次检测时进行维护；第二类组件在每次检测时不进行维护，但在第 n 次检测后进行更换；第三类组件不会进行任何维护或更换。Ito 和 Nakagawa[83] 考虑了电源通断周期对贮存系统故障率退化的影响。

Yun 等[68]假定第一类组件的故障时间服从指数分布和一般分布，第二类组件随着时间逐渐退化并在预定时间点更换。他们提出了两种优化模型来确定有限时间区间内的最佳检测区间，同时在对第一类组件的故障时间采用指数分布和串联结构的假设下，推导出了区间可用度。因此，系统故障率是第一类组件的所有故障率之和 λ_s 。在一个检测区间 T 内的预期正常运行时间为

$$\int_0^T t\lambda_s \mathrm{e}^{-\lambda_s t}\mathrm{d}t + T\mathrm{e}^{-\lambda_s T} \tag{4-99}$$

假设 t_a 和 t_b 是分别为系统没有组件失效时的运行时间和系统至少有一个组件失效时的运行时间。一个检测周期的预期总时间为

$$T+t_a\mathrm{e}^{-\lambda_s T}+t_b\left(1-\mathrm{e}^{-\lambda_s T}\right) \tag{4-100}$$

因此，区间可用度 $A(0,T)$ 是在一个检测区间 T 内期望正常运行时间的比例，可表示为

$$A(0,T)=\frac{1-\mathrm{e}^{-\lambda_s T}}{\lambda_s\left[T+t_a\mathrm{e}^{-\lambda_s T}+t_b\left(1-\mathrm{e}^{-\lambda_s T}\right)\right]} \tag{4-101}$$

他们的目标是在给定第二类组件更换次数的情况下确定最佳检测区间，并使用启发式程序获得满足目标区间可用度的检测区间。启发式过程如下：

(1) 输入组件的可靠度和可维护性数据，并设定目标区间可用度 A_T；

(2) 生成初始检测计划，仅包含第二类组件的替换次数；

(3) 获得当前检测计划的区间可用度 A_k（对于所有 k），可以参见式(4-101)；

(4) 如果 $A_T \leqslant A_k$ 对于所有 k 均成立，则终止该程序；

(5) 如果 $A_T > A_k$ 对于一部分 k 成立，则在不满足目标区间可用度的检测周期中选择最长的周期，然后转到步骤(4)；

(6) 在检测周期中再添加一个检测点，然后返回步骤(3)。

2. 序贯检测策略

Yun 等[43]探讨了多组件贮存系统的非周期性(序贯)检测优化问题，其中第一类组件的故障和修复时间均服从一般分布，在检测时间点对随时间呈现退化特征的第二类组件进行预防性维护，并使用年龄缩减因子建模第一类组件在检测时间点进行维护和预防性维护后的寿命。因此需构建非周期性检测策略模型。期望寿命周期成本由总检测成本 IC 、第一类组件(i=1,2,…,N_1)的总维护成本 CM 、第二类组件(j=1,2,…,N_2)的总更换成本 RM 和惩罚成本 P_l 组成。目标函数表示为

$$\begin{gathered}\text{Min }\mathrm{TC}_l=\mathrm{IC}+\sum_{i=1}^{N_1}\mathrm{CM}_i+\sum_{j=1}^{N_2}\mathrm{RM}_j+P_l\\ \text{s.t } A_{\mathrm{lk}}\geqslant A_T\end{gathered} \tag{4-102}$$

其中，A_T 为目标可用度，替代方案或备用方案 l 的惩罚成本 $P_l=\mathrm{TC}_l\times(A_T-A_{\mathrm{lk}})\times\omega$($\omega$ 为权重因子)，惩罚成本被考虑到遗传算法(Genetic Algorithm，GA)的适应度值中。

采用启发式算法和遗传算法的融合方法生成备选方案。利用启发式算法更新由遗传算法得到的备选方案，即延长检测区间直到满足目标区间可用度。算法过程如下：

(1) 输入仿真数据，并设置目标区间可用度；

(2) 通过遗传算法生成检测区间的备选方案，并通过离散事件仿真估计相应

的备选方案下的区间可用度和寿命周期成本；

(3) 检测每一个检测区间的区间可用度是否满足目标区间可用度；如果不满足，返回步骤(2)；否则，采用启发式算法更新备选检测区间；

(4) 从全局最优解中生成统计信息。

3. 考虑预防性维护的序贯检测策略

在 Yun 等[68]考虑的多组件贮存系统中，同样由两类组件构成：第一类组件随机失效，且采用故障率递增的威布尔分布模型来描述其失效时间[72]；第二类组件性能会随着时间的推移而退化，γ 过程被用于构建其退化过程。每一类组件中都包含多个独立同分布组件。与之前模型不同的是，该模型在考虑对性能逐渐退化的贮存系统采用序贯检测策略的基础上，追加考虑第一类组件的随机故障和对超过故障阈值的第二类组件将进行纠正性维护，同时考虑对第一类组件采用基于年龄的预防性维护策略，而对第二类组件则采用基于状态的预防性维护策略[90]。

检测与维护策略具体总结如下：

(1) 在 $t_p\left(p=1,2,\cdots\right)$ 时刻对贮存系统进行序贯检测；

(2) 当在检测中检测到第一类组件的随机故障或第二类组件 j 的退化程度超过预定的故障阈值时，进行纠正性更换；

(3) 当第一类组件的使用年限超过预防性更换阈值或者检测时第二类的退化程度超过给定的预防性维护阈值时，进行预防性更换。

采用区间可用度以及寿命周期成本作为确定最佳决策变量(贮存系统检测时间、第一类组件的预防性更换年龄和第二类组件的预防性维护阈值)的优化准则。全寿命周期成本包括了系统的单次检测成本(C_I)、组件 $i\left(i=1,2,\cdots,N\right)$ 的纠正性维护成本(C_{CM}^i)和预防性维护成本(C_{PM}^i)。其目标方程是确定每一个检测区间均在满足系统目标区间可用度(A_T)的限制条件下，最小化系统全寿命周期成本 $E\left[\mathrm{LC}\right]$ 的决策变量。优化模型如下

$$\begin{gathered}\operatorname{Min} E\left[\mathrm{LC}\right]=C_I\times\mathrm{TI}+\sum_{i=1}^{N}\left\{\left(C_{\mathrm{CM}}^i\times E\left[\mathrm{CM}_i\right]\right)+\left(C_{\mathrm{PM}}^i\times E\left[\mathrm{PM}_i\right]\right)\right\}\\ \text{s.t } \mathrm{AI}_p\geqslant \mathrm{AI}_T,\ \ \forall p\end{gathered}\tag{4-103}$$

其中，TI 是检测总次数，AI_p 是第 p 个周期的区间可用度。

针对该优化检测模型，Yun 等[68]提出了一种结合仿真技术的混合遗传算法，用于确定最优决策变量。在该混合遗传算法中，首先通过遗传算法生成决策变量的候选解，然后采用启发式算法进一步调整所生成的候选解。为了评估这些候选解的优劣，他们使用离散事件仿真估计区间可用度以及寿命周期成本，并将其作

为候选解的适应度评价标准。此外。在仿真中，γ 桥抽样方法被用于模拟描述第二类组件的退化过程。最终，生成全局最优解，流程如下：

(1) 输入仿真数据，设置目标可用度；

(2) 采用带有启发式算法的混合遗传算法生成候选解；

①通过遗传算法生成检测区间、第一类组件的预防性更换年限和第二类组件的预防性维护阈值；

②采用启发式算法提高备选方案的区间可用度；

(3) 通过仿真估算区间可用度和寿命周期成本；

①如果 $\mathrm{AI}_p \geqslant A_T$ 对于所有 p 均成立，则将当前最优解设置为全局最优解，并终止此过程；

②如果 $\mathrm{AI}_p \geqslant A_T$ 至少在一段时间内成立，则返回到步骤 (2) 以生成新的备选方案。

4.7.6 贮存系统抽样检测策略

抽样检验是一种常见的质量管理技术，主要通过从总体随机抽取样本，依据样本中不合格的数量来判断是否是接受或拒绝总体。对于像导弹这样的贮存系统，其状态只能通过破坏性检测来识别，而破坏性检测通常仅适用于抽样检测[91]。抽样检测可分为“按变量抽样”和“按属性抽样”。“按变量抽样”是通过连续测量系统的质量特征，如长度、质量或故障时间等指标来执行的。而“按属性抽样”是通过区分次品和非次品来进行的。“变量”与测量值的平均值有关，而“属性”则与缺陷系统的百分比相关。因此，按属性抽样适用于只产生成功或失败数据的破坏性检测场景。例如，在进行贮存系统的破坏性试验时，采用按属性抽样的方法来确定总体是被接受还是被拒绝。这种按属性抽样方法在工业生产寿命周期的质量控制中得到了广泛应用。同时，为了优化产品抽样方案并确定可接受的品质标准，研究者们提出了多种方法[92, 93]。例如，Balamurali 等[94]利用重抽样概念提出了一种新的跳批抽样计划 (Skip-Lot Sampling Plan)。跳批抽样在连续 i 个正常批次被接受时开始，在批次被拒绝时结束。然后，在接受 k 个连续抽样批次后，当批次被拒绝时，执行重新抽样过程。Sohn 和 Jang[95]设计了一个单一的抽样方案，该方案结合了设备退化检测的结果。Suresh 和 Umamaheswari[96]提出了一种新的加权风险技术程序，该程序被用于具有重复抽样计划的跳批抽样设计。

为了获得最优抽样方案，学者们探讨了多个系统性能评估标准作为优化准则。Fernandz[91]在消费者和生产者风险有限的情况下，获得了使预期超额成本最小化的单位缺陷的最优验收计划。Shin 等[97]提出了小样本检验方案，可以满足贮存系统的需求质量水平和置信度、性能检测的次数最少。Byun 等[98]以最少的性能检测次数获得了满足需求质量水平和置信水平的有限种群制导武器抽样检验计划。Aslam 等[99]以双抽样方案为参考方案，对 SkSP-V 型抽样方案进行了优化设计。在满足规定的生产者风险和消费者风险的情况下，确定了使平均样本数最小的最优参数。Al-Salamah[100]考虑了破坏性和非破坏性检测的样本量，获得了使年预期净利润最大化的最佳批量。Phelps[101]将每批生产的期望收益最大化作为优化准则，并使用贝叶斯定理来推断 x 批抽样时前 $x-1$ 批每批的工艺状态，他们采用 Hsu[102]提出的算法来获得最优样本量和验收批号。

由于贮备系统的特殊运行特性，它们可能在检测间隔期间突然执行任务（例如，在火灾中紧急使用灭火器）。因此，必须考虑贮存区间的可用度[45, 68]作为评价系统性能的指标。对于给定的总体，通过尽可能多的抽样可以减少未检测到的故障，从而提高系统的区间可用度。然而，过多的抽样会带来额外的经济负担。特别是对于像制导武器这样的贮存系统，破坏性检测非常昂贵。样本大小在很大程度上影响检测成本和区间可用度，这就需要使用尽可能少的样本，以减少昂贵的检测成本，同时保持较高的系统区间可用度。

除了抽样大小之外，按属性抽样还涉及另一个重要参数，即接受数，它指的是样本中允许的最大失败数，它决定了总体是被接受还是被拒绝。相对较高的接受数增加了总体被拒绝的概率，继而系统的区间可用度增加，相应的检测成本增加。相反，相对较低的可接受数增加了总体中未检测到的故障数量，降低了区间可用度，同时也减少了相应的检测成本。因此，需要制定一个有效的抽样计划，既能最小化检测和维护成本，又能保证预定的区间可用度。例如，Shin 等[97]提出了小样本检验计划，该计划可以满足一次性系统的需求质量水平和置信度，且性能检测次数最少。表 4-8 给出了该优化模型相关符号说明。

表 4-8　贮备系统维护优化模型相关符号说明

符号	说明
N	系统总体数量
T	贮存周期长度(检测区间)
n	样本数量($n \leqslant N$)
K	可接受的最低工作系统数量($k \leqslant N$)
Q	检测区间数量($q = 0,1,2\cdots,Q$)
N_q	第 q 次贮存前的工作系统数量
s_q	第 q 次贮存后的工作系统数量

续表

符号	说明
c_s	每个周期的检测操作的准备成本
c_i	每个系统的检测成本
c_r	每个系统的更换或维护成本
A_T	目标区间可用度
$R(T)$	系统可靠度
$E\left[A_{av}\left(T_Q\right)\right]$	期望区间可用度
$E\left[C\left(T_c\right)\right]$	期望成本率
$E[Q]$	总体期望更换时间点

假设系统在 $qT(q=1,2,3,\cdots)$ 时刻定期进行瞬时破坏性检测。在每次破坏性检测中，从贮存的 N 个独立的系统中随机选择 n 个贮备系统，通过破坏性试验来估计经过长期贮存的 N 个系统中仍在工作的系统的数量。当工作系统的数量等于或大于预先指定的阈值 k 时，只有 n 个经过破坏性检测的系统被替换为新系统；否则，将替换 N 个贮备系统，如图 4-8 所示。

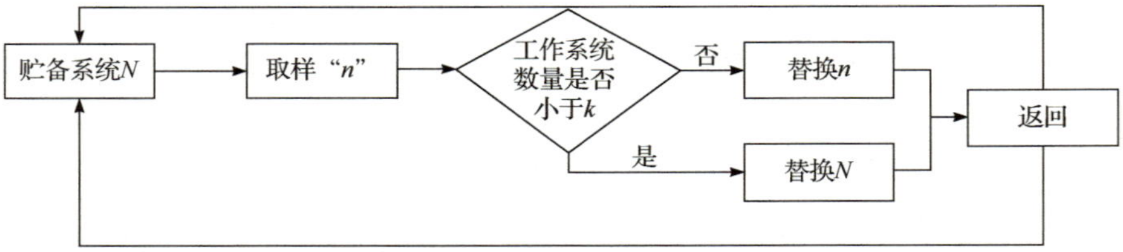

图 4-8　贮备系统的抽样(取样)过程流程图

图 4-9 给出了抽样过程中参数 (N,s,n,x) 的关系。对 N 个相同且独立的系统进行破坏性检测，每个系统要么失效，要么正常。每个系统在贮存时间 T 内存活的概率是一致的，表示为 $p(t\geqslant T)$。

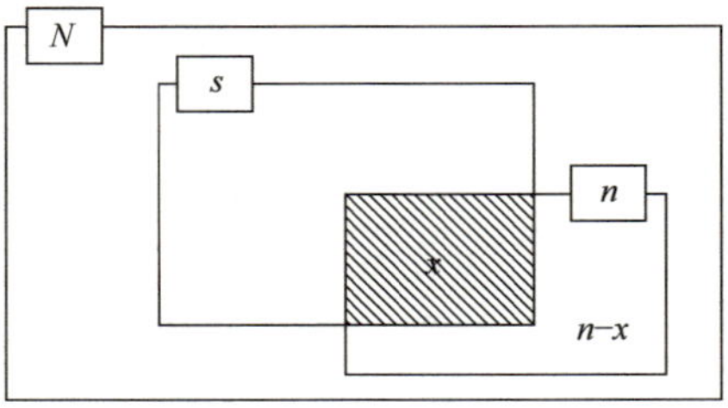

图 4-9　抽样过程中参数的关系示意图(第一次贮存后)

在贮存时刻 $qT(q=1,2,3,\cdots,Q)$，s_q 是 n 次符合伯努利过程的破坏性检测后仍正常运行系统的数量，其成功概率为 p。$s_q\left(s_q=N_q\cdot P(t\geqslant T)\right)$ 是 N_q 个工作系统的平均值，其中 N_q 表示第 q 次贮存前仍在工作的贮存系统数量。

在下一次贮存之前，大小为 N_q-n 的可接受批次将平均包含 $N_q-s_q-(n-x)$ 个失败系统，其中 x 表示抽取的样本中可接受的系统数量。如果在随机抽样中没有选择这些失败的系统，则无法检测到它们，并且这些系统保持在失效状态。设 X 为随机变量，表示大小为 n 的样本中可接受的工作系统数量。假设检测到的故障系统修复后被放回到总体中。贮存系统的总体是有限的，选择至少 k 个工作系统进行周期性破坏性检测的概率可由下式计算

$$P(x)=\sum_{x=k}^{n}P(X=x)=\sum_{x=k}^{n}\frac{\begin{pmatrix}s_q\\x\end{pmatrix}\begin{pmatrix}N_q-s_q\\n-x\end{pmatrix}}{\begin{pmatrix}N_q\\n\end{pmatrix}} \tag{4-104}$$

$$\max\left\{k,n-N_q+s_q\right\}\leqslant x\leqslant\min\left\{s_q,n\right\},\quad q=0,1,2,\cdots,Q$$

单次工作系统的数量服从二项分布，失效概率为 $F(t)$，失效时间服从指数分布。从 N_q 开始的 T 时刻，s_q 存活的概率如下

$$P(s_q)=\begin{pmatrix}N_q\\s_q\end{pmatrix}\left\{1-\mathrm{e}^{-\lambda T}\right\}^{N_q-s_q}\left\{\mathrm{e}^{-\lambda T}\right\}^{s_q} \tag{4-105}$$

假设整个系统在第一次贮存之前处于工作状态，即当 $q=0$ 时，有 $N_q=N$。每次抽样检测后，总体将被接受或拒绝。因此，在第 q 次检修后，有两种情况计算 $N_{q+1}(q>0)$。在情况 1 中，在种群被拒绝后，替换 N 个系统，且 $N_{q+1}=N$。而在情况 2 中，有 s_q 个系统在 $\left[qT,(q+1)T\right]$ 时间内存活，并且在系统被接受时 $(x\geqslant k)$ 替换 n 个样本。在下一次贮存之前，种群中工作系统的数量为 s_q+n-x，如图 4-10 所示。

第 q 次检验后 N_q 个系统中工作系统的数量是重要的，它影响第 $q+1$ 次检验时间的抽样检验。设 m 为第 $q+1$ 次贮存前的工作系统数，则可从 s_q 中选择工作系统数 x 为 s_q+n-m。对于给定的 N_q，可计算出期望工作系统数 N_{q+1}，并表示为

$$N_{q+1}=m\cdot P\left(N_{q+1}=m|N_q\right)+N\cdot P\left(N_{q+1}=N|N_q\right) \tag{4-106}$$

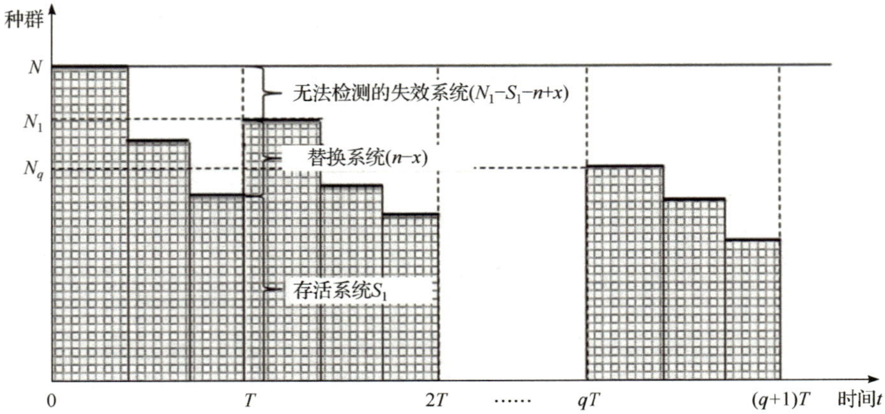

图 4-10　N_q 个工作系统在 $\left[qT,(q+1)T\right]$ 区间内的正常运行时间

在 $q+1$ 次贮存之前，N_{q+1} 个工作系统个数为 N 和 m 的概率分别为

$$\begin{cases} P\left(N_{q+1}=N|N_q\right)=\sum\limits_{s_q=0}^{N_q}\sum\limits_{x=0}^{k-1}\dfrac{\dbinom{s_q}{x}\dbinom{N-s_q}{n-x}}{\dbinom{N}{n}}\dbinom{N_q}{s_q}\left\{1-\mathrm{e}^{-\lambda T}\right\}^{N_q-s_q}\left\{\mathrm{e}^{-\lambda T}\right\}^{s_q} \\ P\left(N_{q+1}=m|N_q\right)=\sum\limits_{s_q=0}^{N_q}\dfrac{\dbinom{s_q}{s_q+n-m}\dbinom{N-s_q}{m-s_q}}{\dbinom{N}{n}}\dbinom{N_q}{s_q}\left\{1-\mathrm{e}^{-\lambda T}\right\}^{N_q-s_q}\left\{\mathrm{e}^{-\lambda T}\right\}^{s_q} \end{cases} \tag{4-107}$$

其中，$\max\left\{s_q,n\right\}\leqslant m\leqslant\min\left\{N,s_q+n-k\right\}$，令 $W(t)$ 表示时刻 t 的工作系统数量。定义区间可用性为 N_q 个贮备系统在时间区间 $\left[qT,(q+1)T\right]$ 内的平均正常运行时间比例[65]，由式（4-108）给出

$$A_{\mathrm{av}}\left(qT,(q+1)T\right)=\frac{\int_{qT}^{(q+1)T}E\left[W(t)\right]\mathrm{d}t}{NT}=\frac{\int_{qT}^{(q+1)T}N_q\cdot T\cdot R(T)+N_q\cdot t\cdot f(t)\mathrm{d}t}{NT} \tag{4-108}$$

假设系统的寿命服从指数分布，则可得到 $\left[qT,(q+1)T\right]$ 区间内的区间可用性为

$$A_{\mathrm{av}}\left(qT,(q+1)T\right)\begin{cases}\dfrac{1-\mathrm{e}^{-\lambda T}}{\lambda T}, & q=0\\ \dfrac{N_q\left(T\cdot\mathrm{e}^{-\lambda T}+\left(-(q+1)T+\dfrac{1}{\lambda}\right)\mathrm{e}^{-\lambda(q+1)T}+\left(qT+\dfrac{1}{\lambda}\right)\mathrm{e}^{-\lambda qT}\right)}{NT}, & q>0\end{cases} \tag{4-109}$$

假设在 QT 时间点检测后工作系统的数量小于 k，整个系统进行更换，可以将更换之间的时间区间视为一个更新周期，即时间 QT，期望区间可用性表示为

$$A_{\text{av}}\left(T_Q\right)=E\left[\frac{\sum_{q=1}^{Q-1}A_{\text{av}}\left(qT,(q+1)T\right)}{Q}\right] \tag{4-110}$$

预期成本由每次检测的检测设置成本 $c_f\times E[Q]$、第 n 个系统的破坏性试验成本 $c_s\times n\times E[Q]$、直到第 $E[Q]-1$ 次检验的第 n 个系统的修复成本 $c_r\times n\times\left(E[Q]-1\right)$、$QT$ 时刻 N 个系统的更换成本 c_rN 组成。直到发生更换的期望成本率 $C\left(T_c\right)$ 为

$$C\left(T_c\right)=\frac{\left(c_f+c_s\times n\right)\times E[Q]+c_r\times n\times\left(E[Q]-1\right)+c_rN}{E[Q]} \tag{4-111}$$

由式(4-109)和式(4-110)可知，对于所有 q，N_q 是相关的。只有当 N_{q-1} 已知时才能计算出 N_q。另外，Q 是一个随机变量，它也依赖于 N_q。很难确定期望区间可用度和期望成本率的封闭形式，因此使用蒙特卡罗模拟来评估期望成本率和期望区间可用度。

该问题的目标是找到最优的抽样计划，最小化期望成本率，并满足目标区间的可用度。一种确定全局解 $\left(N^*,K^*\right)$ 的启发式方法的步骤概述如下：

(1) 初始化系统和抽样计划变量，使 $T=\text{MTBF}$ (贮备系统的 MTBF)，抽样数 $n=1$，验收数 $k=n$；

(2) 通过仿真方法估计期望区间可用度 $A_{\text{av}}(T)$ 和期望成本率 $C\left(T_c\right)$；如果 $A_{\text{av}}(T)\geqslant A_T$，执行步骤(3)；否则，执行步骤(4)；

(3) 选择 n 和 k 作为候选解，若 $k=1$，则转步骤(2)；否则，令 $k=k-1$ 并转至步骤(2)；

(4) 确认 n，若 $n>1$，则执行步骤(5)；否则，执行步骤(6)；

(5) 确认预期成本率，如果 $C\left(T_c,k,n\right)>C\left(T_c,k,n-1\right)$，执行步骤(7)；否则，执行步骤(6)；

(6) 令 $n=n+1$，重置 $k=n$ 并执行步骤(2)；

(7) 选取使 $C\left(T_c,k^*,n^*\right)$ 最小的 k^* 和 n^* 作为最优解，并终止此过程。

4.8 本章小结

本章主要介绍了几种常见的检测模型，涵盖了无更换检测、基于延迟模型的预防性维护间隔、周期性检测和序贯检测等内容。针对贮存系统，本章分别探讨了贮存可靠度、单组件的瞬时可用度模型和多组件的区间可用度模型。在此基础上，本章进一步深入分析了以可用度为约束条件的检测优化策略问题。最后，本章以可用度为目标函数，详细探讨了相应的检测优化策略，旨在为系统的维护管理提供科学的决策支持。

第 5 章 基于可用性的维护模型

维护被定义为“所有技术和相应的行政管理活动的集合，包括检测行动，旨在使一个实体（系统或设备）保持或恢复到其可执行规定功能的状态”（IEC50（191））①。维护活动的主要可靠性度量指标之一是可用度 $A(t)$ 。它表示“一个组件（在其可靠性、可维护性和维护支持的综合考量下）在规定的时刻或在规定的时间内执行其所需功能的能力”（BS4778）②。因此，通过前面章节分析可知，可用性可视为以下三个因素的函数：

（1）组件的固有可靠性，即其在正常运行条件下不发生故障的能力；

（2）组件的可维护性，即其在发生故障后能够被快速恢复至可用状态的能力；

（3）维护保障能力，即维护所需资源（如人员、工具和备件）的可用性。

基于 BS4778 中可维护性的定义“产品在规定的使用条件下，即在规定的条件下使用规定的程序和资源进行维护时，保持或恢复到可以执行其所需功能的状态的能力”，可知系统的可维护性主要取决于其设计特性，如组件的可接近性、可拆卸性及可安装性等。同时，维护保障能力受多种因素影响，包括维护人员的可用性、技能水平、所使用的工具，以及备件的供应能力和质量。这些因素共同决定了维护工作的效率和系统整体的可用性。

维护管理传统上是一种逆向工程活动，因为它主要基于对设备运行状况的观察、故障分析以及历史维护数据的总结，来推导系统的潜在失效模式和优化维护策略。在许多工业应用中，设备的运行条件复杂多变，故障机理难以完全通过理论建模，因此维护管理往往依赖于对实际操作经验的归纳和分析。在这一背景下，维护决策过程高度依赖于维护人员的技术背景、机械工程教育程度以及其在实际操作中积累的经验。尽管技术经验的积累至关重要，但维护决策不应仅依赖经验判断[103]。制定维护决策时，需综合考虑众多可能相互冲突的决策标准（如成本、可靠性、可用性、安全性等）。在可能的“最佳”时间选择“最佳”维护动作是一个复杂的任务，它不仅取决于系统或各组件的当前运行状态，还受到未来运行环境的不确定因素影响。因此，建议采用建立数学模型评估维护决策的影响[36,99]。通过数学模型可以构建系统的故障演化过程，“模拟”各种维护策略，

---

① 国际电工词汇，第 191 章：可靠性和服务质量。

② 英国国家标准 BS4778：可用性、可靠性和维修性术语。

量化其影响，并分析其对系统可用度、维护成本和运营绩效的影响。此外，在某些情况下仿真技术可进一步用于优化复杂系统的维护策略，从而提高系统可用性。

5.1 维护类型与效果

维护包括预防性的(计划的)和非计划的措施，其核心目的在于确保系统维持或恢复至一个可接受的运行状态。最佳维护策略旨在以尽可能低的维护成本，提供最佳的系统可靠性和安全性。随着系统安全性和可靠性要求的提高、系统复杂性的增加，以及材料和劳动力成本的上升，适当的维护措施变得尤为重要[104]。尤其是对于一些特殊高可靠性需求的系统，如飞机、潜艇、军事系统和航空航天系统，避免故障在实际运行中尤为重要，因为这些故障可能带来灾难性的结果。在可靠性工程领域的一个核心研究方向就是分析和优化各种维护策略，以提高系统可靠性，预防系统故障发生，同时降低维护成本[105]。

在过去的几十年里，维护、更换和检测问题得到了广泛的探究。McCall[106]、Barlow 和 Proschan[107]、Pieskalla 和 Voeker[108]、Osaki 和 Nakagawa[109]、Jardine 和 Buzacott[110]、Valdez-Flores 和 Feldman[111]、Cho 和 Parlar[112]、Jensen[113]、Dekker 等[114]和 Wang[115]等学者从不同角度对这一领域的研究和应用进行了详细的综述。随着现代系统复杂性的提高，可靠性和维护面临的挑战也日益严峻。如今，许多现代系统集成了硬件和软件，其中，软件问题在电信系统领域的故障中可能占据重要比例。近年来，软件可靠性、检测和维护得到了越来越多的关注，Lyu[116]在其文献中总结了相关的重要研究成果。为了实现复杂系统的最佳维护策略，首先需要评估系统的可靠性、可用性或平均故障间隔时间(MTBF)。然而，在运用经典统计方法评估复杂大规模系统的可靠性和可用性时，常常面临着一些挑战。例如，系统的可靠性结构可能极为复杂，或者子系统可能遵循不同的故障分布。下面介绍几种常见的维护类型。

1. 预防性维护

预防性维护(Preventive Maintenance，PM)是在设备运行正常时进行的有计划的维护，旨在防止未来可能发生的故障。组件管理包括检测、调整、润滑、更换零件、校准和修理开始呈现磨损迹象的组件。PM 通常定期执行，无论功能或性能是否下降。

1) 基于寿命的维护(Age-Based Maintenance)

PM 任务是在组件的指定年龄执行的。这里的年龄可以用运行时间或其他时间概念来衡量，如汽车的累积行驶公里数或飞机的起降次数等。

2）基于时钟的维护（Clock-Based Maintenance）

PM 任务将在指定的日历时间执行。基于时钟的维护策略通常比基于寿命的维护策略更容易管理，因为维护任务可以被安排到预先设定的日历时间。

3）基于状态的维护（Condition-Based Maintenance，CBM）

PM 任务的执行将基于对组件的一个或多个条件变量的度量。当条件变量接近或超过一个阈值时，就开始进行维护。条件变量包括振动、温度和润滑油中的颗粒数等。条件变量可以连续监测或定期监测。

4）机会维护（Opportunistic Maintenance）

适用于多组件系统，在对某些组件执行维护任务或系统停机的情况下，为其他组件提供了额外的维护机会。这类维护并非针对特定组件的故障或劣化，而是利用已有的停机时间或维修窗口，对其他组件进行预防性维护。

2. 纠正性维护（Corrective Maintenance，CM）

这种类型的维护通常是在一个系统故障后进行的。纠正性维护的目的是通过修复或更换失效的组件，或通过切换冗余组件，使系统尽快恢复到正常工作状态。

3. 故障排除维护（Failure-Finding Maintenance）

这是一种特殊类型的预防性维护，包括功能性和操作性检测或测试，以验证离线功能（如保护装置或备用系统）的正常运行情况。其目的是发现已发生但尚未显现的潜在故障，尤其是影响系统安全性和可靠性的隐藏故障。故障检测任务通常按照预定的时间间隔定期执行。这种类型的维护常常不完全依赖于设备的运行时间或时间间隔，而是基于故障模式来进行检查。

值得注意的是，由于故障排除维护常被视为 PM 的一种特殊形式，很多时候，故障排除作为 PM 的一部分执行，即在定期检测中寻找潜在隐形故障，所以通常会默认维护分为两大类：纠正性维护和预防性维护。根据 MIL-STD-721B，CM 是指由于故障而执行的所有操作，以将系统恢复到指定的状态。显然，CM 是在不可预测的时间点执行的，因为一个系统的故障时间是未知的。CM 通常分三个步骤进行：问题诊断、修复或更换故障组件、验证修复动作。PM 是在系统运行时进行的维护。根据 MIL-STD-721B，PM 是指通过提供系统的检测、测试和预防早期故障来试图将系统保持在规定状态的所有操作。

维护也可以根据其措施恢复系统或设备运行状态的程度（即维护效果）进行分类。

1）完美修复或完美维护（Perfect Maintenance）

将系统运行状态恢复到“如新”的维护行为。即，经过完美维护后，系统的寿命分布和故障率函数与全新的系统相同。例如，对于连杆断裂的发动机进行彻底检修，即可视为完美维护。通常情况下，用新系统更换故障系统亦属于完美维护。

2) 最小修复或最小维修 (Minimal Repair)

将系统恢复到故障发生时的故障率水平。“最小维修”最早由 Barlow 和 Hunter[117]提出。在文献中，最小维修后的系统运行状态被称为“如旧”。例如，汽车更换爆胎就是最小修复的典型例子，因为它没有显著改变汽车的整体故障率。

3) 不完美修复或不完美维护 (Imperfect Maintenance)

将系统恢复至一个虽达不到“如新”但是比现在更“年轻”状态的维护行为。通常认为不完美维护会使系统的运行状态恢复至介于“如新”和“如旧”之间的某个状态。不完美维护是一种广义的维护方式，包含了最小维修和完美维护两种极端情况。例如，发动机调试就是一种典型的不完美维护。

4) 更差的修复或更差的维护 (Worse Maintenance)

通过维护无意中使系统故障率或实际年龄增加，但系统并未立即发生故障。经过更差修复后，系统的运行状态比故障发生前更差，但未彻底失效。

5) 最差的修复或最差的维护 (Worst Maintenance)

通过维护无意中使系统失效的维护行为。

根据上述分类，可以将 PM 的效果分为最小维修、完美维护、不完美维护、最差维护或更差的维护。同样，CM 的效果也可以分为最小维护、完美维护、不完美维护、最差维护或更差的维护。下文称不完美的 CM 和 PM 为“不完美维护”。在实际运行中，所采用的维护类型和程度取决于系统类型、成本以及可靠性和安全性要求。

大多数研究假设经过 CM 或 PM 后的系统，其状态要么恢复至“如新”（即完美维护），要么恢复至“如旧”（最小维修）。在实践中，完美维护的假设对于结构简单、只有单一组件的系统来说可能是合理的。最小维护假设可能适用于当系统的众多非关键组件中的一个被替换为新组件时的故障行为[118]。然而，许多维护活动可能不会导致这两种极端情况，而是产生一种复杂的中间状态。例如，一台发动机经过调试(作为一种 PM)后，既不会恢复至“如新”，也不会变得“如旧”。调试后，系统会变得比维护前更“年轻”，并介于“如新”和“如旧”之间的某一状态。因此，完美维护和最小维修在许多实际情况中并不完全适用，应该引入更为现实的不完美维护模型。

近年来，不完美的 CM 和 PM 在可靠性与维护领域得到了越来越多的关注。Helvik[119]认为维护的不完美性与维护人员的技能、维护程序的质量和系统的可维护性有关。显然，维护支出和可靠性要求对维护的不完美性产生重要影响。

Brown 和 Proschan[120]指出了导致不完美维护、更差或最差维护的可能原因包括：维护错误的组件、只维护部分故障组件、维护(部分或全部)故障组件、损坏了相邻组件、错误地评估被检设备的状况、维护工作没有按计划进行，即维护时机不合适。Nakagawa 和 Yasui[121]也提出了三种可能导致更差或最糟维护的原因：在维护过程中未检测到的隐性故障；人为错误，如错误调整和维护过程中造成的进一步损坏；用缺陷组件更换。根据 Brown 和 Proschan[120]的研究成果，基于计划性检测的维护策略可以分为"定期检测"和"基于年龄的检测区间"。在定期检测中，通过检测可以及时识别出现故障的组件(如备用电池、火灾探测装置等)，或者确定某个组件是否处于正常工作状态。随着设备的逐渐老化和性能退化，检测间隔可能会相应缩短。这些检查方法通常会受到由实际检查时间的随机性、检查本身的不完美性以及成本结构等因素所引发的不完美维护的影响。因此，现实有效的维护模型通常也需要考虑到检测策略的随机性特征。此外，关于最差的维护可参考 Kay[122]、Chan 和 Downs[123]的研究。5.2 节将针对完美维护(等效于更换)的情况对常见的维护策略进行一一讨论。

5.2 维 护 策 略

5.2.1 时间型维护策略

维护效果为完美维护的时间型维护策略是最简单的预防性维护和更换策略。这种策略主要采取两种行动：第一种是在每个固定的时间采取预防性更换，这种行动不考虑被更换组件或组件本身的寿命，只是在预定的时间点更换组件；第二种是故障更换，即在系统失效时更换故障的组件。该模型旨在确定预防性维护策略，并优化相关准则的参数。目前应用最广泛的准则是单位时间内的总预期更换成本，这可以通过定义一个单位时间内的总预期成本函数来实现。

令单位时间总更换成本 $c\left(t_p\right)$ 为 t_p 的函数，那么有

$$c\left(t_p\right)=\frac{\text{时间间隔}\left(0,t_p\right)\text{内期望总成本}}{\text{期望时间间隔}}$$

时间间隔 $\left(0,t_p\right)$ 内的期望总成本包含故障更换的期望总成本与预防性更换的期望总成本。在时间段 $\left(0,t_p\right)$ 内，单次预防性更换的成本为 c_p，单次故障更换的成本为 c_f，假设在该时间段内更换(或更新)的期望数量为 $M\left(t_p\right)$，该时间段的估期望长度为 t_p，则有

$$c(t_p)=\frac{c_p+c_f M(t_p)}{t_p}$$

5.2.2　基于寿命的维护策略

在基于寿命的维护策略下，系统(组件、系统)在失效时或在计划的指定运行年龄(寿命) t_0 时被更换，以先发生的为准。如果失效更换成本高于计划更换成本，并且系统的失效率呈现随着时间的增加而逐渐增加的趋势，那么采用这种策略是有合理且有意义的。

考虑一个系统在使用时间到达 t_0 时进行更换的过程，该过程是非随机的。令 T 表示系统的(潜在)失效时间。假设 T 连续，且分布函数为 $F(t)$，密度为 $f(t)$。更换故障系统所需的时间被认为是可以忽略不计，假设更换后的系统“与新的一样好”。平均更换/更新间隔时间(Mean Time Between Replacements/Renewals，MTBR)与更换年龄 t_0 的关系为

$$\mathrm{MTBR}(t_0)=\int_0^{t_0} f(t)\mathrm{d}t+t_0\cdot \Pr(T\geqslant t_0)=\int_0^{t_0}(1-F(t))\mathrm{d}t \tag{5-1}$$

注意到 $\mathrm{MTBR}(t_0)$ 总是小于 t_0，并且当 t_0 趋向于无穷大时，平均更换/更新间隔时间(MTBR)与平均失效时间(MTTF)是相等的。因此，在长度为 t 的较长时间间隔内的平均更换次数 $E_{t_0}(N(t))$ 可以近似为

$$E_{t_0}(N(t))\approx\frac{t}{\mathrm{MTBR}(t_0)}=\frac{t}{\int_0^{t_0}(1-F(t))\mathrm{d}t} \tag{5-2}$$

当系统达到 t_0，假设预防性更换的成本为 c，更换失效系统(在 t_0 之前)的成本为 $c+k$。成本 c 包括硬件购买单价和工时成本，k 为非计划更换所产生的额外成本，如生产损失。成本与时间的关系如图 5-1 所示。基于寿命的更换策略无法完全安排更换时间，因此在组件数量较多的情况下，该策略会变得愈加复杂。因为系统中每个组件的使用时间都要进行监控，并及时展开更换动作。

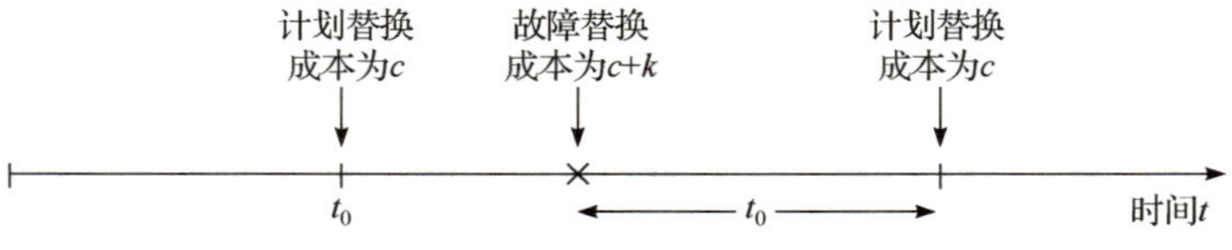

图 5-1　基于寿命的维护策略成本与时间的关系

每一个更换周期的总成本等于更换成本 c 加上每当故障发生时的额外成本 k。因此，每个更换周期的平均总成本为

$$c+k\cdot\Pr(T<t_0)=c+k\cdot F(t_0) \tag{5-3}$$

更换年龄为 t_0 的单位时间总平均成本 $C_A(t_0)$ 为

$$C_A(t_0)\cdot \mathrm{MTBR}(t_0)=c+k\cdot F(t_0) \tag{5-4}$$

因此

$$C_A(t_0)=\frac{c+k\cdot F(t_0)}{\int_0^{t_0}(1-F(t))\mathrm{d}t} \tag{5-5}$$

现在的目标是确定使 $C(t_0)$ 最小的年龄 t_0。如果式(5-5)中的 $t_0\to\infty$，可以得到

$$C_A(\infty)=\lim_{t_0\to\infty}C_A(t_0)=\frac{c+k}{\int_0^{t_0}(1-F(t))\mathrm{d}t}=\frac{c+k}{\mathrm{MTTF}} \tag{5-6}$$

当 $t_0\to\infty$ 时，这表明依据运行年龄的更换并不会发生。所有的更换均为故障更换并且每次更换的成本均为 $c+k$。更换的时间间隔为 MTTF，且式(5-5)是一个可观察的结果。比率为

$$\frac{C_A(t_0)}{C_A(\infty)}=\frac{c+k\cdot F(t_0)}{\int_0^{t_0}(1-F(t))\mathrm{d}t}\cdot\frac{\mathrm{MTTF}}{c+k}=\frac{1+r\cdot F(t_0)}{\int_0^{t_0}(1-F(t))\mathrm{d}t}\cdot\frac{\mathrm{MTTF}}{1+r} \tag{5-7}$$

其中，$r=k/c$，因此可以用来作为衡量年龄更换策略的成本效率。$C_A(t_0)/C_A(\infty)$ 的值越小，表明成本效率越高。

例 5-1　考虑一个具有尺度参数 λ 和形状参数为 α 的威布尔分布 $F(t)$。为了求得最优的更换年龄 t_0，必须找到使得式(5-5)或者式(5-7)最小的 t_0。使用式(5-7)可以得到

$$\frac{C_A(t_0)}{C_A(\infty)}=\frac{1+r\left(1-\mathrm{e}^{-(\lambda t_0)^\alpha}\right)}{\int_0^{t_0}\mathrm{e}^{-(\lambda t_0)^\alpha}\mathrm{d}t}\cdot\frac{\frac{\Gamma(1/\alpha+1)}{\lambda}}{1+r} \tag{5-8}$$

引入 $x_0=\lambda t_0$，式(5-8)可以写为

$$\frac{C_A(x_0)}{C_A(\infty)}=\frac{1+r\left(1-\mathrm{e}^{-(x_0)^\alpha}\right)}{\int_0^{x_0}\mathrm{e}^{-(x)^\alpha}\mathrm{d}x}\cdot\frac{\Gamma(1/\alpha+1)}{1+r} \tag{5-9}$$

通过解析法求式(5-9)取得最小值的 x_0 并不简单。通过将 $C_A(t_0)/C_A(\infty)$ 作为 x_0 的函数，然后函数作图可以找到最优的 x_0。如图 5-3 所示，当 $\alpha=3$ 和

$r = k / c$ 时，绘制 $C_A(t_0)/C_A(\infty)$ 的图像。从图 5-2 中可以找到最优的 x_0，从而得到最优的更换寿命 $t_0 = x_0/\lambda$，使得 $C_A(t_0)/C_A(\infty)$ 的值最小。值得注意的是，当 $C_A(t_0)/C_A(\infty) > 1$ 时，不需要进行年龄更换。年龄更换的成本率随着使用时间的增加而降低。

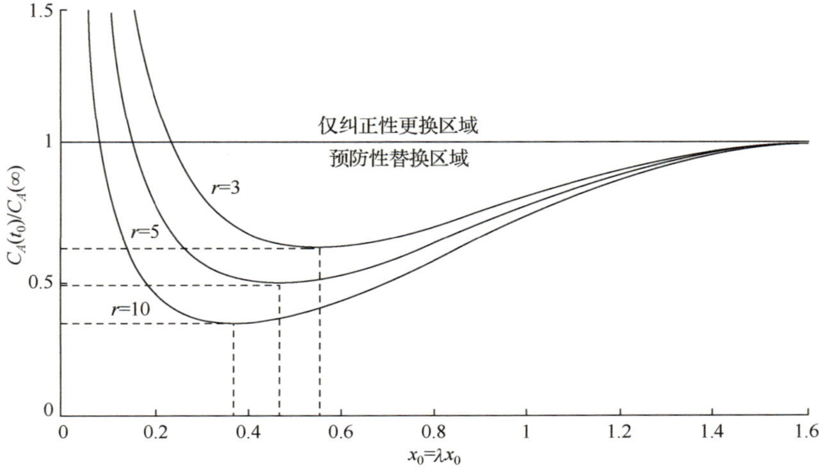

图 5-2　对于形状参数 $a = 3$ 和 $r = 3, 5, 10$ 的威布尔分布，比值 $C_A(t_0)/C_A(\infty)$ 是 x_0 的函数[30]

5.2.3　故障小修的维护策略

在维护由多个组件组成的复杂系统时，可以通过更换、修理或调整故障组件来实现系统的功能恢复。通常，这些更换、修理或调整能够使系统重新运行，但系统的故障率仍保持在故障发生前的水平，并不会因维修而降低。这种类型的维修被称为最小维修，简称为小修。所谓小修是指对系统进行轻微的修复工作，使故障的组件恢复工作，但维修后系统的寿命不变，即系统故障率函数随时间的变化规律不会因为小修而被干扰。在指定的时刻 $kT, k = 1, 2, \cdots$，仍做预防性更换，如图 5-3 所示[2]。

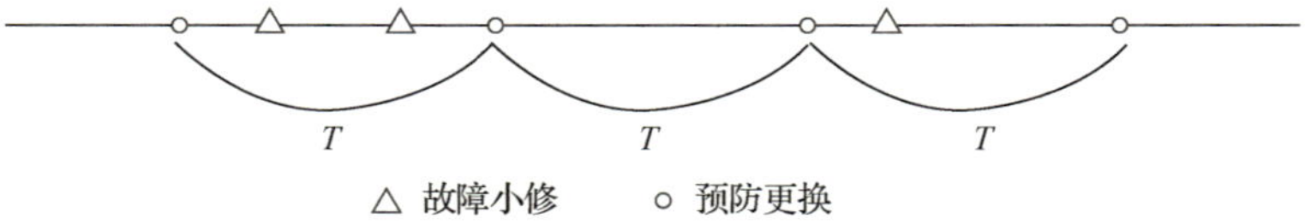

图 5-3　故障小修的周期更换

由于复杂系统的故障率随运行时间的增加而上升，长期依赖最小维修来维持系统运行的成本将不断增加。因此，维护决策的关键变量在于确定最佳的更换时间，以避免过度依赖最小维修所带来的高昂维护成本。基于曹晋华和程侃[2]的模型，假定组件的故障率为 $r(t)$，单次小修和预防性更换的成本分别为 c_m 和 c_p，小修成本 c_m 通常低于整体系统更换的成本 c_p。小修和更换时间忽略不计。因此，组件单位时间 T 的期望成本率[2]为

$$C(T)=\frac{c_m\zeta(T)+c_p}{T} \tag{5-10}$$

其中，$\zeta(T)$ 表示系统在 $(0,T]$ 期间小修的平均次数。

定理 5-1

$$\zeta(T)=\int_0^T r(u)\mathrm{d}u \tag{5-11}$$

证明：若 t=0 时刻系统是新的，令 $P_n(t)$ 表示在 $(0,T]$ 时间内发生 n 次小修的概率。根据失效率的定义，寿命为 t 的组件在 $(t,t+\Delta t)$ 内发生故障的概率是 $r(t)\Delta t+o(\Delta t)$。即在任意瞬间，发生一次小修的概率为 $r(t)\Delta t$。并且小修不会改变系统状态，下一次故障的发生依然服从当前时间对应的 $r(t)$，也就意味着系统的小修过程是非更新的非齐次泊松过程，因此

$$\begin{cases}P_0(t+\Delta t)=P_0(t)\left[1-r(t)\Delta t\right]+o(\Delta t)\\ P_n(t+\Delta t)=P_n(t)\left[1-r(t)\Delta t\right]+P_{n-1}(t)r(t)\Delta t+o(\Delta t),\ n=1,2,\cdots\end{cases} \tag{5-12}$$

上式经整理，并令 $\Delta t\to 0$，得

$$\begin{cases}P_0'(t)=-r(t)P_0(t)\\ P_n'(t)=-r(t)P_n(t)+r(t)P_{n-1}(t),\ n=1,2,\cdots\end{cases} \tag{5-13}$$

给定初始条件 $P_0(0)=1$，$P_n(0)=0$，$n=1,2,\cdots$。引入母函数(普通生成函数)

$$\varPsi(t,z)=\sum_{k=0}^{\infty}P_k(t)z^k,\quad |z|\leqslant 1$$

则上述方程组变为

$$\frac{\partial}{\partial t}\varPsi(t,z)=-(1-z)r(t)\varPsi(t,z)$$

给定初始条件 $\varPsi(0,z)=1$，解得

$$\varPsi(t,z)=\exp\left\{-(1-z)\int_0^t r(u)\mathrm{d}u\right\} \tag{5-14}$$

由定义

$$\zeta(t)=\sum_{n=1}^{\infty}nP_n(t)=\frac{\partial}{\partial t}\Psi(t,z)|_{z=1}=\int_0^t r(u)\mathrm{d}u$$

定理 5-1 证毕。

并且区间(0, t]中的失效次数是服从泊松分布的

$$P_n(t)=\frac{\left[\zeta(t)\right]^n}{n!}\exp\{-\zeta(t)\},\quad n=0,1,2,\cdots \tag{5-15}$$

依据式(5-10)，令$\frac{\mathrm{d}}{\mathrm{d}T}C(T)=0$等价于

$$\mathrm{T}r(T)-\zeta(t)=c_p/c_m \tag{5-16}$$

定理 5-2　令式(5-16)左端为$h(T)$，若$r(T)$连续严格单调递增，则$h(T)$连续严格单调递增，且有：

(1)若$h(\infty)>c_p/c_m$，则存在唯一的有限的解T^*，且最小损失为

$$C(T^*)=c_m r(T^*)$$

(2)若$h(\infty)\leqslant c_p/c_m$，则$T^*=\infty$，且最小损失为

$$C(\infty)=c_m r(\infty)$$

例 5-2　组件的寿命分布为$F(t)=1-(1+t)\mathrm{e}^{-t}$，它的故障率$r(t)=\frac{t}{1+t}$，连续严格单调递增，则式(5-16)为

$$\ln(1+T)-\frac{T}{1+T}=\frac{c_p}{c_m} \tag{5-17}$$

当$T\to\infty$，上式左端趋于∞。因此存在唯一的有限解T^*，满足方程(5-17)。最小损失为

$$C(T^*)=c_m\frac{T^*}{1+T^*}$$

在实际应用中常可用图解法求T^*和$C(T^*)$。

例 5-3　组件的寿命分布为威布尔分布

$$F(t)=1-\mathrm{e}^{-(\lambda t)^{\alpha}},\quad t\geqslant 0,\quad \alpha>1$$

此时

$$r(t)=\alpha\lambda^{\alpha}t^{\alpha-1}$$

$$\Lambda(t)=\int_0^t r(u)\mathrm{d}u=(\lambda t)^{\alpha}$$

代入式(5-16)，立即可以解出

$$T^*=\left[\frac{c_p}{\lambda^{\alpha}(\alpha-1)c_m}\right]^{1/\alpha}$$

最小损失为

$$C(T^*)=c_m r(T^*)=c_m\alpha\lambda(\lambda T^*)^{\alpha-1}$$

5.2.4 基于状态的维护策略

基于状态的维护也称为视情维护，是一种维护动作根据对一个或多个与退化或性能损失相关变量的度量来决定的维护策略。这些变量可以是物理变量(如材料厚度、冲蚀率、温度或压力等)、系统性能变量(如生产系统的质量或废弃物品的数量)，也可以是与系统剩余寿命相关的变量。实施基于状态的维护策略，首先需要一个监测系统来提供选定变量的实时检测数据，以及一个数学模型来预测系统性能的退化趋势。维护动作的类型和执行日期是依据这些测量值的深入分析来确定的。当某个变量的测量值超过预先设定的阈值时，那么会触发相应的决策过程。该阈值使得将系统状态空间划分为不同的决策区域成为可能，每个区域代表一个特定的维护决策。

也就是，CBM 通过持续监测系统状态的退化指标来预测可能的故障。这些指标可以直接或间接地反映系统的健康状况，并用于描述随时间变化的退化路径。通过精确建模退化过程，可以确定最优的退化阈值，以最小化单位时间成本或最大化系统可用性。较低的阈值会导致过于频繁的维护，从而增加成本并降低可用性，而过高的阈值则可能在系统达到阈值前发生故障，从而带来高昂的修复成本。因此，CBM 仅适用于那些退化过程可以被直接或间接持续监测的系统。近期，传感器技术与物理无损检测、精密测量技术、数据采集技术、信息处理、无线通信以及互联网技术的快速发展，极大地推动了 CBM 的发展。这些技术提供了动态的维护调度，能够有效最小化成本和停机时间，同时提高系统的可用性。更为重要的是，传感器能够提供关于系统运行状况和潜在故障的指标，使得维护决策更加准确及时。此外，传感器在设备监测中的应用消除了传统诊断过程所需的时间，从而缩短了实际维修的时间。例如，航空公司在飞机飞行过程中持续监测发动机的运行状况(飞行中的发动机信息通过航空器操作通信系统传送)，并通过地面站为机组提供决策支持，若目的地未能提供必要的维护措施，机组可根据建议更改目的地，前往可进行备件更换和维修的地点。

一般而言，视情维护主要包括以下三个核心任务：①确定状态指标。状态指标用于描述设备的健康状况。例如，典型的状态指标包括腐蚀速率、裂纹扩展、磨损程度等。②监测状态指标并评估设备状态。采用适当的监测方法对状态指标进行测量，并利用采集的数据评估设备的运行状况，以便判断其退化趋势和健康水平。③确定状态指标的阈值。阈值包括警戒限（Alarm Limit）和故障/失效限（Failure or Breakdown Limit）。警戒限用于预警可能的退化趋势，而失效限则表示设备已达到不可接受的退化程度，需要立即维护或更换。对于这些阈值的设定，以及维护和/或检查策略的优化，通常需要综合考虑成本、系统可用性等多个决策准则，并通过建模与分析方法进行研究和优化。

令$Y(t)$是描述系统在t时刻退化程度的随机变量，并且假设$Y(t)$是在连续尺度上测量的，且$Y(t)$是关于t的非减函数。在$t_1,t_2,\cdots$的特定时间点，对系统进行检测并测量退化量$Y(t)$。当$Y(t)$超过预防性更换阈值y_c，$Y(t)\geqslant y_p$时，将执行预防性更换；而当$Y(t)\geqslant y_c(>y_p)$时，则认为该系统处于故障状态，必须进行故障更换。需注意的是，当$Y(t)$超过y_c时，不会即时检测到失效。失效将会在$Y(t)$已经超过y_c的首次系统故障检测中被识别。一般故障性更换成本将显著高于预防性更换成本。在更换（预防性的或故障性的）后，假定该系统与新的一样好。其表现行为如图 5-4 所示。

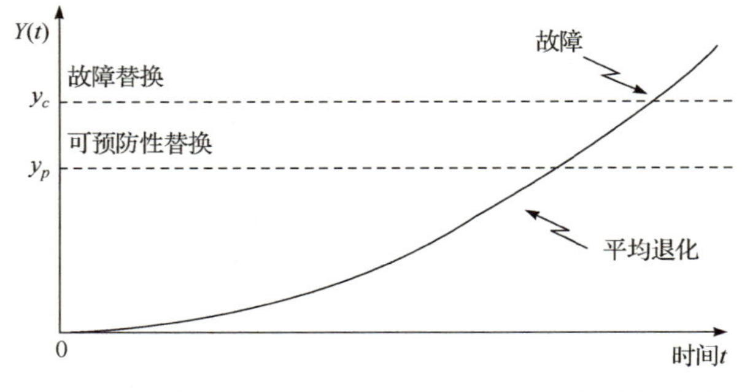

图 5-4　具有预防性和故障性更换阈值的平均退化过程

例 5-4　考虑汽车前轮刹车片的退化过程（磨损），令$Y(t)$为t时刻的磨损量（刹车片厚度减小），其中t为自新刹车片投入使用以来的累积行驶公里数。测量（控制）汽车在车库以一定间隔长度T（例如15000km）行驶时的磨损量$Y(t)$。当磨损量大于y_p时，应预防性更换刹车片。如果磨损量大于y_c，说明制动效果明显降低，闸片夹持器会在制动盘上产生划痕，不得不更换制动盘。这种更换的成本将明显高于只更换刹车片的成本。此外，还应考虑由于制动效能降低而产生的风险成本。在一些应用中发现，将退化过程建模为一个γ随机过程$\{Y(t),\ t\geqslant 0\}$是贴近现实的，具有如下特征：

(1) $Y(0)=0$；

(2) 该过程 $\{Y(t),\ t\geqslant 0\}$ 有独立的增量；

(3) 对任意的 $0\leqslant s<t$，随机变量 $Y(t)-Y(s)$ 服从参数为 $(\alpha(t-s),\beta)$ 的 γ 分布，具有概率密度函数为

$$f_{(s,t)}(y)=\frac{\beta}{\Gamma(\alpha(t-s))}(\beta y)^{\alpha(t-s)-1}\mathrm{e}^{-\beta y},\quad y\geqslant 0 \tag{5-18}$$

在区间 (s,t) 内的平均退化程度为

$$E[Y(t)-Y(s)]=\frac{\alpha}{\beta}(t-s)$$

因此，当采用 γ 过程时，平均退化量是关于时间的线性函数，其退化速度(斜率)为 α/β，而不是凸函数。

例 5-5　考虑退化量 $Y(t)$ 服从 γ 过程的基于状态的更换策略。平均退化量因此是关于时间的线性函数。系统经过 τ 的固定时间间隔后进行检测。其中退化量 $Y(t)$ 是在检测点时测量而得，而不是在两次检测之间。令 ΔY_i 为检测区间 i 的退化量，$i=1,2,3,\cdots$。假设一个服从 γ 过程的 $Y(t)$，那么 $\Delta Y_1,\Delta Y_2,\cdots$ 将是服从独立同分布的 γ 过程，其分布函数为 $F(y)$，则 $\mu\tau$ 表示一个检测区间的平均退化量，其中参数 μ 表示退化速率。

假设 c 表示一次预防性更换的成本，令 k 表示一次故障更换的额外成本，k_i 为一次检测的成本。在这个例子中，将使用启发式论证来确定检测之间的最佳间隔 τ。

令 n_p 表示直到退化过程达到预防性更换的阈值 y_p 的平均检测次数，则有 $n_p\cdot\mu\tau\approx y_p$。由于阈值 y_p 的超越值将在 $\tilde{n}_p$ 中被检测到，即

$$\tilde{n}_p=\frac{y_p}{u\tau}+1$$

因此，采用这种更换策略的更换之间的平均时间将是

$$\mathrm{MTBR}(\tau)=\left(\frac{y_p}{u\tau}+1\right)\cdot\tau$$

每个更换周期的平均成本为

$$\begin{aligned}c+k_i\cdot n_p+k\cdot\Pr(\text{failure})&=c+k_i\cdot n_p+k\cdot\Pr\left(\Delta Y>\left(y_c-y_p\right)\right)\\&=c+k_i\cdot n_p+k\cdot\left[1-F\left(y_c-y_p\right)\right]\end{aligned}$$

使用这种策略的单位时间平均成本 $C_{\mathrm{CB}}(\tau)$ 为[30]

$$C_{\mathrm{CB}}(\tau)=\frac{c+k_i\cdot n_p+k\cdot\left[1-F\left(y_c-y_p\right)\right]}{\left(y_p/\mu\tau+1\right)\cdot\tau}=\frac{c+k_i y_p/\mu\tau+k\cdot\left[1-F\left(y_c-y_p\right)\right]}{\left(y_p/\mu\tau+1\right)\cdot\tau} \tag{5-19}$$

如果知道分布函数$F(y)$和成本，式(5-19)可以用来确定最优的检测步长τ。

例 5-6 考虑了上例的基于状态的更换状况，假设退化过程$\{Y(t),t\geqslant 0\}$可以建模为γ过程。系统检测长度为τ，退化增量$\Delta Y_1,\Delta Y_2,\cdots$服从相互独立的$\gamma$分布，概率密度由式(5-18)给出，参数为$\alpha\tau$和$\beta$。时间步长是$t-s=\tau$。

令$N(y_p)$为最小的检测区间数，直至累积退化量超过预防性更换阈值y_p，即$\sum_{i=1}^{k}\Delta Y_i\geqslant y_p$。注意到$N(y_p)=n$等同于$\sum_{i=1}^{n-1}\Delta Y_i<y_p$且$\sum_{i=1}^{n-1}\Delta Y_i+\Delta Y_n\geqslant y_p$。$\sum_{i=1}^{n-1}\Delta Y_i$的概率密度函数$f^{(n-1)}(y)$是退化量$\Delta Y$在一个区间内的概率密度$f(y)$的$n-1$次卷积。由于$\gamma$分布具有“加性封闭”性质，所以概率密度$f^{n-1}(y)$是参数为$(n-1)\alpha\tau$和$\beta$的$\gamma$分布。

直至退化量超过阈值y_p为止的检测区间的平均数为

$$E\left(N\left(y_p\right)\right)=\sum_{n=1}^{\infty}n\cdot\Pr\left(N(y_p)=n\right)=\sum_{n=1}^{\infty}n\int_{y_p}^{\infty}\int_0^{y_p}f^{(n-1)}(u)f(v-u)\mathrm{d}u\mathrm{d}v \tag{5-20}$$

具有更换阈值y_p的更换之间的平均时间为

$$\mathrm{MTBR}\left(y_p\right)=E\left(N\left(y_p\right)\right)\cdot\tau \tag{5-21}$$

令预防性更换的成本为c，k为发生故障的额外成本。在具有预防性更换阈值y_p的更换周期内，平均总成本为$c+k\cdot\left(1-F\left(y_c-y_p\right)\right)$，其中$F(y)$为概率密度函数$f(y)$所对应的分布函数。假设检测成本$k_i$非常小而忽略不计，则基于状态更换策略的单位时间的平均成本为

$$C_{\mathrm{CB}}\left(y_p\right)=\frac{c+k\cdot\left(1-F\left(y_c-y_p\right)\right)}{\mathrm{MTBR}\left(y_p\right)} \tag{5-22}$$

这里的$C_{\mathrm{CB}}(y_p)$表示当不使用预防性更换阈值y_p时，只有当累积退化量超过故障更换阈值y_c才进行更换的平均成本。预防性更换策略的成本效率现在可以根据该比率进行评估

$$\frac{C_{\mathrm{CB}}\left(y_p\right)}{C_{\mathrm{CB}}\left(y_c\right)}=\frac{c+k\cdot F\left(y_c-y_p\right)}{c+k}\cdot\frac{\mathrm{MTBR}\left(y_c\right)}{\mathrm{MTBR}\left(y_p\right)} \tag{5-23}$$

利用式(5-23)中的比值，可以找到给定检测步长τ时最经济有效的预防性更

换阈值 y_p。对于给定的阈值 y_p，可以通过最小化式(5-21)来确定最佳的检测步长 τ。

例 5-7　考虑与上述相同的情形，但假设检测区间 i 内的退化量 ΔY_i 服从速率为 β 的指数增长($i=1,2,\cdots$)。参数为 β 的指数分布是参数为 1 和 β 的 γ 分布的特殊情况，因此，这是上述 $\alpha=1/\tau$ 的一个特例。前 k 个区间的累积退化量为 $Y(k\cdot\tau)=\sum_{i=1}^{k}\Delta Y_i$，即服从参数为 k 和 β 的 γ 分布。在区间 $(0,k\tau)$ 内的平均退化量为 $E\left(Y(k\tau)\right)=\alpha(k\tau)/\beta=k/\beta$。

根据式(5-16)，更换之间的平均时间为

$$\mathrm{MTBR}\left(y_p\right)=\left(\theta\cdot y_p+1\right)\cdot\tau \tag{5-24}$$

式(5-21)中的比率在这一情况为

$$\frac{C_{\mathrm{CB}}\left(y_p\right)}{C_{\mathrm{CB}}\left(y_c\right)}=\frac{1+r\cdot \mathrm{e}^{-\beta\left(y_c-y_p\right)}}{1+r}\cdot\frac{\beta\cdot y_c+1}{\beta\cdot y_p+1}$$

其中，$r=k/c$。

比率 $C_{\mathrm{CB}}\left(y_p\right)/C_{\mathrm{CB}}\left(y_c\right)$ 是 y_p 的函数，当 $\beta=3, y_c=2$ 以及 $r=3,5,10$ 时的函数图像如图 5-5 所示。图中可以确定对于 $r=k/c$ 的不同值时最经济有效的预防性更换阈值 y_c。

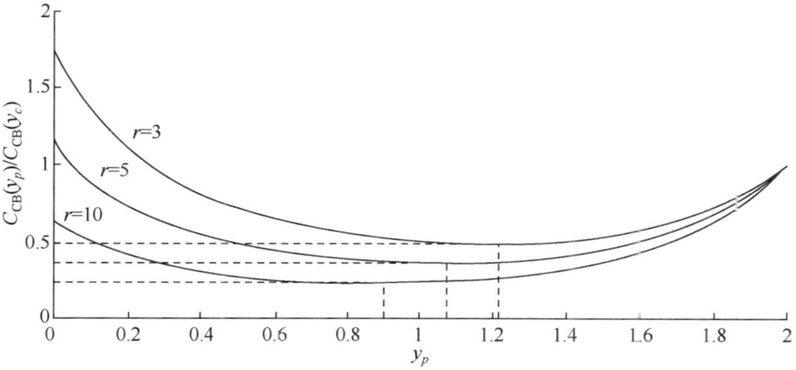

图 5-5　$\beta=3, y_c=2$ 和 $r=3,5,10$ 时，$C_{\mathrm{CB}}\left(y_p\right)/C_{\mathrm{CB}}\left(y_c\right)$ 与预防性更换阈值 y_p 的函数[30]

注意，例 5-5 和 5-6 中的状况比较理想化，因为整个检测过程中都采用相同的检测区间。例 5-5 中，如果在 $t=90000\,\mathrm{km}$ 的检测中发现刹车片的磨损非常接近 y_p，以至于修理工担心在 $t=105000\,\mathrm{km}$ 的下一次检测中刹车片的磨损会超过 y_c，那么车主可能会被建议在 $t=97500\,\mathrm{km}$ 之前更换刹车片，同时更换机油。

Grall 等[90]讨论了预防性更换阈值和下次检测时间(和替代作用)综合优化问题。Berenguer 等[124]讨论了更复杂的基于状态的维护策略。

5.2.5 批量维护策略

在批量维护策略下的系统(组件)每隔一定的时间间隔$(t_0, 2t_0, \cdots)$进行预防性更换。批量维护策略比基于寿命的维护策略更易于管理，因为只需要监测上次更换后系统的运行时间，而非系统实际运行时间。因此，当服务中存在大量相似组件时，通常会采纳批量更换策略。但是其主要弊端在于资源的相对浪费，因为几乎所有新的组件都可能在计划的批量维护时间被更换。

考虑一个系统在$t=0$时刻投入运行。该系统的故障时间T的分布函数$F(t)=\Pr(T \leqslant t)$。该系统在批量维护策略下运行，并且在时间$t_0, 2t_0, \cdots$时被预防性地更换。预防性更换成本为c。如果系统在一个间隔内故障，则立即对其进行维护或者更换。非计划维护的成本为k。令$N(t_0)$表示在一个长度为t_0的间隔内发生故障/更换的次数，并且令$W(t_0)=E(N(t_0))$表示在一个长度为t_0的区间内发生故障/更换的平均次数。

一个区间内的平均成本为$c+k \cdot W(t_0)$，t_0时间内的单位时间平均成本$C_B(t_0)$为

$$C_B(t_0)=\frac{c+k \cdot W(t_0)}{t_0} \tag{5-25}$$

注意，在传统的批量维护模型中，组件在每次失效后都会被更换为同类型的新组件。

例 5-8　考虑一个批量维护模型，其中更换区间t_0非常短，以至于在一个批量更换区间内有一个以上组件故障的概率可以忽略不计。在这种情况下，可以使用近似方法

$$W(t_0)=E(N(t_0))=\sum_{n=0}^{\infty} n \cdot \Pr(N(t_0)=n) \approx \Pr(N(t_0)=1)=\Pr(T \leqslant t_0)=F(t_0)$$

单位时间内的平均成本$C_B(t_0)$为

$$C_B(t_0) \approx \frac{c+k \cdot F(t_0)}{t_0}$$

通过微分求解$\mathrm{d}C_B(t_0)/\mathrm{d}t_0$，可以找到$C_B(t_0)$的最小值，即

$$\frac{c}{k}+F(t_0)=tF(t_0)'$$

假设$F(t)$是形状参数为$\alpha>1$和尺度参数为λ的威布尔分布，通过求解，可

以找到最优的更换区间

$$\frac{c}{k}+1-\mathrm{e}^{-(\lambda t_0)^{\alpha}}=t_0\cdot\alpha\lambda^{\alpha}t_0^{\alpha-1}\mathrm{e}^{-(\lambda t_0)^{\alpha}}$$

可以写为

$$\frac{c}{k}+1=\left(1+\alpha\left(\lambda t_0\right)^{\alpha}\right)\cdot\mathrm{e}^{-(\lambda t_0)^{\alpha}} \tag{5-26}$$

为了使模型符合实际，预防性更换成本 c 小于故障性重置成本 k 。令 $x=\left(\lambda t_0\right)^{\alpha}$ ，并且使用近似 $\mathrm{e}^{x}=1+x+x^2/2$ ，可以求解式(5-25)并得到近似解（t_0 足够小）

$$x\approx\frac{\alpha}{1+c/k}-1-\sqrt{\left(\frac{\alpha}{1+c/k}-1\right)^2-2\left(1-\frac{1}{1+c/k}\right)} \tag{5-27}$$

考虑完美维护的最小维修的批量更换策略(Block Replacement with Minimal Repair)是指当系统在批量更换的区间内发生故障时执行最小维修。当系统经历计划更换时，其状态被恢复至“如新”，但在维修时仅执行最小维修，使其保持“如旧”。也就是说，每次故障发生时，执行的仅是最小维修，使得故障修复后系统的失效率与故障发生前相同。该假设认为，在下一个计划的更换之前，最小维修通常已足够维持系统运行。在这种情况下，批量更换间隔内的失效过程可被建模为非齐次泊松过程(NHPP)。该修正批量更换模型最早是由 Barlow 和 Hunter[117]提出的。其强度函数 $m(t)$ 等于系统的失效率 $\lambda(t)$

$$f(t)m(t)=\lambda(t)=-\frac{\mathrm{d}}{\mathrm{d}t}F(t)$$

$$M(t)=\int m(x)\mathrm{d}x=-\ln\left(1-F(t)\right)$$

因此，若系统的失效率严格随时间增加，仅依赖最小维修的维护策略将导致系统持续退化，并最终达到必须对整个系统执行“如新”更换的临界点。因此，在系统失效率单调递增的情况下，仅依赖最小维修的策略是不现实的，必须在适当时间进行系统整体更换，以恢复其可靠性水平。如果定义 c_{br} 为批量更换成本，c_{fm} 为最小维修成本，那么 t_0 时间内的单位时间平均成本为[2]

$$E\left[\frac{c}{t_0}\right]=\frac{c_{\mathrm{fm}}M\left(t_0\right)+c_{\mathrm{br}}}{t_0}=\frac{-c_{\mathrm{fm}}\ln\left(1-F\left(t_0\right)\right)+c_{\mathrm{br}}}{t_0}$$

考虑完美维护的有限备件数量的批量更换(Block Replacement with Limited Number of Spares)是指，考虑在批量更换策略下运行的系统，其在每个更换周期内可用的备件数量为 m ，是有限的。在此情况下，可能会出现备件耗尽的情况，从而导致系统在部分更换周期内无法运行。设系统的故障时间 $T_1,T_2,\cdots$ 相互独立且服从相同的分布函数为 $F(t)$，令 k_u 表示当该系统功能不可用时每单位时间的损失成本，$\widetilde{T_u}(t_0)$ 为该系统在长度为 t_0 的更换区间内处于不可用的时间。因此，如果初始的系统和 m 个备用组件在更换区间内均故障，则 $\widetilde{T_u}(t_0)=t_0-\sum_{i=1}^{m+1}T_i$。如果小于 $m+1$ 个故障发生，则 $\widetilde{T_u}(t_0;m)=0$。

假设每个更换周期都会补充相同数量的 m 个备件，所有更换周期具有相同的统计特性，那么仅需分析第一个更换周期 $(0,\ t_0)$ 的情况。

在一个时间步长内，总平均成本为 $c+k\cdot E\left(N\left(t_0\right)\right)+k_u\cdot E\left(\widetilde{T_u}\left(t_0;m\right)\right)$，并且单位时间的平均成本 $C_{\tilde{B}}(t_0,m)$ 为

$$C_{\tilde{B}}\left(t_0;m\right)=\frac{c+k\cdot E\left(N\left(t_0\right)\right)+k_u\cdot E\left(\widetilde{T_u}\left(t_0;m\right)\right)}{t_0} \tag{5-28}$$

其中，$N(t_0)$ 表示 $(0,\ t_0)$ 区间内的更换次数。

5.3　基于可用度的维护策略

在现代工业生产中，设备的高可用性对于保障生产效率、降低运营成本以及提升企业竞争力至关重要。由于设备故障可能导致生产中断、质量问题、维护成本增加，甚至影响企业安全性，因此，企业必须采用科学合理的维护策略，以延长设备使用寿命、优化维护资源配置，并最大化系统的经济效益。基于可用性的维护策略是一种常用的设备管理方法，旨在确保设备高可用性的前提下，优化维护方式与时间，从而平衡维护成本与生产效率。在实际应用中，评估维护策略的有效性通常依赖于可靠性工程的关键指标，如可靠度，可用度和故障频度等。可用度作为一个综合性的优化指标，能够全面考虑系统可靠性、维修策略（预防性维护、基于状态的维护、机会维护等多种策略）和经济效益（生产损失成本、维修成本、停机成本等），使维护决策更加合理和高效。因此，本节使用系统可用度作为维护策略的优化指标之一，深入探讨完美维护策略[30]、基于寿命的维护策略[2]、备用组件的预防维护策略[2]、故障小修下的周期维护策略[2]以及机会维护策略五个基本维护策略的优化问题。

5.3.1　基于可用度的完美维护

考虑一个可修复的系统，在初始时刻 $t=0$ 开始运行。每当系统发生故障时，它被更换为相同类型的新系统或经过维修恢复至“如新”的状态。该过程产

生一系列独立同分布(Independent and Identically Distributed，IID)的寿命随机变量 $T_1,T_2,\cdots$。其分布函数 $F_T(t)=\Pr(T_i\leqslant t),i=1,2,\cdots$，其数学期望即为平均失效时间(MTTF)。此外，假设故障维修时间(停机时间) $D_1,D_2,\cdots$ 亦为独立同分布随机变量，服从分布函数 $F_D(t)=\Pr(D_i\leqslant t),i=1,2,\cdots$，其数学期望即为平均停机(维修)时间 MDT。进一步假设 T_i 和 D_i 之间相互独立。

对一系统进行长期观测，直到第 n 次维修完成，则可获得 n 个寿命样本 $T_1,T_2,\cdots,T_n$ 以及对应的维修时间样本 $D_1,D_2,\cdots,D_n$。根据大数定律，在较一般的假设条件下，以概率 1 收敛于系统的稳态可用度。

$$\frac{1}{n}\sum_{i=1}^{n}T_i\to E(T)=\text{MTTF},\quad n\to\infty$$

$$\frac{1}{n}\sum_{i=1}^{n}D_i\to E(D)=\text{MDT},\quad n\to\infty$$

该系统处于运行状态的时间比例为

$$\frac{\sum_{i=1}^{n}T_i}{\sum_{i=1}^{n}T_i+\sum_{i=1}^{n}D_i}=\frac{\frac{1}{n}\sum_{i=1}^{n}T_i}{\frac{1}{n}\sum_{i=1}^{n}T_i+\frac{1}{n}\sum_{i=1}^{n}D_i}\tag{5-29}$$

可以使期望式(5-29)的右侧趋向于

$$\frac{E(T)}{E(T)+E(D)},\quad n\to\infty\tag{5-30}$$

该系统的长期的平均可用度

$$A_{\text{av}}=\frac{E(T)}{E(T)+E(D)}=\frac{\text{MTTF}}{\text{MTTF}+\text{MDT}}\tag{5-31}$$

例 5-9　考虑一个具有独立运行时间且故障率 λ 恒定的组件，停机时间独立且与平均 MDT 分布相同。由于通常 MDT << MTTF，组件的平均不可用度约为

$$\bar{A}_{\text{av}}=\frac{\text{MDT}}{\text{MTTF}+\text{MDT}}=\frac{\lambda\cdot\text{MDT}}{1+\lambda\cdot\text{MDT}}\approx\lambda\cdot\text{MDT}\tag{5-32}$$

当计划备件供应时，了解在给定的时间区间内预计会发生多少次故障是很有意义的。设 $W(t)$ 表示在时间区间 $(0,t)$ 内的平均维护次数，显然，$W(t)$ 将取决于正常运行时间和停机时间的分布。一般很难找到 $W(t)$ 的精确表达式，然而，当 t 相对较大时，可以使用以下近似

$$W(t) \approx \frac{t}{\text{MTTF} + \text{MDT}} \tag{5-33}$$

5.3.2　基于可用度的寿命维护策略

考虑一个可修复系统，并且假定该系统寿命 X 遵从一般分布 $F_T(t)$，其均值为 $\frac{1}{\lambda}$。若系统工作到时间 T 仍没有发生故障，则对系统进行预防性维护，其维护时间 D_p 服从一般分布 $G_p(t)$，其均值为 β_p。若系统在预定时间 T 之前发生故障，则立即进行纠正性维护，维护时间 D_f 遵从一般分布 $G_f(t)$，其均值为 β_t。经过纠正性维护或预防性维护后，系统恢复到“如新”状态，如图 5-6 所示，假设参数 $\lambda, \beta_p, \beta_t > 0$，且 X、D_p、D_f 相互独立。

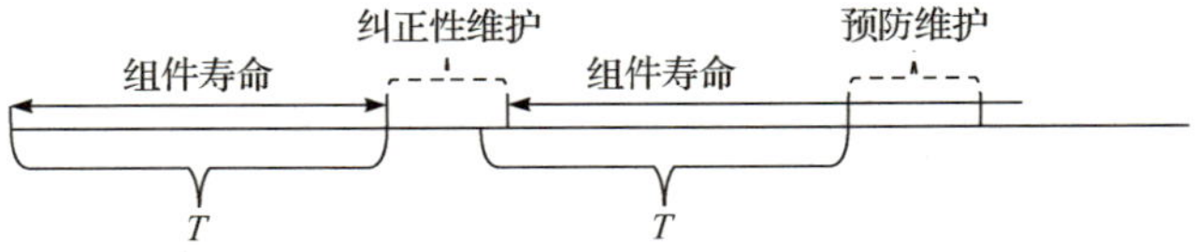

图 5-6　寿命维护策略过程

依据故障系统修复“如新”的假设，系统修复时刻是系统的再生点，可利用更新理论求系统的可用度，令

$$\tilde{X} = \begin{cases} X, & X \leqslant T \\ T, & X > T \end{cases}$$

$$\tilde{D} = \begin{cases} D_f, & X \leqslant T \\ D_p, & X > T \end{cases}$$

系统的瞬时可用度 $A(t)$ 满足下列更新方程

$$A(t) = P\{\tilde{X} > t\} + P\{\tilde{X} + \tilde{D} \leqslant t\} * A(t) \tag{5-34}$$

对上式两端进行 L 变换可得

$$A^*(s) = \frac{\int_0^\infty e^{-st} P\{\tilde{X} > t\} \mathrm{d}t}{1 - \int_0^\infty e^{-st} \mathrm{d}P\{\tilde{X} + \tilde{D} \leqslant t\}} \tag{5-35}$$

由于

$$P\{\tilde{X} > t\} = \begin{cases} P\{X > t\}, & t \leqslant T \\ 0, & t > T \end{cases}$$

所以

$$\int_0^{\infty} \mathrm{e}^{-st} P\left\{\tilde{X} > t\right\} \mathrm{d}t = \int_0^{T} \mathrm{e}^{-st} \bar{F}_T(t) \mathrm{d}t$$

而

$$\begin{aligned}
\int_0^{\infty} \mathrm{e}^{-st} \mathrm{d}P\left\{\tilde{X} + \tilde{D} \leqslant t\right\} &= E\left\{\mathrm{e}^{-s\left(\tilde{X}+\tilde{D}\right)}\right\} \\
&= \int_0^{\infty} E\left\{\mathrm{e}^{-s\left(\tilde{X}+\tilde{D}\right)} | X = t\right\} \mathrm{d}P\{X \leqslant t\} \\
&= \int_0^{T} E\left\{\mathrm{e}^{-s\left(t+D_f\right)}\right\} \mathrm{d}F(t) + \int_T^{\infty} E\left\{\mathrm{e}^{-s\left(T-D_p\right)}\right\} \mathrm{d}F_T(t) \\
&= E\left\{\mathrm{e}^{-sD_f}\right\} \int_0^{T} \mathrm{e}^{-st} \mathrm{d}F_T(t) + E\left\{\mathrm{e}^{-sD_p}\right\} \mathrm{e}^{-st} \bar{F}_T(T) \\
&= \hat{G}_f(s) \int_0^{T} \mathrm{e}^{-st} \mathrm{d}F_T(t) + \hat{G}_p(s) \mathrm{e}^{-st} \bar{F}_T(T)
\end{aligned}$$

其中，$\hat{G}_f(s)$ 和 $\hat{G}_p(s)$ 分别表示 $G_f(t)$ 和 $G_p(t)$ 的 LS 变换，将以上两式代入式(5-34)中得[2]

$$A^*(s) = \frac{\int_0^{T} \mathrm{e}^{-st} \bar{F}_T(t) \mathrm{d}t}{1 - \hat{G}_f(s) \int_0^{T} \mathrm{e}^{-st} \mathrm{d}F_T(t) - \hat{G}_p(s) \mathrm{e}^{-sT} \bar{F}_T(T)}$$

$F(t)$、$G_f(t)$ 和 $G_p(t)$ 为非格点分布(随机变量不局限于某个固定的等间距点集)时，式(5-34)中 $P\left\{\tilde{X} + \tilde{D} \leqslant t\right\}$ 必为非格点分布。极限 $A = \lim\limits_{t\to\infty} A(t)$ 存在，为求解该极限，可利用托贝尔定理和洛必达法则求得系统稳态可用度[2]

$$\begin{aligned}
A = \lim_{t\to\infty} A(t) &= \lim_{t\to\infty} \frac{1}{t} \int_0^{t} A(u) \mathrm{d}u \\
&= \lim_{s\to 0} sA^*(s) \qquad (5\text{-}36) \\
&= \frac{\int_0^{T} \bar{F}_T(T) \mathrm{d}t}{\int_0^{T} \bar{F}_T(T) \mathrm{d}t + \beta_t F_T(T) + \beta_p \bar{F}_T(T)}
\end{aligned}$$

可将式(5-36)改写为

$$A = \frac{1}{1 + \dfrac{\beta_t F_T(T) + \beta_p \bar{F}_T(T)}{\int_0^{T} \bar{F}_T(T) \mathrm{d}t}}$$

系统寿命服从分布 $F=1-(1+t)\mathrm{e}^{-t}$，此时 $\lambda=\dfrac{1}{2}$，$r(t)=\dfrac{t}{1+t}$，$r(\infty)=1$ 且

$$C_1(T)=\frac{c_f-(c_f-c_p)(1+T)\mathrm{e}^{-T}}{2-2\mathrm{e}^{-T}-T\mathrm{e}^{-T}} \tag{5-37}$$

由于 $r(T)$ 连续严格单调递增，如果 $c_f>c_p$ 有两种情况，有限 T^* 存在的条件是

$$r(\infty)=1>\frac{\lambda c_f}{c_f-c_p}=\frac{c_f}{2(c_f-c_p)} \tag{5-38}$$

(1) 当 $c_f>2c_p$ 时，存在唯一的有限解 T^*，它满足方程

$$(c_f-c_p)\frac{T-1+\mathrm{e}^{-T}}{1+T}=c_p \tag{5-39}$$

且最小损失为

$$C_1(T^*)=(c_f-c_p)r(T^*)=(c_f-c_p)\frac{T^*}{1+T^*} \tag{5-40}$$

(2) 当 $c_f\leqslant 2c_p$ 时，$T^*=\infty$，此时

$$C_1(T^*)=C_1(\infty)=\frac{1}{2}c_f$$

将式 (5-36) 与式 (5-37) 对比可知，求 T^* 使 A 达到最大的问题完全归结为求 T^* 使 $C_1(T)$ 最小化的问题。

5.3.3　基于可用度的备用组件预防维护策略

假定一个作用在发生“突发事件”时的备用组件，例如，医院停电时启用的备用电机。针对该备用组件，采用基于寿命的维护策略时，目标在最优更换时间 T^* 使突发事件发生时备用组件处于故障状态的概率最小时的状态。

假定突发事件的发生时间服从参数为 α 的指数分布，其分布函数为 $1-\mathrm{e}^{-\alpha t},t\geqslant 0,\alpha>0$。在此条件下，备用组件在突发事件发生时处于故障状态的概率可表示为

$$P_{\bar{A}}(T)=\int_0^{\infty}[1-A(t)]\alpha\mathrm{e}^{-\alpha t}\mathrm{d}t=1-\alpha A^*(\alpha) \tag{5-41}$$

将式 (5-36) 代入式 (5-41) 中得

$$P_{\bar{A}}(T)=1-\frac{\alpha\int_0^T \mathrm{e}^{-\alpha t}\bar{F}_T(t)\mathrm{d}t}{1-\hat{G}_f(\alpha)\int_0^T \mathrm{e}^{-\alpha t}\mathrm{d}F(t)-\hat{G}_p(\alpha)\mathrm{e}^{-\alpha T}\bar{F}_T(T)} \tag{5-42}$$

要求最优的T^*，使$P_{\bar{A}}(T)$最小，令

$$K=\frac{1-\hat{G}_p(\alpha)+\hat{F}(\alpha)\left[\hat{G}_p(\alpha)-\hat{G}_f(\alpha)\right]}{\left[\hat{G}_p(\alpha)-\hat{G}_f(\alpha)\right]\frac{1-\hat{F}(\alpha)}{\alpha}} \tag{5-43}$$

定理 5-3　若备用组件的故障率$r(t)$连续单调递增，$\hat{G}_p(\alpha)>\hat{G}_f(\alpha)$，则：若$r(\infty)>K$，则存在唯一有限解$T^*\left(0<T^*<\infty\right)$，它满足方程

$$r(T)\int_0^T \mathrm{e}^{-\alpha t}\bar{F}(t)\mathrm{d}t-\int_0^T \mathrm{e}^{-\alpha t}\mathrm{d}F(t)=\frac{1-\hat{G}_p(\alpha)}{\hat{G}_p(\alpha)-\hat{G}_f(\alpha)} \tag{5-44}$$

若$r(\infty)\leqslant K$，则$T^*=\infty$。

证明：令$\frac{\mathrm{d}}{\mathrm{d}T}P_{\bar{A}}(T)=0$，记式(5-44)左端为$h(T)$。由假设条件可知$h(T)$是连续严格单调递增函数，且$h(0)=0$，$h(\infty)=r(\infty)\frac{1-\hat{F}(\alpha)}{\alpha}-\hat{F}(\alpha)$。

若$r(\infty)>K$，$h(\infty)>\frac{1-\hat{G}_p(\alpha)}{\hat{G}_p(\alpha)-\hat{G}_f(\alpha)}$。因此存在满足式(5-44)的唯一有限解$T^*$，使$P_{\bar{A}}(T)$达到极值，又由于$P_{\bar{A}}(0)=1$达到最大值，因而$P_{\bar{A}}\left(T^*\right)$只可能是唯一最小值。

另一方面，若$r(\infty)\leqslant K$，$h(\infty)\leqslant\frac{1-\hat{G}_p(\alpha)}{\hat{G}_p(\alpha)-\hat{G}_f(\alpha)}$。此时式(5-44)无解，$P_{\bar{A}}(\infty)$达到最小值，$T^*=\infty$，证毕。

5.3.4　基于可用度以及故障小修下的周期维护策略

假设已知组件的故障率函数为$r(t)$，对于发生故障的组件，仅进行故障小修且时间服从D_m的一般分布。小修完成后组件恢复工作状态，但修复后组件的寿命保持不变。此外，当组件的累积工作时间达到预定寿命T时，执行预防性维护。其维护时间服从D_p的一般分布。预防性维护后，组件立即恢复工作状态。假设组件的寿命、小修时间及预防维护时间均相互独立。为简化分析，取稳态平

均可用度 $\lim_{t\to\infty}\frac{1}{t}\int_0^t A(u)\mathrm{d}u=\tilde{A}$ 作为目标函数，其中 $A(u)$ 表示时刻 u 时，设备的可用程度。该优化问题的核心是求解最优累积工作时间 T^*，使得稳态平均可用度 $\tilde{A}$ 达到最大值。

首先求稳态平均可用度 $\tilde{A}$。显然，组件预防维护结束时刻是再生点。相邻两次预防维护结束之间的时间构成一个周期。各周期独立分布，继而构成更新过程。一个周期包括工作时间 T、预防维护时间 D 以及若干次故障小修时间。在组件工作时间 T 内，发生故障的平均次数为

$$\zeta(T)=\int_0^T r(t)\mathrm{d}t \tag{5-45}$$

平均周期长为 $T+D_p+\zeta(T)D_m$，一个周期内期望工作时间为 T，若将工作时间长短看成它所在周期内的收益，则

$$A=\lim_{t\to\infty}\frac{[0,t]\text{中期望工作时间}}{t}=\frac{T}{T+D_p+\zeta(T)D_m} \tag{5-46}$$

上式可改写为

$$\tilde{A}=\frac{1}{1+\dfrac{D_p+\zeta(T)D_m}{T}} \tag{5-47}$$

当组件发生故障时，用新的组件进行故障更换，这里考虑另一种策略，当组件发生故障时，仅对故障的组件做应急修理，即小修。在指定时刻 kT，$k=1,2,\cdots$，仍做预防性更换。一次小修和预防更换的损失分别为 c_m 和 c_p，小修和更换的时间忽略不计，因此，组件经长期的运行单位时间的期望损失为

$$C(T)=\frac{c_m\xi(T)+c_p}{T} \tag{5-48}$$

其中，$\xi(T)$ 表示组件小修的平均次数。

将式(5-47)与式(5-48)相比，求 T^*，使 $\tilde{A}$ 最大的问题完全归结于式(5-48)中的问题(可结合 5.2.3 节讨论)。

5.3.5　基于可用度的机会维护策略

机会维护模型(Opportunistic Maintenance，OM)是一种在设备或系统发生维护需求时，结合现有运行状态和利用其他维护活动的机会，进行集中或同步维护的策略。其目标是通过合理安排多个设备或系统的维护任务，最大化维护窗口，在一个合适的时机进行维护，从而减少维护成本、停机时间和提高整体系统的可

靠性。因此，机会维护通常与预防性维护和纠正性维护相结合，利用设备维修的机会，降低系统的整体成本和复杂性。

在多组件系统中，由于经济依赖性以及故障相依性，其维护策略显著不同于单组件系统的维护。其中，经济依赖性指的是修复故障子系统的同时，可以以较低的额外成本对正常运行的子系统执行预防性维护，从而降低系统整体维护成本。另一方面，故障相依性(或关联失效)则表现为某一子系统的故障可能导致其他子系统的性能下降或失效，同时，不同组件的故障时间可能存在随机相依性[125]。Berg[126,127]提出了适用于具有两个相同组件且故障时间服从指数分布的系统的预防性更换策略。该策略规定，当一个组件发生故障时，若其年龄超过了预定阈值L，则同时更换两个组件。随后，Berg[127]进一步扩展了这一策略：①若某一组件失效，且另一组件的年龄超过临界阈值 L，则两者同时更换；②若任一组件达到预定的临界寿命 S，则执行更换。当$L\equiv\infty$时，该策略将退化为两个独立的年龄更替策略。在此基础上，Zheng 和 Fard[128]研究了一种基于故障率阈值的机会更换政策，适用于有k个不同类型组件的系统。当故障率达到L或位于预定区间$(L-u,L)$时，该组件将被更换(主动更换)。若其组件因故障率达到L而被更换时，其故障率位于区间$(L-u,L)$的运行组件都会在此时被更换(被动更换)。若故障率处于区间$(0,L-u)$时，则在组件故障时仅执行最小维修。

针对 k-out-of-n 系统，Pham 和 Wang[129]提出了两种(τ,T)机会维护策略。在这两种策略中，在时间τ(一个策略决策变量)之前，仅对故障组件进行最小维护，在时间τ之后，将所有故障组件的 CM 与所有正常组件的 PM 结合执行。此外，他们进一步扩展了该策略，引入了第三个决策变量，即用于触发 CM 的故障组件数量。该扩展策略充分考虑了 k-out-of-n 系统的运行特性，即在部分组件失效的情况下，系统仍可继续运行。

Dagpunar[130]提出了一种更为通用的机会维护策略，该策略假设机会过程服从泊松分布(这一假设在系统包含大量定期维护组件时较为合理)。在此策略中，如果组件在某次维护机会中的使用年限超过规定阈值，则将对其进行更换。Radner 和 Jorgenson[131]以及 Wang 等[132]研究了具有$n+1$个子系统的多组件系统的机会性预防维护。Wang 等[132]研究的机会维护策略如下：

(1) 如果子系统i出现故障，而子系统O的使用年限在时间区间$[0,t_i)$内，则单独更换子系统i，成本为C_i，时间为w_i，$\forall i,i=1,2,\cdots,n$；

(2) 如果子系统i出现故障，而子系统O的使用年限在时间区间$[t_i,T)$内，则更换子系统i，并机会性地对子系统O进行完美的 PM，$\forall i,i=1,2,\cdots,n$，总维护成本为C_{Oi}，总维护时间为w_{Oi}；

(3) 如果子系统O一直存活到其使用年限$x=T$，则在$x=T$时单独对子系统

O进行 PM，维护成本为C_O，维护时间为w_O，PM 是不完美维护；

(4) 如果子系统O在T时没有得到完美的 PM，则在$jT, j=2,3,\cdots$时单独对其进行 PM，直到得到完美的 PM；如果子系统O没有得到完美的维护，而子系统i在某个 PM 后出现故障，则更换子系统i，$\forall i, i=1,2,\cdots,n$，子系统$O$进行完美的 PM，总维护成本仍为$C_{Oi}$，总维护时间为$w_{Oi}$。这个过程一直持续到子系统$O$得到完美维护为止。

可见，机会维护模型没有一个通用的优化模型通式，主要原因在于机会维护策略的复杂性和多样性。机会维护的实施和优化要考虑很多具体因素和场景，因此无法用一个通用模型来覆盖所有情况。下面依据 Wang 和 Pham[133]的研究，简单探讨下 k-out-of-n 系统的最佳(τ, T)机会维护策略。

假设：

(1) 对系统中的某个组件进行最小维修(时间为τ之前)；

(2) 对所有故障组件进行完美修复，同时对所有未故障但逐渐恶化的组件进行预防性维护(时间为τ之后)；

(3) 在时间T对系统执行 PM。

假设该系统中每个组件的累积分布函数为$F(x)$，概率密度函数为$f(x)$，则其失效率为$q(x)=\dfrac{f(x)}{\bar{F}(x)}$，累积失效率为$Q(x)=\int_0^x q(t)\mathrm{d}t$，并且其生存函数$\bar{F}(x)=\mathrm{e}^{-Q(x)}$，进一步假设失效率是可微的、单调递增的，并且不受最小维修的影响。

如果没有预防性维护，则每个组件的剩余生存函数为

$$\bar{G}(y)=P\{Y\geqslant\tau+y\mid Y>\tau\}=\frac{\int_{\tau+y}^{+\infty}f(t)\mathrm{d}t}{\int_{\tau}^{+\infty}f(t)\mathrm{d}t}=\frac{\bar{F}(\tau+y)}{\bar{F}(\tau)}=\mathrm{e}^{-Q(\tau+y)+Q(\tau)}$$

其中，$y\geqslant 0$。

设$Y_1, Y_2, \cdots, Y_n$为独立同分布的随机变量，其生存分布为$\bar{G}(y)$，且$Y_1\leqslant Y_2\leqslant\cdots\leqslant Y_n$为相应的顺序统计量。注意，顺序统计量可以被解释为系统中各组件的故障时间，而第 $n-k+1$ 个顺序统计量恰好是 k-out-of-n 系统的故障时间。顺序统计量 Y_i 的生存分布为

$$\begin{aligned}\bar{F}_j(y)&=\sum_{i=0}^{j-1}\binom{n}{i}\left[G(y)\right]^i[\bar{G}(y)]^{n-i}\\&=\sum_{i=0}^{j-1}\binom{n}{i}\left[1-\mathrm{e}^{-Q(\tau+y)+Q(\tau)}\right]^i\mathrm{e}^{-(n-i)Q(\tau+y)+(n-i)Q(\tau)},\quad\forall j, j=1,2,\cdots,n\end{aligned}$$

假设在时间 T 执行的 PM 是完美的。根据更新理论，连续的完美维护、预防性或纠正性维护之间的时间构成了一个更新周期 T。根据经典的更新奖励理论，长期的期望系统维护成本(每单位时间的成本率)为

$$L(\tau,T)=\frac{C(\tau,T)}{D(\tau,T)}$$

其中，$C(\tau,T)$ 是每个更新周期的系统维护成本，$D(\tau,T)$ 是一个更新周期的预期持续时间。设 $Z_1,Z_2,\cdots$ 为独立同分布的随机变量，其分布函数为 $F_m(y)$，并定义 $Z_i'=\min(Z_i,T)$，$\forall i,i=1,2,\cdots$，则每个更新周期由维护时间和 Z_i' 的持续时间组成。可以验证

$$\begin{aligned}D(\tau,T)&=E\left[Z_i'\right]+I_{\{Y_m<T-\tau\}}w_1+I_{\{Y_m\geqslant T-\tau\}}w_2\\&=\tau+\int_0^{T-\tau}\overline{F}_m(t)\mathrm{d}t+I_{\{Y_m<T-r\}}w_1+I_{\{Y_m\geqslant T-\tau\}}w_2\\&=\tau+\int_0^{T-\tau}\overline{F}_m(t)\mathrm{d}t+F_m(T-\tau)(w_1-w_2)+w_2\end{aligned}\tag{5-49}$$

接下来评估每个更新周期的预期系统维护成本 $C(\tau,T)$。注意，$C(\tau,T)$ 由三部分组成：最小维修成本、结合 PM 的 CM 成本和时间 T 点的 PM 成本。对于每个组件，在(0, τ)之间发生的故障遵循一个非齐次的泊松过程，其速率为 $q(t)$。在时刻 t 时，第 i 次最小修复的成本为 $g\left(C_1(t,i),C_2(i)\right)$，其中 g 是一个正的、单调递增且连续的函数，且它是关于 t 的函数，并且是 i 的正的、单调递增的函数。假设随机部分 $C_2(t)$ 在时刻 t 时的分布函数为 $V_t(x)$，密度函数为 $v_t(x)$，并且具有有限的均值 $E\left[C_2(t)\right]$。在一个周期内的最小维修总成本表示为

$$\mathrm{C}_{\mathrm{tmr}}=nE\left[\sum_{i=1}^{N(\tau)}g\left(C_1(S_i,i),C_2(S_i)\right)\right]$$

则在一个周期内的最小维修总成本为[129]

$$C_{\mathrm{tmr}}=n\int_0^{\tau}\mu(y)q(y)\mathrm{d}y$$

在时间 T 执行 PM 和结合 PM 的 CM 操作的总成本为

$$C_{\mathrm{pt}}=I_{\{Y_m<T-\tau\}}c_f+I_{\{Y_m\geqslant T-\tau\}}c_p=F_m(T-\tau)(c_f-c_p)+c_p$$

因此，总维护成本可以表示为

$$C(\tau,T)=C_{\mathrm{tmr}}+C_{\mathrm{pt}}=n\int_0^{\tau}\mu(y)q(y)\mathrm{d}y+F_m(T-\tau)(c_f-c_p)+c_p\tag{5-50}$$

根据式(5-49)和式(5-50)，可以得出以下命题：

如果预防性维护(PM)是完美的，设 w_1 和 w_2 分别为与 PM 一起执行 CM 的时间和 T 单独执行 PM 的时间，并设 c_f 和 c_p 分别为与 PM 一起执行 CM 的成本以及 T 单独执行 PM 所花费的成本，则 k-out-of-n 系统的期望成本率表示为[129,133]

$$L(\tau,T)=\frac{n\int_0^{\tau}\mu(y)q(y)\mathrm{d}y+F_m(T-\tau)(c_f-c_p)+c_p}{\tau+\int_0^{T-\tau}\bar{F}_m(t)\mathrm{d}t+F_m(T-\tau)(w_1-w_2)+w_2}$$

此外，系统的长期平均可用度为

$$A(\tau,T)=\frac{\tau+\int_0^{T-\tau}\bar{F}_m(t)\mathrm{d}t}{\tau+\int_0^{T-\tau}\bar{F}_m(t)\mathrm{d}t+F_m(T-\tau)(w_1-w_2)+w_2}$$

接下来，将尝试通过分别对 τ 和 T 求导并最小化 $L(\tau,T)$。

对 T 求导

$$\begin{aligned}
&\frac{\partial(\tau,T)}{\partial T}\\
&=-\frac{\bar{F}_m(T-\tau)\left[n\int_0^{\tau}\mu(y)q(y)\mathrm{d}y+(c_f-c_p)\cdot F_m(T-\tau)+c_p\right]}{\left[\tau+\int_0^{T-\tau}\bar{F}_m(t)\mathrm{d}t+F_m(T-\tau)(w_1-w_2)+w_2\right]^2}\\
&\quad+\frac{\left[\tau(c_f-c_p)+c_f w_2-c_p w_1+(c_f-c_p)\int_0^{T-\tau}\bar{F}_m(t)\mathrm{d}t-n(w_1-w_2)\int_0^{\tau}\mu(y)q(y)\mathrm{d}y\right]}{\left[\tau+\int_0^{T-\tau}\bar{F}_m(t)\mathrm{d}t+F_m(T-\tau)(w_1-w_2)+w_2\right]^2}\\
&\quad\times\frac{\partial F_m(T-\tau)}{\partial T}
\end{aligned}$$

对 τ 求导

$$\begin{aligned}
\frac{\partial(\tau,T)}{\partial\tau}=&\frac{\left[n\mu(\tau)q(\tau)+\frac{\partial F_m(T-\tau)}{\partial\tau}(c_f-c_p)\right]}{\left[\tau+\int_0^{T-\tau}\bar{F}_m(t)\mathrm{d}t+F_m(T-\tau)(w_1-w_2)+w_2\right]^2}\\
&\times\left[\tau+\int_0^{T-\tau}\bar{F}_m(t)\mathrm{d}t+F_m(T-\tau)(w_1-w_2)+w_2\right]
\end{aligned}$$

$$
-\frac{\left[n\int_{0}^{\tau}\mu(y)q(y)\mathrm{d}y+F_{m}(T-\tau)\left(c_{f}-c_{p}\right)+c_{p}\right]}{\left[\tau+\int_{0}^{T-\tau}\overline{F}_{m}(t)\mathrm{d}t+F_{m}(T-\tau)\left(w_{1}-w_{2}\right)+w_{2}\right]^{2}}
$$

$$
\times\left[1+\int_{0}^{T-\tau}\frac{\partial\overline{F}_{m}(t)}{\partial\tau}\mathrm{d}t-\overline{F}_{m}(T-\tau)+\frac{\partial F_{m}(T-\tau)}{\partial\tau}\left(w_{1}-w_{2}\right)\right]
$$

设两方程值为 0，即可以得到最小化 $L(\tau,T)$ 的 τ^{*} 和 T^{*}，即优化后的维修时间和周期。

5.4　本 章 小 结

本章系统介绍了可修系统的主要维护类型，包括预防性维护、纠正性维护以及故障排除维护，阐述了各类维护后的效果并分析了不同类型维护方式对系统可用性和成本的影响。在此基础上，本章进一步探讨了经济性维护策略，为优化维护决策提供理论依据。此外，针对多组件系统的复杂性，本章特别介绍了批量维护和机会维护策略，为实际工程中的维护管理提供了有效的指导。

第 6 章　基于可用性的韧性模型

现有韧性研究所针对的系统失效往往是由外部冲击或灾害导致的，然而，复杂系统的失效通常是由内部原因(老化、磨损)和外部原因(灾害、冲击)共同作用的。内部退化失效和外部冲击失效这两种故障模式形成竞争失效过程。多种失效模式使得如何量化复杂系统的韧性仍然是一个悬而未决的研究问题。随着科学技术的发展，系统的维修方式不再是单一的故障维修，通过对系统进行诊断，采用预防维修可以有效延长系统的寿命，避免故障状态出现，从而导致更长时间的维修。预防维修是主动维修的一种，是系统仍处于工作状态时所进行的一种维修，然而，很难给出具体的预防维修时刻。系统遭受灾害与维修恢复是交叉进行的，而且维修需要花费一定的时间，因此，对复杂系统的韧性研究应该致力于对系统遭受灾害与维修交叉进行的瞬时韧性评估进行研究。复杂系统的韧性代表了系统抵抗、减轻和快速从潜在中断中恢复的能力，有效提高系统韧性能够增强系统应对灾害的能力，从而保证系统正常的工作能力。

本章在韧性研究中引入竞争失效模型，补充了系统遭受损伤的原因(自然老化)，与现实情况更加符合，使得韧性模型更加完整；根据系统划分的多状态，从系统的抵抗、吸收与恢复能力建立抵抗韧性指标、吸收韧性指标、恢复韧性指标，从而获得系统的综合韧性。考虑系统需要满足正常工作所需要的可靠性以及成本限制，本章提出了一种基于可靠性与成本的韧性优化模型。

6.1　多灾害下系统可用性

6.1.1　灾害下的连续损坏和维护过程

系统在工作时，难免会受到外部影响，不断遭受外界的随机灾害。每次灾害都会对系统的性能造成显著的影响，其影响包括直接性能损伤和间接性能退化。直接性能损伤体现在打击瞬间性能状态的瞬时下降。灾害事件发生瞬间，系统立即从当前性能状态转移到与系统性能值相对应的低性能状态，性能损伤的程度主要与打击因素有关。间接性能退化主要反映在损伤率的变化上，累积灾害的破坏效应会加速系统的性能退化过程，体现在缩短了性能退化过程中的状态转移时间。

本节假设一个系统的性能状态集合 $S:\{S_0,S_1,\cdots,S_m\}$，令 F_i 表示系统在性能状态 S_i 下对应的性能值，则对应的性能水平 $F=\{F_0,F_1,\cdots,F_m\}$。组件在状态 S_0 下性能最佳，在状态 S_m 下性能最差，中间状态 $S_i,0<i<m$ 介于最佳性能状态和失效状态之间，具有不完全性能或部分性能。可定义系统的性能向量为 $F=[F_0,F_1,\cdots,F_m]$。遭受打击时系统的性能退化过程如图 6-1 所示。

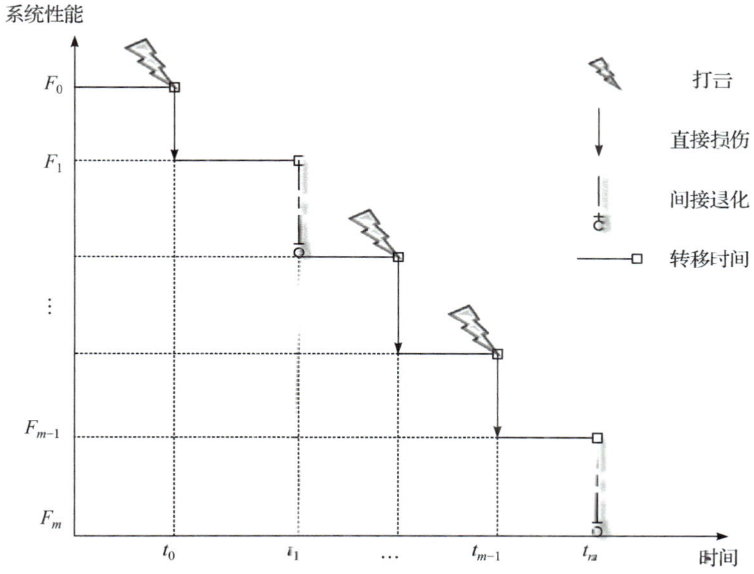

图 6-1　灾害破坏过程下的系统性能率变化

在灾害损伤阶段，系统初始状态为 S_0，对应的系统性能值为 F_0，表示系统的最佳性能。在打击事件发生后，系统状态将会发生从状态 S_i 向 S_j 的不断转移 $(i<j)$，同样系统性能值也会发生从 F_i 到 F_j 的下降。

在遭受多灾害后，系统性能会有明显的下降。然而，为了维持系统的高性能状态，就需在系统性能降低到一定性能状态后，对系统进行维修，使其从当前性能状态转移到与系统性能值 $F=F_j$ 相对应的高性能状态 S_j，保持较高的系统状态运行。系统的维修恢复过程如图 6-2 所示。

在图 6-2 中，时刻 t_m 对应的系统性能值 $F_m=0$。当达到失效状态后便开始对系统进行维修。在维修过程中，每次维修事件后，系统将会发生从状态 S_i 向 S_j 的转移 $(i>j)$，同样系统性能值会发生从 F_i 到 F_j 的上升。

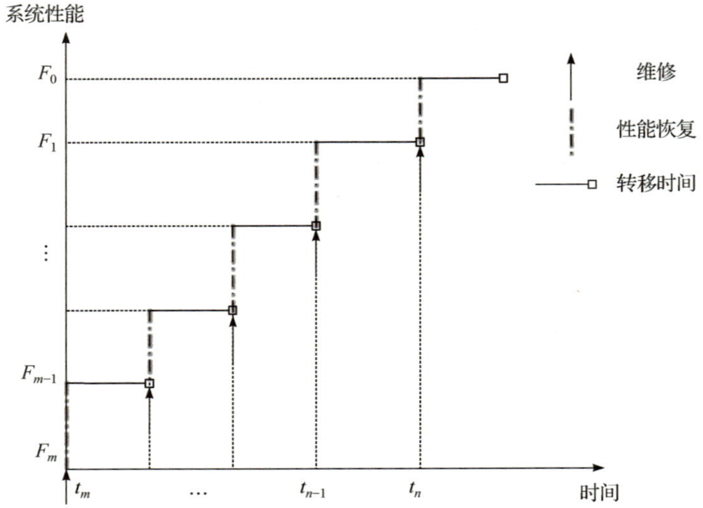

图 6-2　维修恢复下系统性能值的变化情况

每当系统达到失效状态，就需要对系统进行维修恢复。系统在维修恢复过程中仍可能受到打击。当新的打击发生时，本次维修终止，开始发生性能退化过程。只有当系统性能再次退化到失效状态时，才又一次对系统进行维修恢复。如果在维修过程中没有遭受新的灾害，则一直对系统进行维修，直至系统被维修恢复到最佳性能状态 S_0。系统在执行任务过程中，灾害损伤和维修恢复是交叉进行的。集成灾害损伤和维修恢复后，系统性能状态及对应性能值的变化情况如图 6-3 所示。

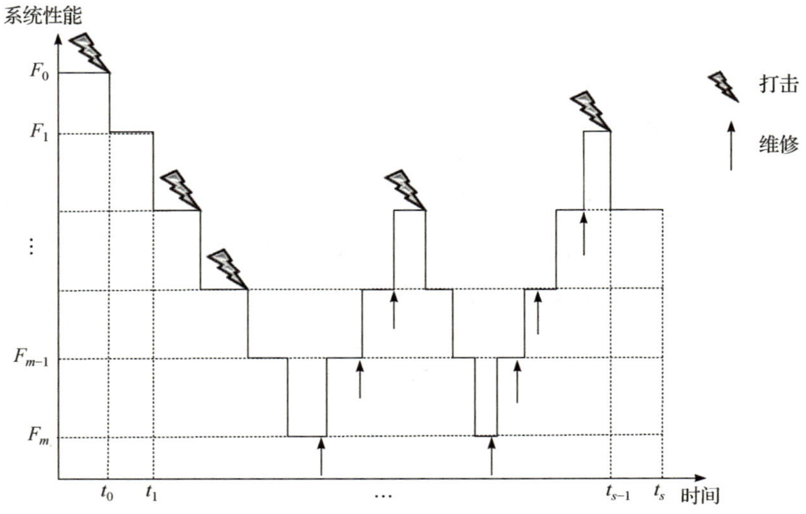

图 6-3　灾害损伤和维修恢复后系统性能值的变化情况

系统在执行任务时，其初始时刻的状态为最佳性能状态 S_0。系统在初始时刻处于状态 S_0 的概率为 $P\left(S(0)=S_0\right)=1$，对应的系统性能为 F_0。因此可以定义系统的初始状态向量为 $P(t)=\left[P_0,P_1,\cdots,P_m\right]=\left[1,0,\cdots,0\right]$。系统在执行任务过程中会受到外界灾害，在每次灾害事件发生的时刻，系统性能状态将会发生从状态 S_i 向 S_j 的转移（$0\leqslant i<j\leqslant m$），同样系统的性能值也会发生从 F_i 到 F_j 的下降。由于灾害会对系统造成累积效应，所以在不同状态遭受灾害后的损伤率不同。每次灾害之后的状态转移用一个新的马尔可夫过程描述。当系统达到失效状态时，对系统进行维修，维修恢复带来的状态转移也可以用马尔可夫过程描述。因此，灾害与恢复的交叉过程就可以用系列马尔可夫过程进行描述。由于不同状态之间的转移时间是随机的，那么系统在时刻 t 所处的状态也具有概率性，故可引入状态转移概率矩阵 $R(t)$ 来表示系统在时刻 t 从始状态 S_i 转移到终状态 S_j 的概率，可表示为

$$R_{i,j}(t)=\Pr\left(S(t)=S_j\mid S(0)=S_i\right)\tag{6-1}$$

其中，$S(t)$、$S(0)$ 分别表示系统在时刻 t 和时刻 0 所处的状态，$R_{i,j}(t)$ 的值可以通过求解马尔可夫更新方程求得。引入一个连续时间离散状态的马尔可夫过程来构建多状态模型，并通过求解得到系统的状态概率分布。可维修多状态系统的马尔可夫状态转移模型如图 6-4 所示。

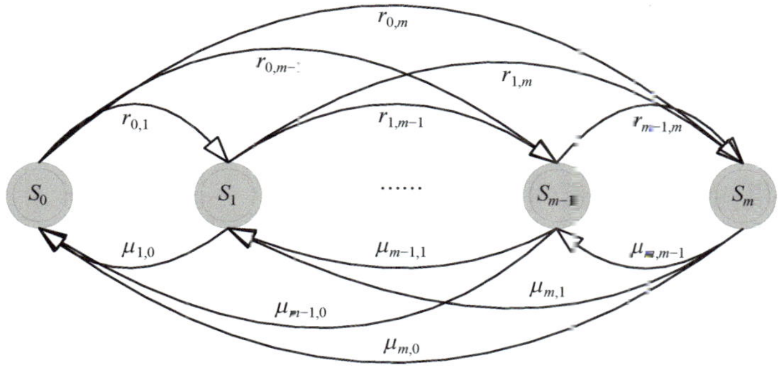

图 6-4　可维修多状态系统的马尔可夫状态转移模型

令 A 表示组件 k 的状态转移率矩阵，可表示为

$$A=\begin{bmatrix} a_{0,0} & a_{0,1} & \cdots & a_{0,m-1} & a_{0,m} \\ a_{0,1} & a_{1,1} & \cdots & a_{1,m-1} & a_{1,m} \\ \vdots & \vdots & & \vdots & \vdots \\ a_{m-1,0} & a_{m-1,1} & \cdots & a_{m-1,m-1} & a_{m-1,m} \\ a_{m,0} & a_{m,1} & \cdots & a_{m,m-1} & a_{m,m} \end{bmatrix}\tag{6-2}$$

其中，$a_{i,j}$ 表示系统从状态 S_i 到状态 S_j 的转移率。由于 $R_{i,i}(t)=1-\sum\limits_{j=0,j\neq i}^{m} R_{i,j}(t)$，$a_{i,i}=\dfrac{\partial R_{i,i}(t)}{\partial t}$，$a_{i,j}=\dfrac{\partial R_{i,j}(t)}{\partial t}$，所以 $a_{i,i}=-\sum\limits_{j=0,j\neq i}^{m} a_{i,j}$。因此，转移率矩阵中的对角线成分 $a_{i,i}$ 被定义为同一行中所有其他比率的负值之和。考虑到损坏和维修过程的不同，$a_{i,j}$ 可以定义为

$$a_{i,j}=\begin{cases} r_{i,j}, & i<j \\ -\left(\sum\limits_{j=0}^{i-1}\mu_{i,j}+\sum\limits_{j=i+1}^{m} r_{i,j}\right), & i=j \\ \mu_{i,j}, & i>j \end{cases} \tag{6-3}$$

系统性能状态转移满足马尔可夫过程，因此，通常在给定初始条件下，可以通过求解微分方程，求出组件处于各状态的概率

$$\frac{\mathrm{d}P(t)}{\mathrm{d}t}=P(t)A \tag{6-4}$$

其中，$P(t)=[P_0,P_1,\cdots,P_m]$ 为状态概率的行向量，由于系统的初始状态为最佳性能状态，所以 $P(t)=[P_0,P_1,\cdots,P_m]=[1,0,\cdots,0]$，$A$ 为状态转移率矩阵，微分方程可进一步展开为

$$\frac{\mathrm{d}p_j(t)}{\mathrm{d}t}=\sum_{i=0}^{m}p_i(t)a_{i,j}-p_j(t)\sum_{i=0}^{m}a_{j,i} \tag{6-5}$$

由此，可以求得系统在各个状态 S_i 的概率 p_i 和其对应的性能值 F_i。

6.1.2　基于损伤和维护相互作用下的可用性变化

在实践中，损坏和维护往往是轮流进行的。当系统受到灾害时，其性能会下降。在低性能水平下的系统运行成本更高，并可能导致系统故障。因此，应该进行维护，将系统提高到高性能状态。在另一次灾害发生的情况下，系统性能再次下降，导致新的维护工作的进行。因此，损坏和维护的循环反复发生。本节将分析在损坏和维护的相互作用下多状态系统的性能变化。

多灾害加速了系统的性能退化过程。加速的模型主要是通过减少状态间的退化时间，即增加系统性能的退化率来实现的。系统性能退化率的变化主要与三个因素有关：原始系统的性能退化率、新灾害事件发生前的性能状态，以及新灾害事件的严重程度。原始系统指的是没有遭受过灾害的系统，或者是经过多次灾害后一直维持在最佳性能状态的系统。

在系统遭受外部灾害的瞬间，系统的性能发生了重大变化，主要表现为性能状态的瞬间下降。性能状态的下降程度主要与冲击的严重程度 θ_w 有关。冲击事件越严重，直接的性能破坏越大，系统性能状态的瞬时下降也越明显。式(6-6)和式(6-7)模拟了冲击的严重程度 θ_w 对性能状态的影响。

$$v = y\theta_w \tag{6-6}$$

$$S(T^{w-}) \to S(T^{w+}) = S_i \to S_{i+v} \tag{6-7}$$

其中，S_i 表示系统在第 w 次灾害前一刻所处的性能状态，S_{i+v} 表示系统在第 w 次灾害后一刻所处的性能状态，v 是关于第 w 次灾害严重程度 θ_w 的函数，且灾害程度越严重，v 的取值越大。

灾害事件的损伤恢复模型会随灾害次数发生改变，每次灾害事件的发生都将改变系统性能的退化过程，即改变系统性能的损伤率，减少系统性能状态间的退化时间。因此，从本质上讲，多灾害下的系统性能退化过程就是一系列马尔可夫过程。这些马尔可夫过程的转移率矩阵既考虑了原始系统的退化率，又考虑了系统在新灾害事件发生前一刻所处的性能状态，同时还考虑了新灾害事件的严重程度。

用上标 $w \in \{1,2,3,\cdots\}$ 表示灾害事件发生的次数，用 T^w 表示第 w 次灾害发生的时刻，用 $\Delta T^w = T^w - T^{w-1}$ 表示第 w 次灾害和第 $w-1$ 次灾害的时间间隔，则第 w 次灾害发生后系统的转移概率矩阵、转移率矩阵、性能值可分别用 $R^w(t)$、$A^w(t)$ 和 $\overline{F_s}^w(t)$ 进行表示。用下标 $u \in \{1,2,3,\cdots\}$ 表示维修发生的次数，T_u 表示第 u 次维修启动的时刻，即系统性能状态第 u 次退化到 S_m 的时刻。

令 A^* 表示原始系统(未遭受灾害的系统或灾害后被维修恢复至最佳性能状态的系统)从遭受新的灾害到下个灾害发生或维修恢复启动前的性能退化转移率矩阵。考虑到遭受灾害后的系统性能服从逐状态顺序退化，A^* 可表示为

$$A^* = \begin{bmatrix} 0 & r_{0,1}^1 & r_{0,2}^1 & \cdots & r_{0,m-1}^1 & r_{0,m}^1 \\ 0 & 0 & r_{1,2}^1 & \cdots & r_{1,m-1}^1 & r_{1,m}^1 \\ \vdots & \vdots & \vdots & & \vdots & \vdots \\ 0 & 0 & 0 & \cdots & 0 & r_{m-1,m}^1 \\ 0 & 0 & 0 & \cdots & 0 & 0 \end{bmatrix} \tag{6-8}$$

当不发生维护时，系统不会返回到高性能状态，而只是依次退化到较低的性能状态。需要注意的是，如果原系统没有受到冲击，系统性能的退化过程是非常缓慢的，可以近似忽略不计。因此，可以假设系统总是在没有冲击干扰的情况下运行在最佳性能状态。

如果灾害次数 $w=1$，在遭受灾害瞬间，系统性能状态发生从状态 $S(T^{1-})$ 到 $S(T^{1+})$ 的直接下降。从第一次灾害发生后到第二次灾害发生或维修恢复启动前，系统将根据性能退化转移率矩阵 A^1 发生间接性能退化。由于在第一次灾害发生时，系统性能属于原始系统的一种情况，即 A^1 属于 A^* 的一种情况，故 A^1 可表示为

$$A^1 = A^* \tag{6-9}$$

在多次灾害（即 $w>1$）的背景下，系统遭受灾害瞬间，性能状态发生从状态 $S(T^{w-})$ 到 $S(T^{w+})$ 的直接下降，从第 w 次灾害发生后到第 $w+1$ 次灾害发生前或维修恢复启动（系统性能状态退化到状态 S_m）前，系统将根据性能退化转移率矩阵 A^w 发生间接性能退化，A^w 可表示为

$$A^w = \begin{bmatrix} 0 & r_{0,1}^w & r_{0,2}^w & \cdots & r_{0,m-1}^w & r_{0,m}^w \\ 0 & 0 & r_{1,2}^w & \cdots & r_{1,m-1}^w & r_{1,m}^w \\ \vdots & \vdots & \vdots & & \vdots & \vdots \\ 0 & 0 & 0 & \cdots & 0 & r_{m-1,m}^w \\ 0 & 0 & 0 & \cdots & 0 & 0 \end{bmatrix},\ w>1 \tag{6-10}$$

其中，T^w 表示第 w 次灾害发生的时刻，$r_{i,j}^w$ 表示系统从第 w 次灾害发生后到第 $w+1$ 次灾害发生或维修恢复启动（系统性能状态退化到状态 S_m）前从状态 S_i 到状态 S_j 的性能退化率。$r_{i,j}^w$ 由三个因素决定：原始系统的性能退化率 $r_{i,j}^1$、第 w 次灾害发生前一刻系统所处的状态 $S(T^{w-})$、第 w 次灾害的严重程度 θ_w。

$$r_{i,j}^w = fr_{i,j}^1, S(T^{w-}), \theta_w = 1+\alpha_i^{w^-\beta^w} \cdot r_{i,j}^1 \tag{6-11}$$

即第 w 次灾害发生后到第 $w+1$ 次灾害发生或维修恢复启动（系统性能状态退化到退化 S_m）前，系统的性能退化转移率矩阵 A^w 可表示为

$$A^w = fA^*, S\left(T^{w-}\right), \theta_w = 1+\alpha_i^{w^-\beta^w} \begin{bmatrix} 0 & r_{0,1}^1 & r_{0,2}^1 & \cdots & r_{0,m-1}^1 & r_{0,m}^1 \\ 0 & 0 & r_{1,2}^1 & \cdots & r_{1,m-1}^1 & r_{1,m}^1 \\ \vdots & \vdots & \vdots & & \vdots & \vdots \\ 0 & 0 & 0 & \cdots & 0 & r_{m-1,m}^1 \\ 0 & 0 & 0 & \cdots & 0 & 0 \end{bmatrix} \tag{6-12}$$

其中，$\alpha_i^{w^-}$ 为性能退化率的形状参数，取决于第 w 次灾害发生前一刻系统所处的状态，为简单起见，而又不失一般性，可令 $\alpha_i^{w^-}$ 为一恒定常量，但对于不同状

态，$\alpha_i^{w^-}$ 的取值不同；β^w 为性能退化率的强度参数，取决于第 w 次灾害的严重程度 θ_w；$r_{i,j}^1$ 表示原始系统的性能退化率。

直接性能损伤之后，系统将根据性能退化转移率矩阵 A^w 发生间接性能退化，直至系统性能下降至最低性能状态 S_m。此后，对系统进行维修使其性能恢复，以保证高效工作，其恢复过程服从系统的性能维修恢复转移率矩阵 A_u。由于性能维修恢复过程与灾害次数无关，仅取决于该次维修的始终状态。由此可知，每次维修启动后系统的维修恢复转移率矩阵保持一致。可令 A_u 表示系统从第 u 次维修启动到再次遭受灾害或性能状态被维修恢复到最佳状态（即状态 S_0）前的性能维修恢复转移率矩阵，可表示为

$$A_u = \begin{bmatrix} 0 & 0 & \cdots & 0 & 0 & 0 \\ \mu_{1,0} & 0 & \cdots & 0 & 0 & 0 \\ \vdots & \vdots & & \vdots & \vdots & \vdots \\ 0 & 0 & \cdots & \mu_{m-1,m-2} & 0 & 0 \\ 0 & 0 & \cdots & 0 & \mu_{m,m-1} & 0 \end{bmatrix} \tag{6-13}$$

其中，$\mu_{i,j}$ 表示系统从第 u 次维修开始到再次遭受灾害或性能状态被恢复到最佳状态（即状态 S_0）前从状态 S_i 到状态 S_j 的维修恢复率。

性能转移率矩阵的定义说明，系统性能恢复过程服从于逐个状态的顺序恢复。如果在维护过程中没有发生冲击，维护工作将一直进行，直到系统性能状态维持在最佳性能状态 S_0。如果在维护过程中发生了新的冲击，维护工作就会终止。当系统性能状态退化到最低性能状态 S_m 时，就会发生直接性能损坏和间接性能退化的过程，从而触发系统的维护。

6.2　系统性能韧性与成本韧性

系统性能韧性量化模型是从性能角度出发，通过衡量性能恢复程度，获得系统性能韧性。性能恢复程度是指系统在遭受极端事件破坏后，在规定的时间内系统性能提高的程度。系统在损伤和维修恢复下的性能变化过程如图 6-5 所示。

在任务执行过程中，系统性能累积损失量是指系统在遭受灾害损伤及维修恢复下，性能损失量之和，如图 6-5 中阴影部分所示。性能累积损失量 F_{loss} 为

$$F_{\text{loss}} = \sum_{d=1}^{s}\left(\left(F_0 - F_d\right)\left(t_d - t_{d-1}\right)\right) \tag{6-14}$$

其中，s 为系统在灾害损伤和维修恢复过程的时间总步数，F_0 为系统在未受到

灾害前所具有的最佳性能，F_d 表示系统在状态 d 下所具有的性能值，$t_d - t_{d-1}$ 表示系统在状态 d 的持续时间。系统在灾害损伤和维修恢复下，所能承受的最大性能损失量称为系统性能裕度，用 F_{margin} 表示为

$$F_{\text{margin}} = F_0\left(t_s - t_0\right) \tag{6-15}$$

其中，F_0 为系统在未受到灾害前所具有的最佳性能，$t_s - t_0$ 表示持续时长。那么，系统的性能韧性 R_f 可定义为

$$R_f = \frac{F_{\text{margin}} - F_{\text{loss}}}{F_{\text{margin}}} \tag{6-16}$$

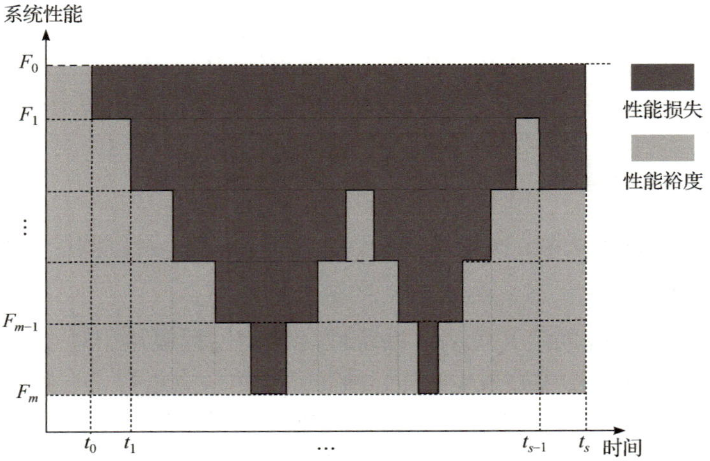

图 6-5　损坏和维护下的系统性能率变化过程

在连续时间离散状态的马尔可夫过程中，时刻 t 系统的平均性能值 $\overline{F_S}(t)$ 可表示为

$$\overline{F_S}(t) = \sum_{i=0}^{m} p_i(t) F_i \tag{6-17}$$

在连续的过程中，累积损失量 F_{loss}、性能裕度 F_{margin} 和性能韧性三部分可以用新的方程式表示。系统性能累积损失量 $F_{\text{loss}}(t)$ 为

$$F_{\text{loss}}(t) = \int_0^t \left(F_0 - \overline{F_S}(t)\right) \mathrm{d}t \tag{6-18}$$

系统性能裕度 $F_{\text{margin}}(t)$ 为

$$F_{\text{margin}}(t) = F_0 t \tag{6-19}$$

因此，式(6-16)可以转化为

$$R_{\mathrm{e}}=\frac{F_{\text{margin}}-F_{\text{loss}}}{F_{\text{margin}}}=1-\frac{\int_0^t\left(F_0-\sum_{i=0}^{m}p_i(t)F_i\right)\mathrm{d}t}{F_0t}=\frac{\sum_{i=0}^{m}F_i\int_0^t\left(p_i(t)\right)\mathrm{d}t}{F_0t} \tag{6-20}$$

不难看出，$0\leqslant R_{\mathrm{e}}\leqslant 1$。当 $R_{\mathrm{e}}=0$ 时，系统处于临界崩溃状态。当 $R_{\mathrm{e}}=1$ 时，系统没有任何性能损失，处于最佳性能状态。R_{e} 的值越大，系统的性能韧性就越高，说明系统在经历了多次灾害的破坏和维护过程后，整体性能恢复到了较高的水平。

系统在灾害损失和维修恢复下会产生两类成本：损失成本和维修成本。损失成本包括直接损失造成的成本和间接损失造成的成本。直接损失是由破坏事件直接造成的，与其他因素无关。间接损失是由系统性能下降造成的，取决于恢复过程的时长，表示系统在低性能状态相较于最佳性能状态运行下减少的收入。维修成本表示将系统从低性能状态维修恢复到高性能状态所需花费的成本，只取决于维修过程的始终状态，与其他因素无关。

系统在打击损伤阶段，会发生从性能状态 S_i 到状态 S_j($0\leqslant i<j\leqslant m$)的转移，该过程伴随着 $d_{i,j}$ 的直接损失

$$\begin{cases}d_{i,j}>0, & i<j\\ d_{i,j}=0, & i\geqslant j\end{cases} \tag{6-21}$$

在维护过程中，系统将从性能状态 S_i 转移到状态 S_{i-1}（$i=1,2,\cdots,m$）。这个过程伴随着维护成本 $k_{i,i-1}$。多状态系统在损坏和维护过程中产生的成本如图 6-6 所示。

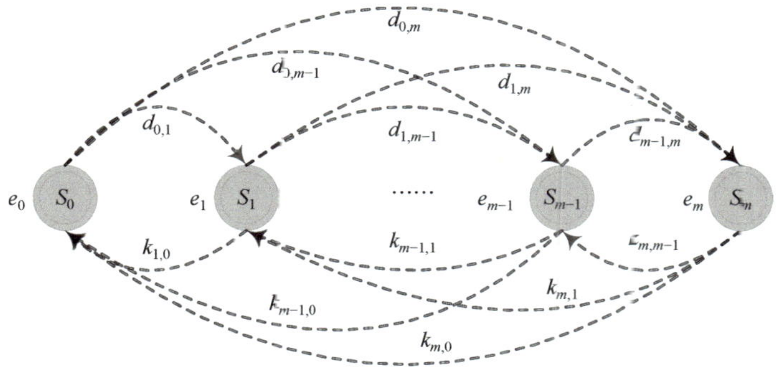

图 6-6　损坏和维修过程中的各种成本

用 $L(t)$ 表示系统从时刻 0 到时刻 t 产生的总成本，其可表示为

$$L(t)=L_d(t)+L_e(t)+L_k(t)=\sum_{i=0}^{m}\sum_{j=0}^{m}d_{i,j}N_{i,j}(t)+\sum_{j=0}^{m}e_jT_j(t)+\sum_{i=1}^{m}k_{i,i-1}N_{i,j}(t) \quad (6\text{-}22)$$

其中，$L_d(t)$、$L_e(t)$、$L_k(t)$分别表示系统的直接损失、系统的间接损失、系统的维修损失。$N_{i,j}(t)$表示系统在时刻 0 到 t 内从状态 i 转移到状态 j 的次数。$d_{i,j}$ 和 e_j 分别表示系统从状态 S_i 转移到状态 S_j 的直接损失、系统停留在状态 S_j 造成的单位时间间接损失。$T_j(t)$表示系统从时刻 0 到 t 内停留在状态 S_j 的累积时间，可表示为

$$T_j(t)=\int_0^t \mathcal{L}\left\{F(x)=F_j\right\}\mathrm{d}x \quad (6\text{-}23)$$

$$\mathcal{L}\left\{F(x)=F_j\right\}=\begin{cases}1, & F(x)=F_j\\ 0, & \text{其他}\end{cases} \quad (6\text{-}24)$$

其中，$F(x)$表示系统在时刻 x 所具有的性能值，F_j 表示系统在状态 S_j 所具有的性能值。在实际项目开始前，系统的各项损失成本都有预算。假设在$[0,t]$的系统运行过程中发生的总成本不能超过预算值 $L_g(t)$，这是一个随时间变化的函数，那么可以引入成本韧性 R_l 来衡量预算盈余，在时刻 t 的成本韧性可以定义为

$$R_l(t)=\frac{L_g(t)-L(t)}{L_g(t)} \quad (6\text{-}25)$$

不难看出，$0\leqslant R_l\leqslant 1$。当 $R_l=0$ 时，系统没有任何预算盈余，或者，发生的费用正好等于预算。当 $R_l=1$ 时，也就是说，没有冲击发生。这意味着，系统既没有退化，也没有维持。R_l 的值越大，系统的预算盈余就越多，这意味着系统在运行过程中产生的费用越少。

6.3　系统综合韧性评估模型

将复杂系统的性能状态划分为五个部分，分别是正常工作状态 S_0、轻微损伤状态 S_1、严重损伤状态 S_2、故障状态 S_3 和完全老化状态 S_4。

复杂系统受到灾害冲击后，当灾害强度 W_i 大于灾害阈值 D_i(D_1、D_2、D_3)时，会造成系统性能由高性能向低性能发生转移(如从 S_0 转移至 S_1)。灾害强度过大时，会使复杂系统的性能状态发生跳跃性降低(如从 S_0 转移至 S_3)。根据灾害阈值的大小，将灾害强度划分为四级：$0\leqslant W_i\leqslant D_1$ 为Ⅰ级；$D_1<W_i\leqslant D_2$ 为Ⅱ级；$D_2<W_i\leqslant D_3$ 为Ⅲ级；$W_i>D_3$ 为Ⅳ级。灾害强度等级越高，对系统自然退化影响越大，加剧系统退化的效果越明显。

复杂系统自然老化导致的退化，只会使得系统性能状态向老化进行转移，不会造成状态发生转移。灾害所造成的退化，只会使得系统性能状态向低性能状态转移，不会向老化状态转移。

本章节认为普通维修是不完美维修，不能把系统恢复到最佳工作状态。普通维修分为预防维修 MS_1 和故障维修 MS_2。预防维修是主动维修的一种，是系统仍处于工作状态时所进行的一种维修。预防维修可以延长设备的使用寿命，避免故障状态出现，导致更长时间的维修。当系统性能为 S_2（严重损伤状态）时，系统会进行预防维修，维修后系统性能状态由 S_2（严重损伤状态）变换为 S_1（轻微损伤状态）。当系统性能状态为 S_3（故障状态）时，系统会进行故障维修，维修后系统性能状态由 S_3（故障状态）变换为 S_1（轻微损伤状态）。对于系统，当系统发生预防维修和故障维修时，不会受到灾害，但老化仍会发生。将组件发生完全老化进行零件更换认为特殊维修 MS_3。特殊维修是直接将旧零件更换成新零件，因此可以使得系统由状态 S_4（完全老化状态）转移为 S_0（正常状态）。退化失效和维修恢复的状态转移过程如图 6-7 所示。

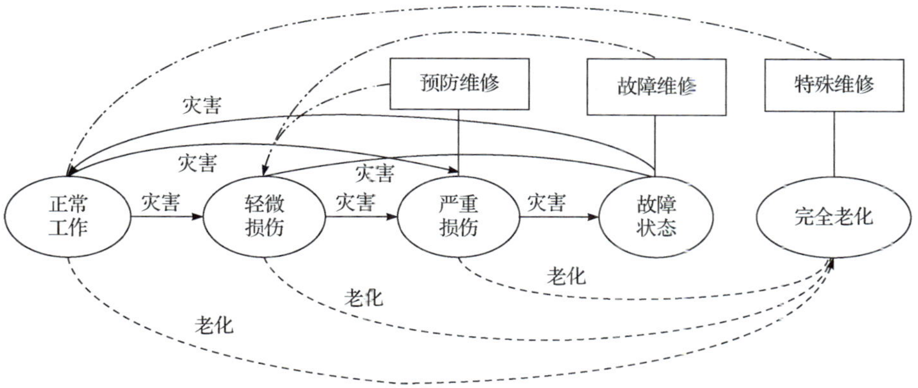

图 6-7　退化失效和维修恢复的状态转移过程

随机灾害冲击不仅会使系统状态发生转移，也会加剧系统发生老化。因此，系统在 $[0,t]$ 上的总退化量 $Z_Y(t)$ 为自然老化导致的性能退化量和随机冲击退化量之和。当系统退化量大于退化阈值 M 时，系统状态变为老化状态 S_4，此时需要更换新系统。对老化的系统进行更换时，需要到库存拿备件或重新购买，故需要花费一定的时间。

韧性是系统为应对各种扰动和变化而呈现的一种能力或品质特性，即系统对来自自然或人为事件的干扰进行预测、抵抗、吸收、反应、适应并恢复的能力。本节将从抵抗韧性指标、吸收韧性指标、恢复韧性指标三个方面建立综合韧性系统来衡量系统的韧性。三种韧性指标与多次灾害后系统状态的对应关系如图 6-8 所示。

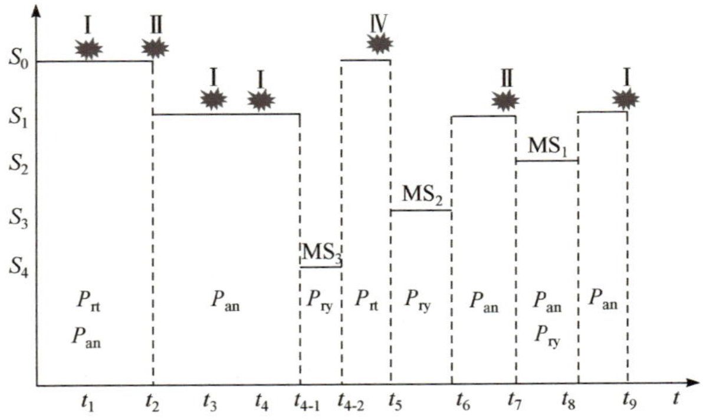

图 6-8　三种韧性指标与多次灾害后系统状态的对应关系

1. 抵抗韧性指标

抵抗韧性是系统抵抗极端事件影响而不降低其性能的能力。系统在受到随机的外部灾害时，始终保持正常工作状态的概率，即系统的抵抗韧性。换句话说，具有高抵抗韧性的系统能够在极端事件发生后满负荷运行，而不需要进行修复。在本节中，系统的抵抗韧性是系统在$[0,t]$上保持状态S_0的概率，表示为

$$P_{rt}=P\{X(\varphi)=S_0,\forall\varphi\in(0,t)\}\tag{6-26}$$

其中，$X(\varphi)$表示系统在φ时刻的性能状态，不难看出，$0\leqslant P_{rt}\leqslant 1$。当$P_{rt}=0$时，表明系统没有任何抵抗韧性，处于临界崩溃状态。当$P_{rt}=1$时，表明系统能够抵抗所有外部冲击，处于最佳性能运行状态。P_{rt}的值越大，表明系统具有越好的抵抗韧性。

2. 吸收韧性指标

吸收韧性是指系统对极端事件影响的吸收能力，在极端事件消失后，系统可以恢复到正常的运行状态，而不会对系统造成永久性的损害。在本节中，当系统受到冲击时，使系统状态变为故障状态S_3，或冲击带来的退化使系统完全老化，则认为极端事件对系统造成了永久性损害。系统的吸收韧性应体现在受到冲击后，系统状态处于S_0、S_1、S_2这三个仍具有性能维持系统进行工作的状态，表示为

$$P_{an}=P\{X(\varphi)=S_0,S_1,S_2,\forall\varphi\in(0,t)\}\tag{6-27}$$

不难看出，$0\leqslant P_{an}\leqslant 1$。当$P_{an}=0$时，表明系统没有任何吸收韧性，受到冲击就会使得系统停止工作。当$P_{an}=1$时，表明系统能够吸收所有外部冲击，保护持续工作。P_{an}的值越大，表明系统具有越好的吸收韧性。

3. 恢复韧性指标

恢复韧性是指系统在遭受极端事件破坏后，在规定的时间内恢复到高性能运行状态的能力。在本章节中，高性能运行状态是指状态 S_0 和 S_1。系统的恢复时间则是处于状态 S_2 的预防维修时间、状态 S_3 的故障维修时间、状态 S_4 的特殊维修时间。因此恢复高性能的时间为

$$T_{ry}=T_2+T_3+T_4,\ \forall\varphi\in(0,t) \tag{6-28}$$

其中，T_2、T_3、T_4 分别表示三种维修持续的总时间。规定的最长维修时间为 T_{sd}，T_{sd} 是关于冲击次数、冲击强度、损伤速率有关的函数，表示为

$$T_{sd}=f\big(N(t),W,\beta\big) \tag{6-29}$$

其中，$N(t)$ 是指 $[0,t]$ 内冲击的次数，W 是冲击强度矩阵，β 是损伤速率矩阵，三者是相对应的。恢复韧性定义为

$$P_{ry}=\frac{T_{sd}-T_{ry}}{T_{sd}} \tag{6-30}$$

不难看出，$0\leqslant P_{ry}\leqslant 1$。当 $P_{ry}=0$ 时，表明系统没有任何恢复韧性，受到冲击后，系统维修时间较长。当 $P_{ry}=1$ 时，表明系统一直处于高性能运行状态，不需要进行维修。P_{ry} 的值越大，表明系统具有越好的吸收韧性。

4. 综合韧性

为了能够更好地衡量系统的整体韧性，本节根据已建立的抵抗韧性指标、吸收韧性指标、恢复韧性指标建立综合韧性评价系统，综合评估系统的韧性。综合韧性表示为

$$P_{ol}=\sqrt[3]{P_{rt}\times P_{an}\times P_{ry}} \tag{6-31}$$

不难看出，$0\leqslant P_{ol}\leqslant 1$。当 $P_{ol}=0$ 时，表明系统没有韧性。当 $P_{cl}=1$ 时，表明系统的整体韧性非常好，各项韧性指标均是最佳状态。P_{ol} 的值越大，表明系统具有越好的综合韧性。

6.4　系统韧性优化模型

在追求复杂系统韧性最大化时，仅以成本作为约束条件，可能导致过高的成本。不同的研究者对系统成本与韧性的青睐程度不同，偏好于成本最小化的研究者，对于韧性最大化带来的较高成本往往是不能接受的；偏好于韧性最大化的研

究者，对于成本最小化带来的较低系统韧性往往也不能接受。通常，理性的研究者往往希望使得复杂系统的韧性最大化的同时产生最小的成本。韧性最大化与成本最小化的权衡是一个多目标优化问题。因此，本节以复杂系统的韧性最大化、成本最小化作为目标，建立多目标规划模型，以此给出满足理性研究者的最优解集。

根据各项成本定义可知，复杂系统的韧性求解过程与成本密不可分。由于多灾害产生的成本即是复杂系统的运营成本，视情维修的成本即是维修成本，多状态系统中，系统状态达到老化状态会进行组件更换，从而产生更换成本。根据韧性与成本模型，可知复杂系统的韧性与成本的多目标优化模型的数学表达式为

$$\begin{cases}\max: P_{\text{ol}}=\sqrt[3]{P_{\text{rt}}\times P_{\text{an}}\times P_{\text{ry}}}\\ \min: C(t)=C_R(t)+C_o(t)+C_k(t)+C_{\text{ex}}(t)\end{cases} \tag{6-32}$$

多目标优化问题，通常会通过一些方法将多目标规划问题转化为单目标规划问题，如线性加权法(给出两个优化目标的权重)、约束法(仅保留一个优化目标，将其他优化目标作为约束条件)等，但是这些方法具有一定的主观性，导致获得解集往往不是最优解集。因此采用帕累托(Pareto)最优思想的多目标粒子群算法进行求解。

以双目标优化模型为例阐述帕累托最优解集的概念：向量 $X_1=(x_{11},x_{12},\cdots,x_{1N})$，$X_2=(x_{21},x_{22},\cdots,x_{2N})$，对于 $\forall i\in\{1,2,\cdots,N\}$，如果 $f_1(X_1)\leqslant f_1(X_2)$，$f_2(X_1)\leqslant f_2(X_2)$ 成立，且 $\exists i\in\{1,2,\cdots,N\}$，$f_1(X_1)\leqslant f_1(X_2)$，$f_2(X_1)\leqslant f_2(X_2)$，即 X_1 帕累托占优势 X_2，记为 $X_2\propto X_2$，则 X_1 是最优决策向量。所有最优决策向量的集合称为帕累托最优解集，它在目标空间上的映射称为帕累托边界。

在粒子群算法中，粒子通过个体位置最优值 pbest 和群体位置最优值 gbest 来更新自身的状态。达到迭代次数时，粒子群的最优位置即是问题的最优解。多目标粒子群与单目标粒子群的主要区别在于：群体最优位置和个体最优位置的确定。为了获得多样性的解，即比较完整的帕累托前沿，要求算法得到的解在帕累托前沿尽量均匀分布，而不仅仅是集中在某小块区域。自适应网格法把可行域划分为一个个的小方格，每一个解均存在方格中。通过对网格设计一个适值，计算方式如式(6-33)所示，这样网格中的解为 1 或者比较多时，适值就比较大。根据该适值，使用轮盘赌法选择一个网格，适值大的容易选中，再从中随机选取一个作为群体最优 gbest，这样就可以使例子趋向于向搜索不足的方向前进。

$$F_i=\begin{cases}1, & a_i=1\\ \dfrac{a_i}{A}, & \text{其他}\end{cases} \tag{6-33}$$

多目标粒子群算法首先需要初始化粒子的位置和速度，并设置个体粒子的最优位置 pbest 和粒子群的最优位置 gbest 等，并设立外部档案存储粒子群的最优位置。评价粒子的适应值和帕累托支配关系，将非支配解放入外部档案中，若外部档案达到最大容量，则从含有最多非支配解的网格中随机删除一个历史解。利用自适应网格法更新 gbest，并利用速度公式(6-34)和位置公式(6-35)更新粒子的速度和位置，重复上述步骤直至达到最大迭代次数。

$$V_b(t+1)=\omega\times V_b(t)+c_1r_1(\text{pbest}_b-\text{poisition}_b(t))+c_2r_2(\text{gbest}-\text{poisition}_b(t)) \tag{6-34}$$

$$V_b(t+1)=\omega\times V_b(t)+c_1r_1(\text{pbest}_b-\text{poisition}_b(t))+c_2r_2(\text{gbest}-\text{poisition}_b(t)) \tag{6-35}$$

其中，ω 表示惯性权重，c_1、c_2 表示学习因子或加速因子，r_1 和 r_2 是[0,1]上的随机数。

为了避免陷入局部最优解，需要对个体粒子的位置进行一个变异或扰动。为了获得全局最优解，同时缩短算法的运行时间，本节提出了一种新的变异策略。按照粒子位置与坐标原点之间的距离大小将粒子群进行划分，距离最小的部分不进行变异，距离最大的部分完全进行变异。变异过程如下

$$\text{Poisition}(t+1)=\text{Poisition}^L+(\text{Poisition}^U-\text{Poisition}^L)\cdot\text{Var} \tag{6-36}$$

其中，Poisition^U 和 Poisition^L 分别为粒子运动的上下界限，Var 是扰动项，是[0,1]上的随机数。介于二者之间的粒子发生变异的概率随着迭代次数的增加逐渐减小，再利用式(6-37)发生变异

$$P_t=1-\frac{t-1}{\text{Maxgen}-1} \tag{6-37}$$

表 6-1 是多目标粒子群算法中变异策略的伪代码。

表 6-1　多目标粒子群算法中变异策略的伪代码

输入：粒子个数 N_p，最大迭代次数 Maxgen，N_p 个粒子的位置，N_p 个粒子对应的适应值 f^1、f^2，当前迭代次数 t，现有的非支配解

终止条件：粒子的位置均完成更新

步骤 1：(1)计算粒子适应值与所有非支配解的距离，取最小距离记为 d_i

(2)根据各个粒子最小距离的大小降序排列

(3)将粒子按照降序排列的结果划分为三部分，数量分别为 $[N_p/3]$、$[N_p/3]$ 和 $N_p-2\cdot[N_p/3]$

步骤 2：第一部分的粒子不发生变异，按照公式 $\text{Poisition}_b(t+1)=\text{Poisition}_b(t)+V_b(t+1)$ 更新粒子位置

步骤 3：第二部分的粒子部分发生变异，变异概率对迭代次数递减

(1)发生变异的概率为 $P_t=1-(t-1)/(\text{Maxgen}-1)$

(2) 变异的粒子按照公式 $\text{Poisition}(t+1)=\text{Poisition}^{L}+\left(\text{Poisition}^{U}-\text{Poisition}^{L}\right)\cdot\text{Var}$ 更新粒子位置，Var 为 $[0,1]$ 上的随机数

(3) 不发生变异的粒子，按照公式 $\text{Poisition}_{b}(t+1)=\text{Poisition}_{b}(t)+V_{b}(t+1)$ 更新粒子位置

步骤 4：第三部分的粒子均发生变异，按照公式 $\text{Poisition}(t+1)=\text{Poisition}^{L}+\left(\text{Poisition}^{U}-\text{Poisition}^{L}\right)\cdot\text{Var}$ 更新粒子位置，Var 为 $[0,1]$ 上的随机数

输出：N_p 个粒子的新位置

6.5 本章小结

本章将系统划分为多状态系统，从系统的抵抗、吸收与恢复能力建立抵抗韧性指标、吸收韧性指标和恢复韧性指标，从而获得系统的综合韧性。考虑到系统需要满足正常工作所需要的可靠性以及成本限制，本节提出了一个基于可靠性与成本的韧性优化模型。

第 7 章　智能机器人系统 RCMA

智能机器人是一种具有高度机电耦合性的复杂机电系统，由多种类型的机械零部件和电子元器件构成。它们能够遵循预先编排的程序或接受人类的实时指挥来完成预定的操作任务，展现出强大的功能性和灵活性。任何一个组件发生问题都有可能引起整个智能机器人系统的故障，另外，加工误差、装配间隙误差和零部件磨损等不确定性因素，不可避免地会对智能机器人的精度、使用寿命造成影响。智能机器人的正常工作需要建立在系统内各个组件正常运行的基础上，一旦某一组件出现故障，则将影响整个系统的运行。针对上述问题，本章将 FMECA 与 FTA 方法相结合，以智能机器人系统为分析对象，对组件的失效机理及相对应的失效模式与原因进行分析。

7.1　智能机器人系统结构

智能机器人每个子系统出现的故障模式各有不同，基于此将其划分为本体、伺服电机、减速器、控制器、伺服驱动器、示教器六个部分，其各自的结构组成如图 7-1 所示。

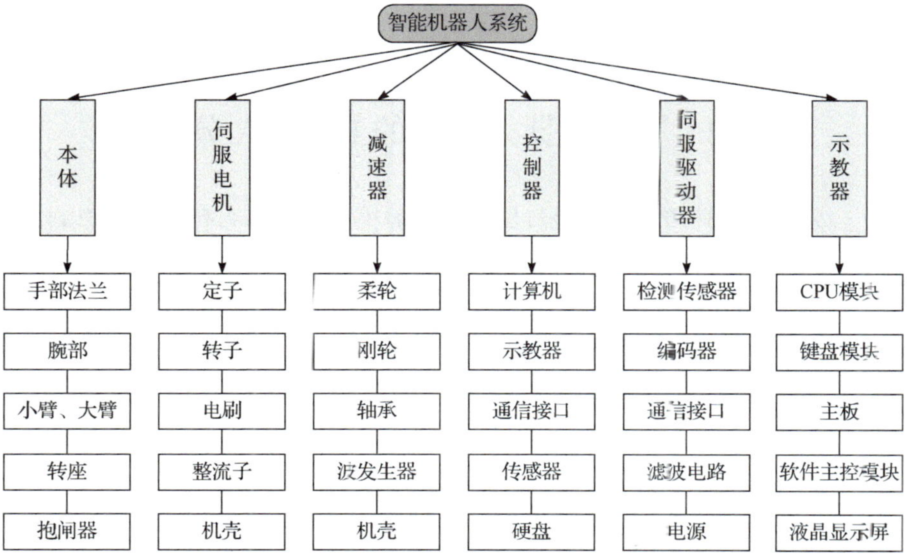

图 7-1　智能机器人结构组成

(1)本体：通常由多个关节与连杆构成，在末端执行机构的驱动下，抵达既定的目标位置，以实现预定功能。主要包括手部法兰、腕部、小臂/大臂关节、转座、抱闸器等结构。

(2)伺服电机：通过脉冲信号将电能高效地转化为动能，从而实现智能机器人的高效运行和精准作业。由定子、转子、电刷、整流子、机壳等结构组成。在底座、大臂关节等负载较重的部位，可以安装变速范围稳定、起动转矩较高且输出功率大的伺服电机，以满足高负载的需求；在小臂关节或腕关节等负载较轻的位置，可选择质量较小的伺服电机。

(3)减速器：是智能机器人系统中唯一具有高精密纯机械组件的子系统，一般由柔轮、刚轮、轴承、波发生器、机壳等结构组成。减速器可以用于在执行组件与电机中间实现转矩传动与减速传动等，常见减速器类型主要包括 RV(Rotary Vector)减速器与谐波减速器。

(4)控制器：智能机器人的控制器不仅负责机器人的运动控制，还涉及各种传感器信息的处理与决策，是确保机器人稳定运行和实现预定任务的核心组件。主要结构通常包括计算机、示教器、通信接口、传感器、硬盘等。

(5)伺服驱动器：主要用于控制电机的运行，它通过调节位置、速度与转矩等参数变化来实现对伺服电机的精准操控。主要由检测传感器、编码器、通信接口、滤波电路、电源等构成。

(6)示教器：能够实时记录智能机器人的作业位置、工艺参数及运动参数等数据，并通过这些数据实时反馈智能机器人的状态信息，进而对智能机器人的运动进行操纵。主要由 CPU 模块、键盘模块、主板、软件主控模块、液晶显示屏组成。

7.2 智能机器人系统的 FMECA 分析

受到外部作业环境、内在设计结构、保养维护程度等多种因素的影响，智能机器人在设计、生产和使用的过程中，极易发生故障。FMECA 旨在分析出系统可能产生的所有故障类型以及这些故障对各级系统工作的影响。通过深入剖析系统各层的功能特性和故障判据，能够确定所有潜在的故障模式及其发生的原因，为后续的故障预防和应对提供有力支持。

1. 系统定义

为了使分析人员能够更精确地对智能机器人系统进行 FMECA 分析，需要首先对整个系统进行层次划分。在功能层次方面，智能机器人通过将控制信号精准传递至相应的执行组件，进而执行工作任务。具体的功能约定层次关系如图 7-2 所示。

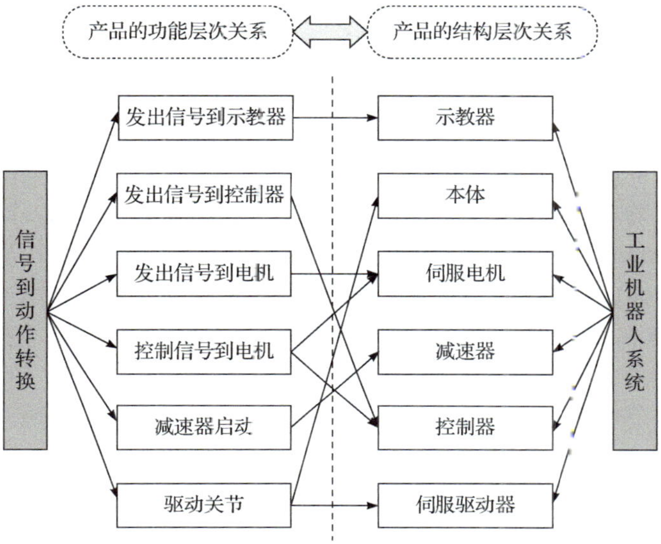

图 7-2　智能机器人的功能层次与结构层次划分对应关系

2. 故障模式分析

通过全面地对各个组件和系统的潜在故障模式进行分析，能够更好地理解智能机器人的性能特点，为后续的故障预防和维修工作提供有力的支持。

3. 故障原因分析

对于每个故障模式，深入探究智能机器人发生故障的潜在原因，可能是外部环境化学腐蚀作用，也可能是工艺水平的不足，或者是人员操作失误等。通过细致分析，能够更准确地识别故障根源，为故障预防和解决提供有力的依据。

4. 故障影响分析

FMECA 理论中将故障模式的影响分为局部影响与最终影响。局部影响指的是故障模式对该组件自身及其所在系统的使用和功能状态的影响；而最终影响指的是故障模式对整体系统的使用和功能状态的影响。本节将两种影响相结合对智能机器人系统故障影响程度进行综合评估。

5. CA 分析

CA 分析的主要目的是对智能机器人的故障影响进行量化评估与分析。通过分析每一个故障模式的严重程度、发生后所产生的影响以及被检测到的难易程度，对故障模式进行等级划分。这一过程有助于更准确地理解失效会造成的影响，为后续的故障预防和应对提供有力支持。CA 是对 FMEA 的补充或扩展，只有在 FMEA 的基础上才能进行 CA 分析。常见的危害性分析方法包括危害性矩阵图法与风险优先数法。危害性矩阵图法通常将严酷度作为横坐标，出现概率等级作为纵坐标，通过图中线的长短直观体现危害程度变化，由于绘图比例不同，同样的数据也可能出现不同的变化。风险优先数法(Risk Priority Number，RPN)则是将故障模式的评价指标分成严酷度等级(Effect Severity Rating，ESR)、发生概率等级(Occurrence Probability Rating，OPR)和失效原因被检出等级(Detection Difficulty Rating，DDR)三个类别。按照风险优先数计算结果的大小进行排序，RPN 的数值越大，表明该故障模式的危害程度越高，进而可以直接判断出智能机器人中风险等级最高的子系统或组件，该方法是目前较为常用的 CA 分析方法。因此，本节优先选择风险优先数法对智能机器人系统进行 CA 分析。风险优先数法中 ESR、OPR、DDR 三者的关系为

$$\mathrm{RPN} = \mathrm{ESR} \times \mathrm{OPR} \times \mathrm{DDR} \tag{7-1}$$

针对智能机器人系统特点，制定严酷度等级、发生概率等级和失效原因被检出等级的评分准则。

1) 严酷度等级分析

严酷度等级分析用于评定智能机器人故障模式对系统的最终影响程度，严酷度等级划分评分准则如表 7-1 所示。

表 7-1　严酷度等级评分准则表

评分等级	故障影响程度	
1、2、3	轻度	不足以导致智能机器人系统损坏，但可能造成轻度环境损失或财产损失，需要对其进行非计划性维修或维护
4、5、6	中度	导致智能机器人系统中度损坏、中度环境损失或财产损失，造成任务延误
7、8	严重	导致智能机器人系统严重损坏、严重环境损失或财产损失，造成任务失败等后果
9、10	灾难	导致智能机器人系统重大损坏、灾难性环境损失或财产损失，造成任务失败并产生重大影响

2) 发生概率等级

发生概率等级是用于评估特定故障模式实际发生可能性的指标。根据故障模

式发生的可能性与对应的概率值范围来评定其等级。智能机器人系统的故障模式发生概率等级评分如表 7-2 所示。

表 7-2　发生概率等级评分准则

评分等级	故障发生可能性	故障发生概率
1	极低可能	$P_o < 1\times10^{-6}$
2、3	相对较低可能	$1\times10^{-6} \leqslant P_o < 1\times10^{-4}$
4、5、6	中等可能	$1\times10^{-4} \leqslant P_o < 1\times10^{-2}$
7、8	高可能	$1\times10^{-2} \leqslant P_o < 1\times10^{-1}$
9、10	相对较高可能	$P_o > 1\times10^{-1}$

3) 失效原因被检出等级

失效原因被检出等级用来评定某个故障被检测到的难易程度，智能机器人系统的失效原因被检出等级评分准则如表 7-3 所示。

表 7-3　失效原因被检出等级评分准则

评分等级	被检出的可能性	评价依据
1	完全确定	肯定可以检测出
2、3	非常高	较大的机会被检测出
4	高	很可能检测出
5、6	中等	基本上可以检测出
7	低	可以被检测出
8、9	非常低	较小的机会检测出
10	完全不确定	无法检测

4) 设计改进措施分析

根据 FMECA 分析结果，可以在设计和工艺环节采取消除、减轻故障影响的措施；在使用环节，可以针对薄弱组件加强维修管理。

按照上述 FMECA 步骤对智能机器人的本体进行故障模式影响分析，如表 7-4 所示。

表 7-4　本体子系统 FMECA 表

子系统		故障模式	故障原因	故障影响	ESR	OPR	DDR	RPN
本体	机器人的动作执行组件	转座变形失效	超载	Z 轴无法转动，腰部定位不准，智能机器人无法正常工作	7	3	3	63
		抱闸失效	抱闸短路或不对地	智能机器人关节受到冲击，末端执行器位置发生突变，智能机器人无法正常工作	5	3	2	30
		腰关节疲劳失效	机械故障	腰部发生抖动，末端执行器轨迹不稳，作业轨迹不连续	6	2	3	36
		腰部疲劳失效	腐蚀	出现裂纹，运动不平稳，运动偏离预设轨迹	5	1	1	5
		肩关节疲劳失效	机械故障	大臂抖动，末端执行器工作轨迹发生偏离，作业轨迹不连续	5	6	3	90
		大臂疲劳失效	高、低温或腐蚀	局部手臂出现裂纹，手臂动作不平稳，末端输出轨迹偏离预设轨道	4	3	3	36
		肘关节疲劳失效	机械故障	小臂抖动，末端执行器工作轨迹不稳，作业轨迹不连续	3	2	4	24
		小臂疲劳失效	高、低温或腐蚀	局部手臂出现裂纹，手臂动作不平稳，末端输出轨迹偏离预设轨道	4	4	2	32
		腕关节抖动失效	机械故障	腕部抖动，末端执行器工作轨迹不稳，作业轨迹不连续	3	6	3	54
		手部法兰失效	法兰松动或断裂	腕部与末端执行器连接异常，腕部无法正常工作，末端输出轨迹偏离预设轨道	6	5	4	120
		末端执行器失效	硬件故障	智能机器人执行操作器工作异常，正常作业受影响，无法正常工作	5	7	1	35

通过对智能机器人六个子系统故障模式的 RPN 进行计算并排序，得到 RPN 排名较高的十类故障模式如表 7-5 所示。

表 7-5　排名较高的十类故障模式

排序	子系统	故障模式	RPN
1	减速器	摆线轮疲劳失效	280
2	减速器	行星齿轮疲劳失效	228
3	伺服电机	轴故障	210
4	减速器	太阳轮疲劳失效	175
5	伺服电机	转子断条故障	169

续表

排序	子系统	故障模式	RPN
6	减速器	波发生器变形失效	168
7	控制器	力矩传感器故障	150
8	减速器	行星架疲劳失效	140
9	本体	手部法兰失效	120
10	减速器	柔性轴承疲劳失效	112

通过 CA 分析，找到了智能机器人故障的危害度评分较高的三种主要故障模式：减速器系统的摆线轮疲劳失效、行星齿轮疲劳失效以及伺服电机系统的轴故障，在未来的维修工作中需要对这些关键组件保持高度重视，保证其可靠性水平。

7.3　智能机器人系统的 FTA 分析

根据 7.2 节对智能机器人系统进行 FMECA 分析，可以得到对系统危害度较高的三种主要故障模式，导致这三种主要故障产生的因素较多，排查与维修比较困难，为找出故障根本原因，明确维修重点与薄弱环节，本节将对三种故障模式开展 FTA 分析。

1）减速器系统的摆线轮疲劳失效

减速器系统的摆线轮是系统中的核心关键组件，其性能对整个减速器的运行具有重要影响。其疲劳失效的原因主要包括外部因素影响或使用过度造成摆线轮静断、点蚀、齿面磨损、塑变、疲劳断裂、针齿套与摆线轮产生胶合，而导致针齿套与摆轮线产生胶合的原因是销轴销套磨损严重，进而导致摆线轮发生故障，影响到变速器的运行精度和使用寿命。根据以上分析，绘制故障树如图 7-3 所示。

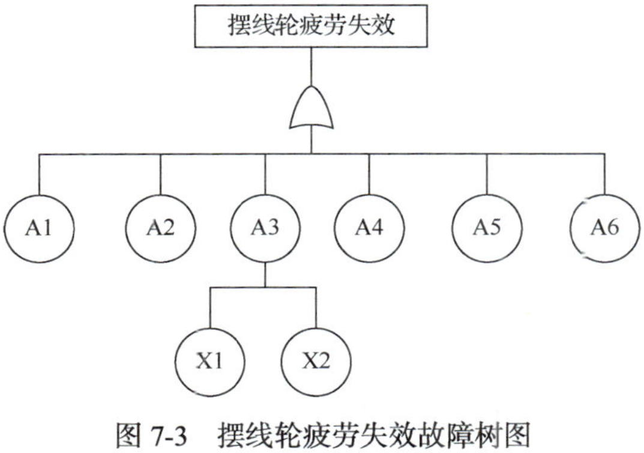

图 7-3　摆线轮疲劳失效故障树图

摆线轮疲劳失效的底事件代号及含义如表 7-6 所示。

表 7-6　摆线轮疲劳失效底事件

代号	底事件	代号	底事件
A1	摆线轮润滑不良	A5	摆线轮齿面磨损
A2	摆线轮疲劳断裂	A6	摆线轮塑变
A3	针齿套与摆线轮胶合	X1	销轴磨损严重
A4	摆线轮点蚀	X2	销套磨损严重

首先对减速器系统的摆线轮疲劳失效进行定性分析，就是找出能使顶事件发生的一些底事件的最小集合。经过分析，可以得出使得摆线轮疲劳失效最小割集为{A1}，{A2}，{A3}，{A4}，{A5}，{A6}，{X1}，{X2}。

定量分析需要对最小割集中所有底事件的发生概率进行统计，在工程应用中，为分析不同事件发生概率的变化对顶事件的影响程度，可以引入概率重要度的概念来评估最小割集对顶事件的影响程度，概率重要度公式为

$$I(i)=\frac{P(i)}{P_n} \tag{7-2}$$

其中，$I(i)$ 为最小割集 i 的概率重要度，$P(i)$ 为基本事件在最小割集中出现的概率，P_n 为具有 n 个底事件的顶事件的发生概率。

摆线轮疲劳失效底事件的故障概率是根据现场作业人员的反馈数据以及现存故障数据的统计分析得出的。因此，根据式(7-2)对摆线轮疲劳失效各底事件进行分析计算，可以得到导致摆线轮疲劳失效的各底事件概率重要度如表 7-7 所示。

表 7-7　底事件故障概率及重要度统计表

代号	故障概率	概率重要度	代号	故障概率	概率重要度
A1	0.016	0.235	A6	0.007	0.102
A2	0.009	0.132	X1	0.021	0.309
A4	0.008	0.118	X2	0.004	0.059
A5	0.003	0.044			

根据表 7-7 可以得出，顶事件摆线轮疲劳失效的发生概率为 0.068。概率重要度排名较高的底事件为 X1(销轴磨损严重)、A1(摆线轮润滑不良)、A2(摆线轮疲劳断裂)，值分别为 0.309、0.235、0.132。这就提醒维修人员摆线轮销轴是摆线轮维修的重点环节与薄弱环节。在对系统检修时，要重视加强对销轴的检查和维修，确保运行状态良好，这样能极大地降低摆线轮疲劳失效的发生概率。

2)减速器系统的行星齿轮疲劳失效

行星齿轮是智能机器人减速器的基础组件，具有体积小巧、重量轻便、速比大、效率高等显著特点。然而由于其复杂的结构和工作状态，振动和噪声问题也相对突出，极易发生齿轮折断、磨损、胶合、塑性变形、产生裂纹以及扩展性点蚀等失效现象，从而影响行星齿轮的传递效率。根据以上分析，绘制故障树如图 7-4 所示。

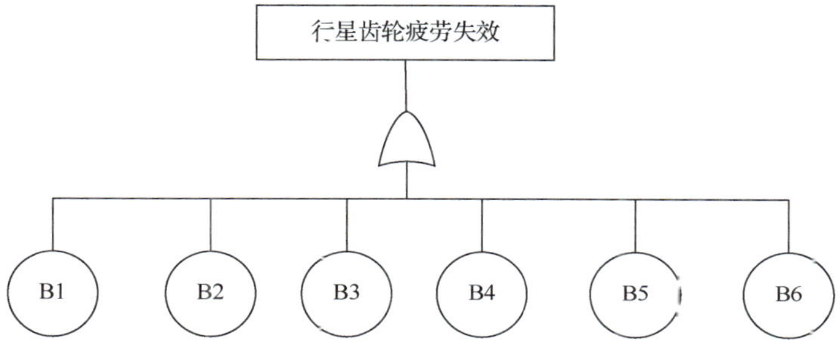

图 7-4　行星齿轮疲劳失效故障树图

行星齿轮疲劳失效的底事件代号及含义如表 7-8 所示。

表 7-8　行星齿轮疲劳失效底事件

代号	底事件	代号	底事件
B1	轮齿折断	B4	齿面胶合
B2	扩展性点蚀	B5	齿轮塑性变形
B3	齿面磨损	B6	齿面裂纹

按照上述步骤，对行星齿轮疲劳失效进行定性分析，可以得出导致行星齿轮疲劳失效的最小割集为{B1}，{B2}，{B3}，{B4}，{B5}，{B6}。

对行星齿轮疲劳失效进行定量分析，可以得到导致行星齿轮疲劳失效的各底事件概率重要度如表 7-9 所示。

表 7-9　底事件故障概率及重要度统计表

代号	故障概率	概率重要度	代号	故障概率	概率重要度
B1	0.010	0.096	B4	0.021	0.202
B2	0.018	0.173	B5	0.002	0.019
B3	0.037	0.356	B6	0.016	0.154

根据表 7-9 可以得出，顶事件摆线轮疲劳失效的发生概率为 0.104。重要度

较高的底事件为 B3(齿面磨损)、B4(齿面胶合)、B2(扩展性点蚀)。在对行星齿轮进行维修时，需要加强对以上三个底事件的关注。

3)伺服电机系统的轴故障

伺服电机轴包括轴承与转轴两部分，电机轴通常处于高速、高温、高负荷的环境中，需要具备较好的稳定性和可靠性才能满足使用需求。造成故障的主要原因有轴承产生压痕、磨损、电蚀、腐蚀、弯曲、折断。转轴故障包括转轴发生疲劳断裂、失稳、转轴磨损偏置、挠度过大以及紧固螺栓松动，从而影响系统正常运行。绘制故障树如图 7-5 所示。

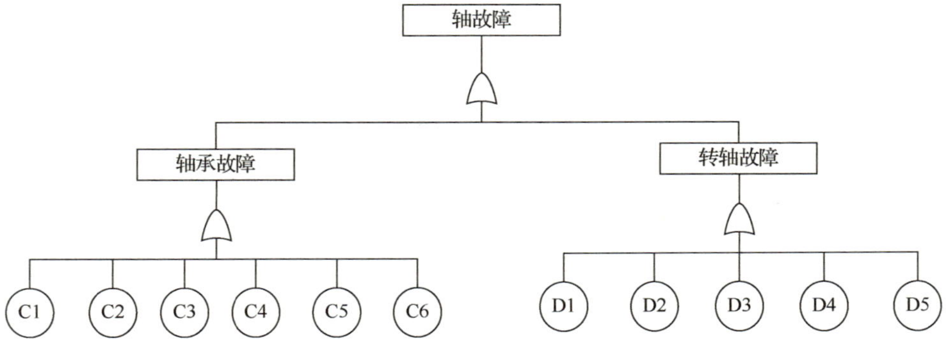

图 7-5　轴故障的故障树图

轴故障的底事件代号及含义如表 7-10 所示。

表 7-10　轴故障底事件

代号	底事件	代号	底事件
C1	轴承压痕	D1	转轴疲劳断裂
C2	轴承磨损	D2	转轴失稳
C3	轴承电蚀	D3	转轴磨损偏置
C4	轴承腐蚀	D4	挠度过大
C5	轴承弯曲	D5	紧固螺栓松动
C6	轴承折断		

同理，对经过定性分析，可以得出使得电机轴产生故障的最小割集为{C1}，{C2}，{C3}，{C4}，{C5}，{C6}，{D1}，{D2}，{D3}，{D4}，{D5}。

对其进行定量分析，可以得到导致故障的各底事件概率重要度如表 7-11 所示。

表 7-11　底事件故障概率及重要度统计表

代号	故障概率	概率重要度	代号	故障概率	概率重要度
C1	0.006	0.055	D1	0.005	0.046
C2	0.003	0.028	D2	0.022	0.202
C3	0.013	0.119	D3	0.007	0.064
C4	0.032	0.046	D4	0.012	0.110
C5	0.002	0.202	D5	0.002	0.018
C6	0.007	0.054			

根据表 7-11 可以得出，顶事件轴故障的发生概率为 0.109。重要度较高的底事件为 C4(轴承腐蚀)、D2(转轴失稳)、C3(轴承电蚀)。在对电机轴进行维修时，需要加强对以上三个底事件的关注。在实际维修中，可以按照概率重要度排序从大到小依次对失效事件进行故障原因排查，这样能够便于维修人员高效地排查出故障原因，提高系统整体可靠性。

7.4　本 章 小 结

本章首先将智能机器人分成六个子系统，并对智能机器人各子系统的故障分类进行统计，可以得到各子系统故障发生情况的统计结果；接下来对六个子系统进行 FMEA 和 CA 分析，通过列出故障模式、故障影响、故障原因清单，计算出了对于系统危害度高的三种主要故障模式：减速器系统的摆线轮疲劳失效、行星齿轮疲劳失效以及伺服电机系统的轴故障；结合 FMECA 分析的结果，对三种主要故障模式建立故障树进行分析，通过定性分析，得到了导致顶事件发生的最小割集，进一步通过定量分析求得最小割集的概率重要度，找出了对系统故障影响较大的底事件，为智能机器人系统故障的解决与维修决策的制定提供了参考依据。

第 8 章　智能机器人系统可用性分析

多态智能机器人的可用性极易受复杂环境影响，而且，实际运行中的系统在其整个寿命周期内，更可能面临多次冲击的风险而失效。因此，本章对多冲击影响下的组件失效和维修恢复过程展开讨论，最终得到智能机器人系统的可用性情况和可用度指标。

8.1　多冲击环境下智能机器人组件失效分析

多种环境因素会对智能机器人各组件的可用度产生影响，甚至导致组件失效。具体来说，极端温度和湿度可能影响智能机器人的电子元件和传感器性能；环境中的灰尘、颗粒物和其他杂质会影响智能机器人的机械组件和传感器，导致摩擦增加和故障发生；强烈的振动和冲击会对智能机器人的结构和运动控制产生负面影响，可能导致精度下降或零部件损坏；强光、闪光或阴影可能影响智能机器人视觉系统的准确性，导致目标识别和定位出现问题；来自其他设备或电磁场的干扰可能干扰智能机器人的控制系统，导致误操作或系统崩溃；有害气味或化学物质可能腐蚀机器人零部件，影响其可用性和寿命。

将上述这些环境因素视为智能机器人系统在运行中可能遭受到的冲击，智能机器人在整个寿命周期内可能会受到多冲击环境的影响，每次冲击都可能会对智能机器人组件的可用性产生影响，进而影响智能机器人系统的整体性能表现和可靠性。

假设智能机器人系统中某多态组件 i 共有 k_i 个状态，分别用 1～k_i 的整数标记组件的不同状态。状态 1 表示组件处于可用度最佳的状态，状态 2 表示正常工作状态，状态 k_i-2 表示可用度严重受损状态，状态 k_i-1 表示故障状态，状态 k_i 表示完全退化状态。组件 i 与状态 m 对应的可用度表示为 $g_m^i, m\in\{1,2,\cdots,k_i\}$，$g_1^i$ 表示组件 i 处于最佳状态的最大可用度值，$g_{k_i}^i$ 为组件最小可用度值，状态 1 到状态 k_i 之间的组件可用度值逐渐减小。组件的可用度表示为 $G_i(t)$，$G_i(t)\in\left\{g_1^i,g_2^i,\cdots,g_{k_i}^i\right\}$，其概率表示为 $p_i(t),p_i(t)\in\left\{p_1^i,p_2^i,\cdots,p_{k_i}^i\right\}$。

不同的冲击强度给可用度带来的影响也不同。例如，在日常操作中，与物品材料或运输输送带等轻微接触时可能会产生轻微冲击，这通常不会造成明显影响。而较高速度下的急停、启动、加减速动作可能导致组件损坏或引起位移。严重事故、机械故障或外部干预可能导致智能机器人受到严重冲击，这可能会出现结构破坏、关键组件损坏甚至完全瘫痪的情况，需要进行全面的维修和更换受损组件以恢复正常运行。

令第 w 次冲击的冲击强度为 ε^{w}，L_a、L_b 和 L_c 为划分不同类型冲击的三种冲击强度阈值。$0 \leqslant \varepsilon^{w} \leqslant L_a$ 时，冲击强度较小，为Ⅰ级冲击，该冲击对组件可用度影响较小，不会造成组件状态转移；$L_a < \varepsilon^{w} \leqslant L_b$ 时为Ⅱ级冲击；$L_b < \varepsilon^{w} \leqslant L_c$ 时为Ⅲ级冲击；$\varepsilon^{w} > L_c$ 时为Ⅳ级冲击。Ⅱ级、Ⅲ级和Ⅳ级冲击均会使组件发生状态转移，即从高可用度状态转移到低可用度状态，但转移程度视冲击强度而定，冲击强度越高，状态转移下降程度越高。比如，Ⅱ级冲击强度下，组件状态服从逐状态转移，可能从最佳状态转移到正常工作状态；受到Ⅳ级冲击时，组件可能从最佳状态转移到故障状态。

智能机器人在长期使用或闲置过程中，即使不考虑外界冲击环境的影响，也可能出现自然退化的现象。例如，电子元件中的绝缘材料会逐渐老化，导致电路的稳定性下降；执行器和轴承等机械组件随运行时间的增加逐渐发生摩擦和磨损；机器人内部电缆由于频繁弯曲和拉伸，在长时间使用后可能出现绝缘老化、线芯断裂等问题，造成电气连接不良或故障；驱动电机在长期运行过程中会经历磁场衰减、绕组老化等问题。这种自然退化过程是不可避免的，在运行一段时间后会逐渐显现，可能导致系统可用度下降甚至失效。

定义智能机器人组件在稳定运行时刻的自然退化量 $N_i(t)$ 与时间呈线性关系，$N_i(t)$ 可表示为

$$N_i(t) = \gamma_i + \alpha_i t \tag{8-1}$$

其中，γ_i 为组件的初始退化量，α_i 为组件的退化速率。

实际运行中，智能机器人的自然退化过程还会受到外部多冲击环境的影响。例如，在多冲击环境下，智能机器人的传动系统可能会承受额外的力量，导致传动零件之间的摩擦增加，从而加速传动系统的磨损和老化。智能机器人的轴承组件会频繁受到冲击力，这会导致轴承承受更大的负荷，容易造成轴承损坏和提前老化。冲击会对智能机器人中的电子元件造成额外的应力，可能导致焊点脱落、电路板断裂等问题，加剧电子元件的老化速度。

外部冲击环境对多态组件可用度的影响包括直接损伤和间接退化。直接损伤是指在冲击事件发生瞬间会产生退化增量，不同强度的冲击造成的退化增量不同。多次冲击造成的退化增量可表示为

$$K_i(t)=\sum_{w=0}^{d(t)}O_w^i \tag{8-2}$$

其中，$d(t)$为智能机器人在$[0,t]$时间内受到外部冲击的次数；$K_i(t)$为在$[0,t]$时间段内，由于受到$d(t)$次冲击而给组件带来的退化增量；O_w^i为第w次冲击造成的退化增量，O_w^i服从均值为μ_0、标准差为σ_0的正态分布，即$O_w^i \sim N\left(\mu_0,\sigma_0^2\right)$。

间接退化是指即使组件没有再次受到冲击，但冲击事件的累积破坏效应对组件的影响会加速组件的自然退化过程，给组件可用度带来永久持续性损伤，所以组件会继续发生退化。这主要反映在冲击会改变组件的可用度退化速率α_i。受到第w次冲击后，组件的可用度退化速率α_i可表示为

$$\alpha_i=\vartheta\left(1+\frac{\varepsilon^w}{\dfrac{L_a+L_b+L_c}{3}}\right)^{d(t)} \tag{8-3}$$

其中，ϑ为与冲击有关的影响系数。

所以，受到冲击影响的智能机器人组件的自然退化量$N_i(t)$又可表示为

$$N_i(t)=\gamma_i+\alpha_i t=\gamma_i+t\vartheta\left(1+\frac{\varepsilon^w}{\dfrac{L_a+L_b+L_c}{3}}\right)^{d(t)} \tag{8-4}$$

智能机器人组件的可用度退化总量由自然退化量和冲击退化增量两部分组成，在$[0,t]$时间段内组件的可用度退化总量$A_i(t)$可表示为

$$A_i(t)=N_i(t)+K_i(t)=\gamma_i+\alpha_i t+\sum_{w=0}^{d(t)}O_w^i \tag{8-5}$$

随着运行时间的增加，系统组件会逐渐退化，当组件退化总量超过某一特定阈值时，组件状态为完全退化状态，视为组件发生失效。例如，如果智能机器人的末端执行器内的力传感器发生老化，导致其精度下降超过一定程度时，则末端执行器不能实现精准控制；伺服电机可能因连续运行而发生金属疲劳磨损，导致电机性能下降到一定程度时，无法给智能机器人提供足够的动力。

8.2　智能机器人组件维修恢复过程

智能机器人正常运行需要所有组件协调工作，一旦某一组件发生故障，就会直接影响整个系统的运行。因此，维护和监控每个组件的状态至关重要。8.1 节

分析了智能机器人组件在自然退化和多冲击环境影响下的状态变化和失效过程，基于此，本节进一步根据组件状态情况制定更完善的维修策略，旨在确保组件能持续地正常运行并具备安全可靠性。

针对组件不同状态，本节采用预防性维修、事后维修和更换维修三种维修方式恢复组件可用度，且认为冲击只影响组件可用度退化过程，无关维修恢复过程。预防性维修是指在组件运行正常时，根据一定的计划对其进行检查、保养和维护；事后维修是指在组件出现故障后才对其进行维修，通常包括对故障进行排查、分析故障原因，再有针对性地采取相应维修措施来使组件恢复正常运行；更换维修是指在组件发生故障或运行达到一定寿命后，直接更换受损组件来恢复其正常运行状态。更换维修可以有效解决组件出现严重故障或已经达到使用寿命的情况。

智能机器人中的机电组件在长期运行过程中受到多冲击环境的影响，而发生老化、腐蚀或磨损等，导致可用度逐渐退化。这种退化通常是不可逆的，即使进行了预防性维修或事后维修，组件状态也难以完全恢复到最初状态。故本节认为对组件 i 进行预防性维修和事后维修后，其可用度也无法恢复至初始时刻的最佳性能 g_1^i ，只能恢复到 g_2^i ，即组件状态最终只能转移到正常运行状态而非最佳性能状态。进行更换维修后，组件才能恢复到 g_1^i ，转移到最佳状态。若在维修过程中，组件再次遭受冲击，在当前状态进行维修但无性能状态提升时，则可认为在当前状态进行的这段维修时间无效，对性能没有任何帮助，组件还将处于当前性能状态。

当组件 i 处于可用度严重受损状态 k_i-2 时，仍能执行工作任务，只是存在大概率在短时间内发生失效的风险，所以此时对组件实施预防性维修。预防性维修后的组件从严重受损状态回到正常工作状态。例如，对于焊接机器人，其中的焊枪组件经过长时间使用后，表面出现了一些微小的磨损和氧化，但它仍然能够按照预定的程序进行焊接工作，没有影响焊接质量或生产效率。但如继续使用可能会加速磨损并最终引发故障。因此，在这种情况下，对焊枪组件实施预防性维护，例如，定期清洁、润滑和检查，可以延长其使用寿命，降低未来故障风险。

当组件 i 处于故障状态 k_i-1 时，组件可用度已经不能满足工作需求，需进行事后维修。例如，焊接机器人焊接偏差大于焊丝半径时，会导致焊接效果不佳，所以工件精度应保持在焊丝半径之内，否则认为处于故障状态。对组件实施事后维修能够及时有效地处理组件故障，快速恢复运行，减少生产中断时间。维修后组件状态逐渐回到正常工作状态，可用度逐渐恢复至 g_2^i 。

当组件 i 处于完全退化状态 k_i 时，与故障状态相比，该状态的可用度损伤程度更为严重，可用度值更低，此时需对该组件进行更换。有时维修一个故障严重的组件可能需要昂贵的人工和组件成本、更长的维修时间或更高的技术难度，而且维修后的组件仍可能存在其他隐患，因此更换一个新组件可能更经济和高效。更换后的组件可用度直接恢复到 g_1^i，从完全退化状态 k_i 直接转移到最佳状态。

上述三种不同的维修方式如图 8-1 所示。

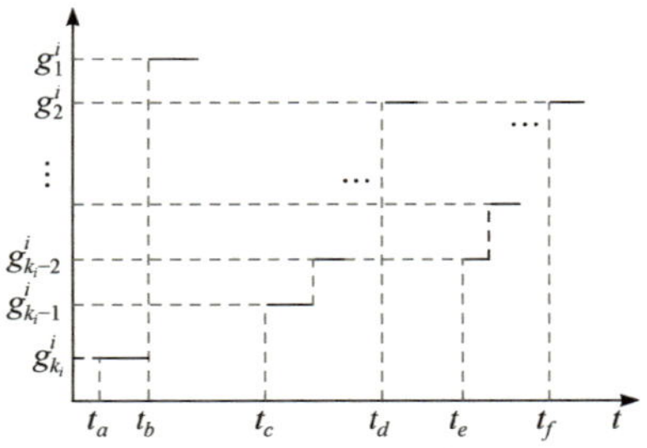

图 8-1　不同维修方式下可用度变化示意

图中，t_a 表示对可用度为 $g_{k_i}^i$ 的组件进行更换维修的开始时间，t_b 表示更换结束，组件回到最佳状态，t_b-t_a 表示更换所需时间，全新组件的可用度为最大值 g_1^i；t_c 表示对可用度为 $g_{k_i-1}^i$ 的组件进行事后维修的开始时间，t_d 表示事后维修结束，t_d-t_c 表示事后维修所需时间，维修结束组件可用度为 g_2^i；t_e 表示对可用度为 $g_{k_i-2}^i$ 的组件进行预防性维修的开始时间，t_f 表示预防性维修结束，t_f-t_e 表示预防性维修所需时间，维修结束组件可用度恢复至 g_2^i。

组件受到冲击后的可用度状态与维修恢复的关系如图 8-2 所示。

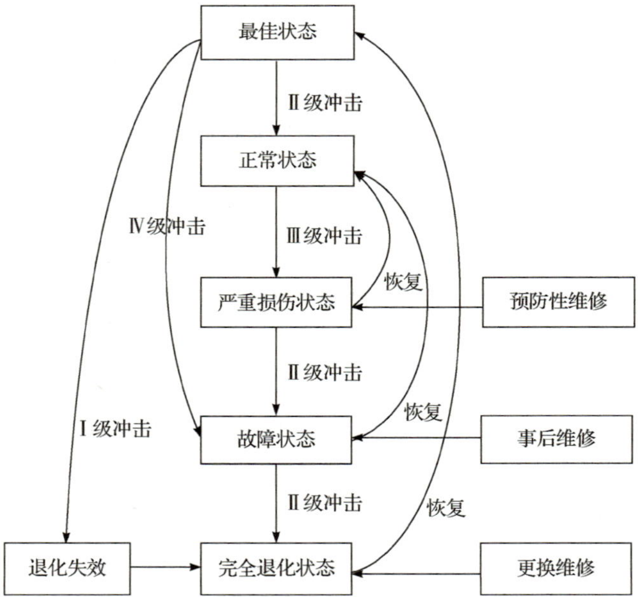

图 8-2　可用度状态与维修方式示意图

8.3　多冲击与维修交叉进行下智能机器人系统可用性分析

多态智能机器人系统在执行工作任务时的可用性表现与其组成组件以及各组件之间的物理结构息息相关。为了研究这种多态智能机器人系统在多冲击与维修恢复交叉进行下的可用性变化情况和可用度指标变化，本节使用半马尔可夫过程结合矩阵迭代的方法，推导出系统每次迭代后的各种可用度状态以及对应的概率。然而，当智能机器人系统中诸如减速器和伺服电机等关键组件状态较多时，计算过程可能会面临状态爆炸的挑战。为了克服这一挑战，本节采用了UGF(Universal Generating Function)与半马尔可夫过程相结合的方法，这种方法在分析多态系统性能状态时，具有分步嵌套和递归迭代等优势，可以使问题简化为易于处理的形式。

每当智能机器人组件退化到严重损伤状态、故障状态或者完全退化状态时，就需要对组件进行维修恢复，组件在维修恢复过程中或维修结束后仍可能受到冲击环境的影响。当新的冲击发生时，本次维修终止，开始发生退化过程，只有当性能再次退化到可用度严重损伤状态、故障状态或者完全退化状态时，才又一次对组件进行维修恢复。

智能机器人在实际工作过程中具有如下两个明显的特征。

(1)可用度退化随机性。智能机器人本身作为一种复杂的自动化装置，在运行过程中会受到电力供应、传感器状态、程序控制等方面的影响。这些因素的变化会直接影响其所处环境的稳定性和随机性；智能机器人的工作流程和人员活动等都会随着工作需求的变化而调整，这会给系统所处的环境带来随机性。而且不同的生产任务对智能机器人的工作方式、工作频率、负荷和工艺环境等要求不同，因此在执行工作任务时，智能机器人受到的冲击环境具有随机性，冲击导致的智能机器人的可用度退化过程也具有随机性。

(2)故障维修随机性。智能机器人各组件具有复杂多样的故障模式。对不同类型的故障和不同故障影响可能需要采取不同的维修方法，这使得某些故障可能需要更高级别的设备来解决，从而增加了维修的难度和不确定性。而且维修人员的技术水平、经验和专业知识会影响其处理故障的效率和质量，维修所需的设备、工具以及备件资源的充足性和质量直接影响修复过程中的效率和结果。因此，智能机器人的维修过程表现出随机变化的特征。

国内外智能机器人市场规模庞大，拥有多样化的机器人类型。根据杆件与关节的连接形式，智能机器人通常可分为串联和并联两种结构形式。串联机器人具有较大的运动空间和相对较小的负载能力。由于其结构简单、正运动学方程相对易于解算，所以串联机器人在诸如焊接、码垛和搬运等领域的应用非常普遍，适用范围广泛且受欢迎。而且根据智能机器人工作原理和故障模式及影响的分析，可以看出任何组件的性能变化都会对系统性能产生影响，可能导致系统可靠性降低。所以本节以串联型智能机器人作为研究对象开展性能分析，智能机器人的串联结构框图如图 8-3 所示。

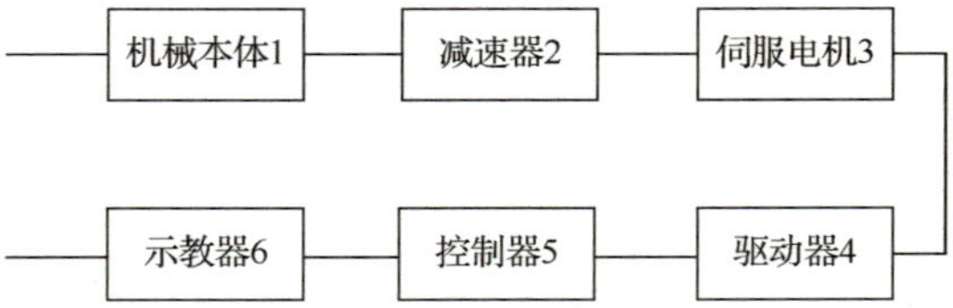

图 8-3　串联型智能机器人系统

智能机器人系统由六个组件串联而成，智能机器人可用度函数为

$$U_S(z,t)=\Omega_f\left(U_1(z,t),U_2(z,t),\cdots,U_6(z,t)\right) \tag{8-6}$$

其中，串联型智能机器人系统的结构函数 f 为

$$f=\min\left\{G_1(t),G_2(t),G_3(t),G_4(t),G_5(t),G_6(t)\right\} \tag{8-7}$$

在分析智能机器人系统的可用度状态时，直接组合各个组件的状态会导致系统状态的数量激增，从而增加了对智能机器人系统可用度进行分析的复杂程度。图 8-4 展示了根据智能机器人各组件的可用度状态和状态概率，利用 UGF 方法

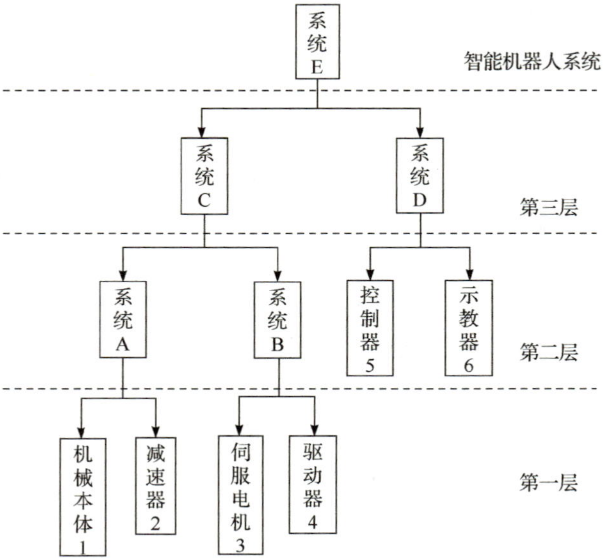

图 8-4　智能机器人系统逻辑结构图

分析计算包含机械本体、减速器和伺服电机等六个组件的智能机器人系统状态和状态概率的逻辑结构图。为减少智能机器人系统状态数目膨胀，将智能机器人系统中各组件两两组合，整个系统被分成了三层子系统，通过逐层解析组件和子系统的状态和状态概率，并将它们组合起来，最终可以得出包括系统可用度状态及其状态概率的智能机器人系统的通用生成函数。

两两组合下第二层子系统 A 和子系统 B 的通用生成函数为

$$U_{\mathrm{A}}(z,t)=\Omega_f\left(U_1(z,t),U_2(z,t)\right)=\sum_{j_1=1}^{l_1}\sum_{j_2=1}^{l_2}\prod_{i=1}^{2}p_{ij_i}z^{\min\left(g_{ij_i}\right)} \tag{8-8}$$

$$U_{\mathrm{B}}(z,t)=\Omega_f\left(U_3(z,t),U_4(z,t)\right)=\sum_{j_3=1}^{l_3}\sum_{j_4=1}^{l_4}\prod_{i=3}^{4}p_{ij_i}z^{\min\left(g_{ij_i}\right)} \tag{8-9}$$

第三层子系统 C 和子系统 D 的通用生成函数为

$$U_{\mathrm{C}}(z,t)=\Omega_f\left(U_{\mathrm{A}}(z,t),U_{\mathrm{B}}(z,t)\right)=\sum_{j_{\mathrm{A}}=1}^{l_{\mathrm{A}}}\sum_{j_{\mathrm{B}}=1}^{l_{\mathrm{B}}}\prod_{i=\mathrm{A}}^{\mathrm{B}}p_{ij_i}z^{\min\left(g_{ij_i}\right)} \tag{8-10}$$

$$U_{\mathrm{D}}(z,t)=\Omega_f\left(U_5(z,t),U_6(z,t)\right)=\sum_{j_5=1}^{l_5}\sum_{j_6=1}^{l_6}\prod_{i=5}^{6}p_{ij_i}z^{\min\left(g_{ij_i}\right)} \tag{8-11}$$

最后，智能机器人系统的通用生成函数为

$$U_{\mathrm{S}}(z,t)=U_{\mathrm{E}}(z,t)=\Omega_f\left(U_{\mathrm{C}}(z,t),U_{\mathrm{D}}(z,t)\right)=\sum_{j_{\mathrm{C}}=1}^{l_{\mathrm{C}}}\sum_{j_{\mathrm{D}}=1}^{\mathrm{D}}\prod_{i=\mathrm{C}}^{\mathrm{D}}p_{ij_i}z^{\min\left(g_{ij_i}\right)} \tag{8-12}$$

其中，函数 f 均代表串联下的系统结构函数。

根据上述各子系统的通用生成函数和可用度分布，最终可以计算出智能机器人系统整体随时间变化的可用度状态分布情况。

假设利用 UGF 方法，经过机械本体、减速器、伺服电机、示教器、控制器和驱动器六个组件状态的结合和迭代后，智能机器人系统状态数为 M 个，分别用 1～M 的整数标记系统的不同状态。以组件状态情况类比，认为智能机器人系统状态 S_M 为完全退化状态，S_{M-1} 为故障状态，S_{M-2} 为严重损伤的状态，S_2 为正常运行状态，S_1 为系统最佳状态，状态 S_M 和 S_{M-1} 代表系统失效。状态 S_1 表明智能机器人系统可用度最大，状态 S_M 代表系统可用度最小。状态 S_1 到状态 S_M 的中间状态代表系统可用度逐渐变差。

基于系统状态，可以进一步分析智能机器人系统可靠性。智能机器人系统在冲击环境下的可靠性指的是系统在面对外部冲击时能够在规定条件下完成其预期功能的能力。可靠性衡量了系统在特定时间内不发生故障的能力，所以智能机器人系统可用度可以表示为

$$R(t)=P\big(S(t)=S_1\big)\cup P\big(S(t)=S_2\big)\cup\cdots\cup P\big(S(t)=S_{M-2}\big)$$

8.4 算例分析

焊接机器人作为智能机器人的一种，主要应用于各类汽车零部件的生产活动中，可以代替人工从事焊接、切割或热喷涂工作。焊接现场环境恶劣，烟尘、弧光、金属飞溅严重。由于焊接过程中涉及高压电源和强电流，焊接机器人可能会面临电气冲击的风险。此外，焊接过程中产生的高温也会对焊接机器人及其周围造成热冲击影响。焊接机器人在运行过程中可能会遭受来自焊接设备、传动系统或周围环境的振动冲击。这些不同形式的冲击环境可能会影响焊接机器人的工作精度。

假设焊接机器人中机械本体、减速器、控制器、伺服电机、示教器和驱动器每个组件都具有五个状态：状态 1 代表组件状态最佳，组件可用度水平为 1；状态 2 代表正常运行状态，对应可用度水平为 0.85；状态 3 代表严重损伤状态，对应可用度水平为 0.65；状态 4 代表故障状态，对应可用度水平为 0.2；状态 5 代表完全退化状态，对应可用度水平为 0。各组件与状态对应的性能值都相同。初始时刻认为组件完好，性能最佳，故初始各组件的性能退化量$\gamma_i=0$。焊接机器人作为一个串联系统，其性能值取决于系统中所有组件性能的最小值，故认为系统同样共有五个与组件状态对应的系统状态和相应性能水平，即系统性能水平分别为$\left[G_{s_1}=1,G_{s_2}=0.85,G_{s_3}=0.65,G_{s_4}=0.2,G_{s_5}=0\right]$。焊接机器人对焊接精度要求较高，与性能水平对应的定位精度分别为 0.01mm、0.02mm、0.04mm、0.06mm 和 0.08mm。当焊接机器人的定位精度高于 0.05mm 时，焊缝不能满足预定要求，认为系统失效。假设冲击强度阈值为$L_a=6$，$L_b=15$，$L_c=30$。若第 w 次冲击强度为Ⅰ级，则性能退化增量为$O_w^i\sim N\left(150,32^2\right)$，若第 w 次冲击强度为Ⅱ级，则性能退化增量为$O_w^i\sim N\left(320,64^2\right)$，若第 w 次冲击强度为Ⅲ级，则性能退化增量为$O_w^i\sim N\left(480,90^2\right)$，若第 w 次冲击强度为Ⅳ级，则性能退化增量为$O_w^i\sim N\left(640,120^2\right)$。为计算方便，假设$T_z=65a_1+56a_2+36a_2$，$a_1$、$a_2$ 和 a_3 代表预防性维修、事后维修和更换维修的次数。单位时间误工损失$S_c=30$，$\vartheta=3.2$，$f=0.5$，$l_q=450$，单位时间支付报酬$P_c=20$，系统性能退化阈值为 7050，最低可靠性要求为$R_r=r_1=0.75$，一年的成本预算值$L_t=4000$，低性能造成的单位时间内的间接损失为$e_2=5$，$e_3=6$，$e_4=8$，$e_5=10$。

机械本体在一年内受到多次冲击与维修恢复过程各个状态概率变化情况如

图 8-5 所示，伺服电机在一年内受到多次冲击与维修恢复的半马尔可夫过程中各个状态概率变化情况如图 8-6 所示。

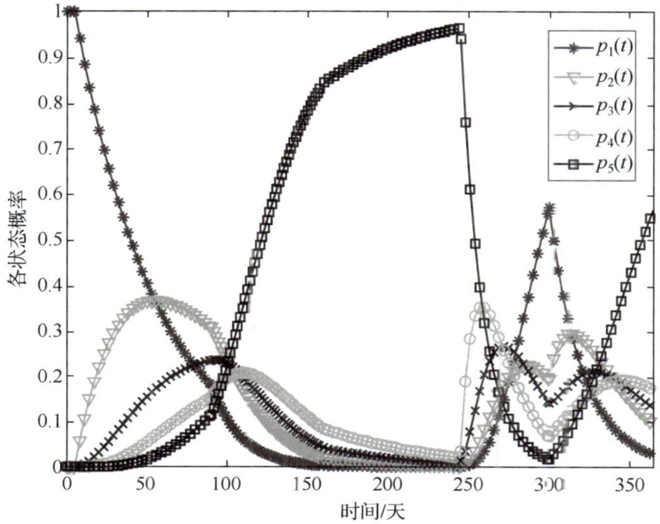

图 8-5　机械本体状态概率变化

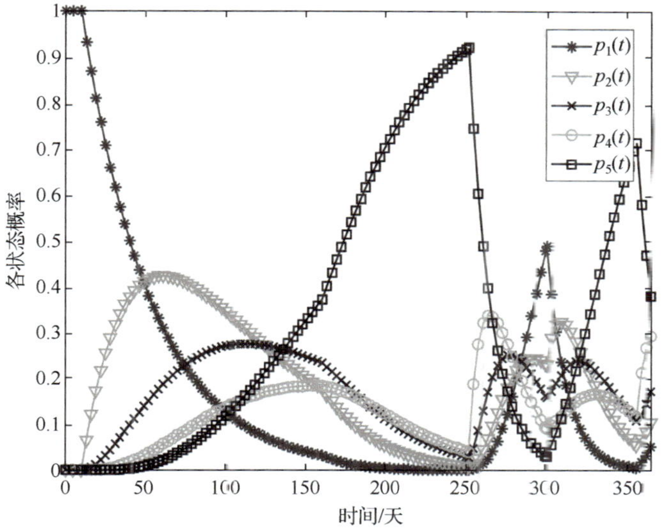

图 8-6　伺服电机状态概率变化

图 8-5 展示了机械本体在第 8 天受到冲击强度为 10 的Ⅱ级冲击，在第 157.371 天受到冲击强度为 18 的Ⅲ级冲击，在第 278.561 天组件状态转移至故障状态后对其进行事后维修，维修进行到第 307.259 天组件再次受到强度为 10 的Ⅱ级冲击这

整个阶段的状态概率变化情况。图 8-6 展示了伺服电机在第 15 天受到冲击强度为 20 的Ⅲ级冲击，在第 204.31 天受到强度为 14 的Ⅱ级冲击，在第 265.374 天组件状态转移至故障状态后对其进行事后维修，维修进行到第 291.167 天组件再次受到强度为 10 的Ⅱ级冲击，在第 357.621 天组件转移至严重损伤状态后对其进行预防性维修这整个阶段的状态概率变化情况。基于多态组件处于各个状态的概率分布情况，可以进一步分析组件可用性、平均无故障时间、平均修复时间和组件故障概率等可靠性指标，这些指标可以帮助评估组件的性能，指导维护策略的制定，对于提高系统的可靠性、稳定性和效率具有重要作用。

8.5 本章小结

本章首先考虑不同强度冲击对多态智能机器人组件状态、可用度退化量和退化速率的影响，分析了组件失效过程。接着，针对组件失效过程中的状态变化，提出了预防性维修、事后维修和更换维修这三种维修方式，以便根据组件所处的不同状态选择合适的维修方式，从而提高维修效率。针对智能机器人组件的可用度退化随机性和故障维修随机性，随后引入半马尔可夫模型来分析组件在冲击损伤和维修恢复过程交叉进行下的状态转移情况，从而得到智能机器人各组件在任意时刻的状态分布。最后，将 UGF 方法和半马尔可夫模型结合，得到智能机器人系统整体的可用度状态分布情况。基于这种状态分布，本章分析了智能机器人系统可靠性，以期为系统的维护和管理提供更全面的支持。

第 9 章　智能机器人系统检测分析

为维持智能机器人系统整体高水平的固有可靠性，可以对系统进行定期检测与维修，但是高频率的维修会增加维修成本和停机时间，降低系统的可用性；而不合理的维修计划又很难保证系统的所需可靠性甚至导致故障或者事故，为确保资源得到最大化利用并降低成本，制定可行且高效的检修计划至关重要。检修间隔决策的制定需要考虑系统可靠性、维修性以及成本等多重因素，是被普遍关注并亟待解决的关键问题。区间可用度可以真实反映在各检测区间内的可用特性，是评价系统性能的重要指标；系统成本是能够衡量系统性能的另外一个重要的指标。因此本章将结合这两项指标对智能机器人系统进行综合评估，制定合理的检修间隔决策模型，减少过度维修和维修不足的问题，保障系统整体功能不受影响，为系统维修策略的制定提供技术支持。

9.1　智能机器人系统可用度分析

9.1.1　可用度理论

可用度是表征系统可用的重要指标，可以度量系统的可靠性、维修性、保障性等多种通用质量特性。可用度又分为瞬时可用度、区间可用度和极限可用度。瞬时可用度是指系统在某一个时间点的可用程度，极限可用度则是时间趋于无穷时的可用度区间。区间可用度是指在某一特定的时间区间$(0,T)$内系统的可用区间长度与整个区间长度比值，可表示为

$$A(T)=\frac{\int_0^T A(T)\mathrm{d}t}{T} \tag{9-1}$$

其中，$A(T)$为系统瞬时可用度，T为区间长度。区间可用度具备稳态特性，可以较为真实地反映出智能机器人系统在不同使用环境和寿命阶段的使用特性，为系统维修优化提供依据。因此本章选取区间可用度作为评价指标，有助于对系统在不同寿命阶段的可用性进行分析。

9.1.2　智能机器人系统区间可用度模型

智能机器人系统在生产后第一次检测前通常是完好的，本章将基于下述条件建立可用度和成本模型。首先在一个完整的检修周期内，智能机器人系统会经历两次检测：一般检测与精密检测。一般检测时考虑存在两类检测错误：一类是组件的故障未被检测到，概率为$1-\alpha$；另一类是指系统运行状态被误判，概率为$1-\beta$。其次，为了减少检测成本，只有系统在一般检测中被判断为故障状态时，才会对其系统进行精密检测。精密检测能够准确检测出系统的实际运行状态，如果系统确实发生了故障，则对故障组件进行替换，并使其恢复到完好的状态。但如果系统并未发生故障，那么将进入到下一个检测阶段。最后，通常维修能使智能机器人系统内的组件恢复到完好的状态。

本章使用以下符号来表示各项参数：i 为失效组件参数$(i=1,2,\cdots,n)$；j 为组件参数$(j=1,2,\cdots,n)$；n 为智能机器人系统中组件的总数量；T 为一个检修间隔(包括系统运行/检测/维修)；k 为检修间隔参数；α 为正确检测到组件故障的概率；β 为正确判断系统运行状态的概率；c_s 为一般检测成本；c_p 为精密检测成本；c_d 为故障损失成本；c_r 为故障组件替换成本；$F_j(t)$ 为 t 时刻组件 j 的累积密度函数；$R_j(t)$ 为 t 时刻的组件 j 的可靠性函数；$C(KT)$ 为系统的检修成本，K 为检修间隔总数；$c(KT)$ 为第 k 个周期内检修的总成本；$y_1(k,T)$ 为系统在 kT 点处于工作状态的概率；$y_0(k,T)$ 为系统在 kT 点处于故障状态的概率；$R(x,T)$ 为检修间隔为 T 时 x 处的可靠度；$A_{\mathrm{av}}(T)$ 为检修间隔 T 内系统正常运行时间所占的平均比例；$z(k,T)$ 是未被发现的故障在 k 个周期被检查到并维修的概率。$\mathrm{UT}(k,T)$ 是$\left[kT,(k+1)T\right]$内系统的预期正常运行时间；Z 表示在系统状态类型的随机变量，$Z=0$ 对应故障状态，$Z=1$ 对应工作状态。忽略对智能机器人系统检查和维修所用时间，且所有检查和维修都发生在时间点 kT。对智能机器人进行检修过程如下：在计划检修时间点 $kT(k=1,2,\cdots)$ 对智能机器人系统进行一般检测以判断系统是否处于故障状态。如果系统的检测结果为正常状态，则直接进入下一个阶段，等到下一个检测时间点再对其进行检测。如果检测结果是故障状态，则对系统进行第二次的精密检测。

令 $y_1(k,T)$ 为系统在 kT 时刻正常运行的概率，则系统在$\left[kT,(k+1)T\right]$检修间隔内系统的预期正常运行时间为

$$\mathrm{UT}(k,T)=y_1(k,T)\int_{kT}^{(k+1)T}R(x,T)\mathrm{d}x \tag{9-2}$$

智能机器人系统在一个检修间隔 T 内的正常运行的比例为 $\frac{\mathrm{UT}(k,T)}{T}$，因此，可以将区间可用度 $A(k,T)$ 定义为系统能够运行且在 kT 时间点上处于工作状态时，智能机器人系统在区间 $[kT,(k+1)T]$ 内的平均运行时间比例，即

$$A(k,T)=\frac{\mathrm{UT}(k,T)}{T}=\frac{y_1(k,T)\int_{kT}^{(k+1)T}R(x,T)\mathrm{d}x}{T}=y_1(k,T)\cdot A_{\mathrm{av}}(T) \tag{9-3}$$

假设智能机器人系统内具有 n 个独立组件，且每个组件的寿命均服从参数为 $\lambda_j, j=1,2,\cdots,n$ 的指数分布，则检修间隔 T 内系统正常运行时间所占的平均比例 $A_{\mathrm{av}}(T)$ 为

$$A_{\mathrm{av}}(T)=\frac{\frac{1}{\sum\limits_{j=1}^{n}\lambda_j}\left(1-\mathrm{e}^{-\sum\limits_{j=1}^{n}\lambda_j T}\right)}{T} \tag{9-4}$$

只考虑智能机器人系统与组件存在两种状态：工作状态 1 与故障状态 0。因此在经过一个检修周期后，智能机器人系统内会存在 2^n 种状态。系统的状态可以用状态向量 $(x_1,x_2,\cdots,x_n)$ 表示，$p(1,1,\cdots,1)$ 为在一个检修周期 T 后，系统中 n 个组件都处于工作状态的概率。表 9-1～表 9-3 分别描述了智能机器人系统在一个检修间隔 T 内经过两次检测以及维修后的状态转移概率。当系统中的第一个组件在第一个维修间隔 $(0,T)$ 间发生了故障，而剩余组件完好时，系统状态从 $(1,1,\cdots,1)$ 转移为 $(0,1,\cdots,1)$ 的概率为 $F_1(T)=\prod\limits_{j=2}^{n}R_j(T)$，如表 9-1 所示。

表 9-1　第一个维修间隔后组件状态的转移概率

		第一个维修间隔后状态 $(x_{1k}^+,x_{2k}^+,\cdots,x_{nk}^+)$			
		$(1,1,\cdots,1)$	$(0,1,\cdots,1)$	$(0,0,\cdots,1)$	$(0,0,\cdots,0)$
第一个维修间隔前状态 $(x_{1k}^-,x_{2k}^-,\cdots,x_{nk}^-)$	$(1,1,\cdots,1)$	$\prod\limits_{j=1}^{n}R_j(T)$	$F_1(T)\prod\limits_{j=2}^{n}R_j(T)$	$\prod\limits_{j=1}^{n-1}F_j(T)R_n(T)$	$\prod\limits_{j=1}^{n}F_j(T)$
	$(0,1,\cdots,1)$	0	0	0	0
	…	…	…	…	…
	$(0,0,\cdots,1)$	0	0	0	0
	$(0,0,\cdots,0)$	0	0	0	0

表 9-2　第一次一般检测后的各组件状态转移概率

		第一次一般检测后状态 $\left(x_{1k}^{+},x_{2k}^{+},\cdots,x_{nk}^{+}\right)$			
		$(1,1,\cdots,1)$	$(0,1,\cdots,1)$	$(0,0,\cdots,1)$	$(0,0,\cdots,0)$
第一次一般检测前状态 $\left(x_{1k}^{-},x_{2k}^{-},\cdots,x_{nk}^{-}\right)$	$(1,1,\cdots,1)$	β^{n}	$(1-\beta)\beta^{n-1}$	$(1-\beta)^{n-1}\beta$	$(1-\beta)^{n}$
	$(0,1,\cdots,1)$	$(1-\alpha)\beta^{n-1}$	$\alpha\beta^{n-1}$	$\alpha(1-\beta)^{n-2}\beta$	$\alpha(1-\beta)^{n-1}$
	$(0,0,\cdots,1)$	$(1-\alpha)^{n-1}\beta$	$\alpha(1-\alpha)^{n-2}\beta$	$\alpha^{n-1}\beta$	$\alpha^{n-1}(1-\beta)$
	$(0,0,\cdots,0)$	$(1-\alpha)^{n}$	$\alpha(1-\alpha)^{n-1}$	$\alpha^{n-1}(1-\alpha)$	α^{n}

第二次的精密检测是为了对状态显示为故障的系统进行最终的状态评估。因此在第二阶段检测以及维修后，智能机器人系统的状态会发生改变。

表 9-3 给出了第一次精密检测并修复后组件状态的转移概率，如果检测结果为故障的组件能够被全部修复至完好，精密检测并修复前组件状态为“0”时，经过该阶段状态都会变为“1”；精密检测并修复前组件状态为“1”时，经过该阶段状态会变为“0”的概率为 0。例如，第一次精密检测并修复前状态为 $(1,1,\cdots,1)$ 的概率为 1，第一次精密检测并维修后状态为 $(0,1,\cdots,1)$ 的概率为 0，第一次精密检测并修复前状态 $(0,1,\cdots,1)$ 的概率为 1，第一次精密检测并维修后状态为 $(1,1,\cdots,1)$ 的概率为 1。

表 9-3　第一次精密检测并修复后组件状态的转移概率

		第一次精密检测并维修后状态 $\left(x_{1k}^{+},x_{2k}^{+},\cdots,x_{nk}^{+}\right)$				
		$(1,1,\cdots,1)$	$(0,1,\cdots,1)$	$\cdots$	$(0,0,\cdots,1)$	$(0,0,\cdots,0)$
第一次精密检测并修复前状态 $\left(x_{1k}^{-},x_{2k}^{-},\cdots,x_{nk}^{-}\right)$	$(1,1,\cdots,1)$	1	0	$\cdots$	0	0
	$(0,1,\cdots,1)$	1	1	$\cdots$	0	0
	$\cdots$	$\cdots$	$\cdots$	$\cdots$	$\cdots$	$\cdots$
	$(0,0,\cdots,1)$	1	0	$\cdots$	1	$\cdots$
	$(0,0,\cdots,0)$	1	0	$\cdots$	0	1

根据上述描述，具有 n 个组件的智能机器人系统在经过一个检修间隔 T 后，系统处于每种状态可能的概率为

$$\begin{cases} p_{(1,1,\cdots,1)} = \prod_{j=1}^{n} R_j(T) + \left(1-\beta^{n-1}+\alpha\beta^{n-1}\right) F_1(T) \prod_{j=2}^{n} R_j(T) + \cdots \\ \qquad + \left(1-\beta+\alpha^{n-1}\beta\right) F_1(T) \prod_{j=2}^{n} R_j(T) + (1-\left(1-\alpha\right)^n) \prod_{j=1}^{n} F_j(T) \\ p_{(0,1,\cdots,1)} = (1-\alpha)\beta^{n-1} F_1(T) \prod_{j=2}^{n} R_j(T) \\ \cdots \\ p_{(0,0,\cdots,1)} = (1-\alpha)^{n-1}\beta \prod_{j=1}^{n} F_j(T) R_n(T) \\ p_{(0,0,\cdots,0)} = (1-\alpha)^n \prod_{j=1}^{n} F_j(T) \end{cases} \tag{9-5}$$

当 $k=0$ 时，智能机器人系统处于第一个检修间隔前，系统处于工作状态 1，当 $k=1$ 时，系统不存在隐藏故障，而当 $k>0$ 时，系统产生了由检测不完美而存在的隐藏故障。因此，系统在第 k 次检修间隔前处于工作状态的概率 $y_1(k,T)$ 为

$$y_1(k,T) = \begin{cases} 1, & k=0 \\ \prod_{j=1}^{n} R_j(T) + \left(1-\beta^{n-1}-\alpha\beta^{n-1}\right) F_1(T) \prod_{j=2}^{n} R_j(T) & \\ +\left(1-\beta+\alpha^{n-1}\beta\right) R_1(T) \prod_{j=2}^{n} F_j(T), & k=1 \\ \cdots & \\ y_1((k-1),T) \cdot p_{(1,1,\cdots,1)} + z((k-1)T), & k>1 \end{cases} \tag{9-6}$$

其中，在第 k 个检修间隔前未被发现的故障(例如，只有一个故障组件 0,1,⋯,1)，在这一阶段故障能被检查到并修复，系统修复如新的概率 $z(k,T)$ 为

$$\begin{aligned} z(k,T) = {} & y_{0,1,\cdots,1}(kT)\left(1-\beta^{n-1}+\alpha\beta^{n-1}\right)\prod_{j=2}^{n} R_j(T) + \cdots \\ & + y_{0,0,\cdots,1}(kT)(1-\beta+\alpha^{n-1}\beta)\prod_{j=2}^{n} R_j(T) \\ & + \left\{ y_{0,1,\cdots,1}(kT)\prod_{j=2}^{n} F_j(T) + \cdots + y_{0,0,\cdots,1}(kT) F_n(T) \right\} \\ & + \left\{ y_{0,1,\cdots,1}(kT)\prod_{j=2}^{n} F_j(T) + \cdots \right. \\ & \left. + y_{0,0,\cdots,1}(kT) F_n(T) + y_{0,0,\cdots,0}(kT) \right\} (1-(1-\alpha)^n) \end{aligned} \tag{9-7}$$

式(9-8)给出了智能机器人系统处于各种可能故障状态的概率

$$\begin{cases} y_{0,1,\cdots,1}(kT) = y_{1,1,\cdots,1}\left((k-1)T\right)\cdot p_{(0,1,\cdots,1)} \\ \qquad + y_{0,1,\cdots,1}\left((k-1)T\right)(1-\alpha)\beta^{n-1}\prod\limits_{j=2}^{n}R_j(T) \\ \qquad + \cdots + y_{0,0,\cdots,0}\left((k-1)T\right)\cdot\alpha^{n-1}(1-\alpha) \\ \cdots \\ y_{0,0,\cdots,1}(kT) = y_{1,1,\cdots,1}\left((k-1)T\right)\cdot p_{(0,0,\cdots,1)} \\ \qquad + y_{0,0,\cdots,1}\left((k-1)T\right)(1-\alpha)\beta^{n-1}\beta R_n(T) \\ \qquad + y_{0,0,\cdots,0}\left((k-1)T\right)\cdot\alpha^{n-1}(1-\alpha) \\ y_{0,0,\cdots,0}(kT) = y_{1,1,\cdots,1}\left((k-1)T\right)\cdot p_{(0,0,\cdots,0)} \\ \qquad + y_{0,0,\cdots,0}\left((k-1)T\right)\cdot(1-\left(1-\alpha\right)^{n-1}) \end{cases} \tag{9-8}$$

9.2 智能机器人系统检测成本分析模型

智能机器人系统的检修总成本$C(KT)$是各个检修间隔成本之和，即

$$C(KT)=\sum_{k=1}^{K}c(kT) \tag{9-9}$$

在各检修间隔内，智能机器人系统的总成本$c(kT)$为系统为正常工作状态（$z=1$）和故障状态（$z=0$）的成本之和，即

$$c(kT)=y_1(k,T)c(T)|_{z=1}+y_0(k,T)c(T)|_{z=0} \tag{9-10}$$

当所有组件都正常工作且不存在检测误差时，一个周期的成本$c(kT)$为一般检测成本c_s。经过一般检测之后，如果一般检测错误地断定发生了故障，就需要进行精密检测以确定系统真实状态，那么$c(kT)$为一般检测成本和精密检测成本$\left(c_s+c_p\right)$。若一般检测中未能发现潜在故障，那么$c(kT)$包含了一般检测成本和停机成本$\left(c_s+c_d\right)$。若一般检测正确发现了系统故障，故障组件进行替换，那么$c(kT)$则包括一般检测成本、精密检测成本、各故障组件替换成本和故障损失成本$\left(c_s+c_p+c_r+c_d\right)$。

$\chi=\left\{x_1,x_,\cdots,x_n\right\}$表示具有$n$个组件的智能机器人系统经过一个检修间隔后所有可能出现的状态的集合。令I表示组件处于故障状态的集合，并令$J=\chi-I$表示组件处于工作状态的集合。$c(T)|_{z=1}$为组件在某一检修间隔前为正常状态的

情况下，系统在这一检修间隔内会产生的成本；$c(T)|_{z=0}$ 为组件在某一检修间隔前处于故障状态时，系统在这一检修间隔内会产生的成本，公式如下

$$\begin{cases} c(T)|_{z=1} = \prod_{j=1}^{n} R_j(T)\beta^n c_s + \prod_{j=1}^{n} R_j(T)\left(1-\beta^n\right)\left(c_s + c_p\right) \\ \quad + \sum_{i=1}^{n}\left(\prod_{i\in I} F_i(T)\prod_{j\notin I} R_j(T)\beta^{n-i}(1-\alpha)^i\right)\left(c_s + c_d H\right) \\ \quad + \sum_{i=1}^{n}\left(\prod_{i\in I} F_i(T)\prod_{j\notin I} R_j(T)\left(1-\beta^{n-i}(1-\alpha)^i\right)\left(c_s + c_p + c_d H + ic_r\right)\right) \\ c(T)|_{z=0} = \sum_{i=1}^{n}\left(\prod_{j\notin I} R_j(T)\beta^{n-i}(1-\alpha)^i\right)\left(c_s + c_d T\right) \\ \quad + \sum_{i=1}^{n}\left(\prod_{j\notin I} R_j(T)\left(1-\beta^{n-i}(1-\alpha)^i\right)\right)\left(c_s + c_p + c_d T + ic_r\right) \end{cases} \tag{9-11}$$

智能机器人系统经历过一次检修之后，系统可能会存在隐性故障。如果系统在 $t=0$ 时处于工作状态，在随机时间 $t(0<t<T)$ 发生故障，并且不考虑维护时间，那么故障系统的预期正常运行时间是 MTBF，在一个检修周期 T 内的预期停机时间为 T–MTBF。MTBF 的计算为

$$\mathrm{MTBF} = \frac{1}{\sum_{j=1}^{n}\lambda_j}\left(1 - \mathrm{e}^{-\sum_{j=1}^{n}\lambda_j T}\right) \tag{9-12}$$

根据以上分析，本节构建在满足目标区间可用度 A_i 的条件下，以总成本最小化为优化目标的优化函数，为智能机器人系统选择最优检修时间，优化函数为

$$\begin{aligned} &C(KT) = \sum_{k=1}^{K} c(kT) \\ &\text{s.t} \quad A(t) \geqslant A_i \end{aligned} \tag{9-13}$$

9.3　检测间隔优化分析

9.3.1　可用度与成本分析

根据系统故障分类统计，减速器发生故障次数最多，占到总故障数的 41.5%，伺服电机的故障次数占到总故障数的 30.23%。故本节以这两个子系统为

主要研究对象，对系统的区间可用度和成本进行分析。假定减速器和伺服电机子系统失效的时间服从 λ_1 和 λ_2 分别为 0.05 和 0.01 的指数分布，计划在 20 个月内对智能机器人系统进行 4 次检测，则一般检修间隔为 5 个月。系统的一般检测成本 c_s 为 1000 元，故障损失成本 c_d 为 10000 元，故障组件替换成本 c_r 为 2000 元，组件的故障不能被检测到的概率 $1-\alpha$ 为 0.01，系统运行状态不能被正确判断的概率 $1-\beta$ 为 0.01。本节分别分析了不同检测成本值、检修间隔大小对区间可用度模型和成本的影响。考虑精密检测成本 c_p 分别为 2000、5000、20000 元。

根据不同的检测成本值，利用成本分析模型对系统检修总成本进行计算，三种检测成本值分别为 $c_p=2c_s$、$c_p=5c_s$ 和 $c_p=20c_s$，结果如表 9-4 所示。检修成本随着检修间隔 T 的增加先降低，达到一定值后逐渐增加。因此，存在最优值 T 能够使得总成本最小。这是因为检修间隔增大会导致检测次数减少，因而减少了两种检测成本的产生，使得成本降低；但当检修间隔超过最优检修间隔时，未能对系统故障进行及时修复，又会增加故障损失成本和故障组件替换成本，导致总成本增大。同时，当精密检测成本逐渐增大时，智能机器人系统的总成本必然会呈现整体增长的趋势。

当 $c_p=2c_s$，检修时间间隔为 4 年时，总成本最低；当 $c_p=5c_s$，检修时间间隔为 6.67 个月时，总成本最低；当 $c_p=20c_s$，检修时间间隔为 10 个月时，此时总成本最低。

表 9-4　智能机器人系统的检修成本

K	$T=20/K$	$c_p=2c_s$	$c_p=5c_s$	$c_p=20c_s$
20	1.00	66000	126200	427200
10	2.00	39200	69400	220100
6	3.33	31500	49600	139900
5	4.00	30600	45600	120900
4	5.00	30700	42700	120700
3	6.67	32800	41800	86400
2	10.00	39700	45500	74600
1	20.00	62000	64600	77900

9.3.2　目标区间可用度对比优化

本节根据不同的检修间隔大小，利用区间可用度模型对智能机器人系统进行分析，结果如表 9-5 所示。在 $c_p=20c_s$ 的条件下，可知区间可用度 $A(k,T)$ 伴随不同的检修间隔的变化情况：$A(k,T)$ 随着检修间隔的增加而减小，当 k=1，T 从 1

个月增加至 6 个月时，$A(k,T)$ 从 0.971 下降到 0.582，这与系统实际运行情况相符合。当系统的目标区间可用度为 0.80 时，为满足目标区间可用度需求，智能机器人系统最优检修时间间隔 T^* 应设置为 4 个月。

表 9-5　智能机器人系统区间可用度

<table>
<tr><th colspan="7">检修间隔/月</th></tr>
<tr><th>k</th><th>1</th><th>2</th><th>3</th><th>4</th><th>5</th><th>6</th></tr>
<tr><td>1</td><td>0.971</td><td rowspan="2">0.942</td><td rowspan="4">0.889</td><td rowspan="5">0.864</td><td rowspan="10">0.752</td><td rowspan="20">0.582</td></tr>
<tr><td>2</td><td>0.970</td></tr>
<tr><td>3</td><td>0.969</td><td rowspan="2">0.940</td></tr>
<tr><td>4</td><td>0.969</td></tr>
<tr><td>5</td><td>0.968</td><td rowspan="2">0.939</td><td rowspan="4">0.881</td></tr>
<tr><td>6</td><td>0.969</td><td rowspan="5">0.853</td></tr>
<tr><td>7</td><td>0.967</td><td rowspan="2">0.936</td></tr>
<tr><td>8</td><td>0.967</td></tr>
<tr><td>9</td><td>0.967</td><td rowspan="2">0.935</td><td rowspan="4">0.875</td></tr>
<tr><td>10</td><td>0.966</td></tr>
<tr><td>11</td><td>0.966</td><td rowspan="2">0.933</td><td rowspan="5">0.848</td><td rowspan="10">0.721</td></tr>
<tr><td>12</td><td>0.965</td></tr>
<tr><td>13</td><td>0.965</td><td rowspan="2">0.931</td><td rowspan="4">0.869</td></tr>
<tr><td>14</td><td>0.965</td></tr>
<tr><td>15</td><td>0.964</td><td rowspan="2">0.930</td></tr>
<tr><td>16</td><td>0.964</td><td rowspan="5">0.835</td></tr>
<tr><td>17</td><td>0.966</td><td rowspan="2">0.928</td><td rowspan="4">0.863</td></tr>
<tr><td>18</td><td>0.963</td></tr>
<tr><td>19</td><td>0.963</td><td rowspan="2">0.927</td></tr>
<tr><td>20</td><td>0.963</td></tr>
</table>

9.4　本 章 小 结

本章提出了考虑维修成本的智能机器人系统预防性维修间隔决策模型来对系统的实际状态进行判定。对维修过程中系统与组件状态变化进行分析，并推导出智能机器人系统可用度模型与维修成本模型，并将两个指标相结合评价系统性能，在满足确定目标可用度水平的前提下，得到最优的维修间隔方案。

第 10 章 智能机器人系统维修分析

在实际作业过程中，还需要对智能机器人系统整体进行可靠性评估并制定合理的预防性维修顺序策略。除此之外，智能机器人系统工况环境较恶劣，潮湿或泥泞的地形、粉尘、潮湿、振动和冲击、腐蚀、有毒条件(如辐射)等条件均会对系统定位精度和寿命产生较大影响。例如，当智能机器人在低温环境下作业时，经常会出现润滑脂冻结、启动速度慢等现象，影响车间的整体生产效率，暴露在潮湿环境中的机械组件也可能会出现腐蚀。本章充分考虑了环境不确定性对智能机器人的影响，对整个系统的退化过程进行建模，提出了环境重要度模型并分析了智能机器人在工作状态下的可靠性，进而开展预防性维修研究，确保智能机器人在复杂环境条件下能够正常运行。

10.1 智能机器人系统环境重要度分析

重要度是指系统中单个或多个组件失效或状态改变时，其对系统性能的影响程度。Birnbaum 重要度描述了组件状态概率变化对于系统状态概率变化的影响，表示为

$$I(\mathrm{BM})_i(t)=\frac{\partial R(t)}{\partial R_i(t)} \tag{10-1}$$

其中，$R(t)$表示t时刻系统的可靠性，$R_i(t)$表示t时刻组件i的可靠性。重要度是组件可靠性参数和系统结构的函数，可用于识别系统的薄弱环节，以提高整体系统的可靠性。

10.1.1 确定环境条件下重要度分析模型

智能机器人系统故障通常可以归因于其单个组件的故障。一般情况下，智能机器人系统内的许多组件并不是灾难性的失效，而是随着时间的推移而退化，即组件的临界状态通常会随着时间的推移而变化，并受到一系列因素的影响，如组件的可靠性、退化过程、系统结构和环境条件。利用重要度可以对系统可靠性中的组件临界性进行量化，而组件的临界性通常取决于退化程度、退化导致的故障阈值水平、动态环境条件和系统配置。

假设智能机器人系统有 n 个组件且组件之间相互独立，组件 i 的退化过程 $(X_j^{(i)})_{j=1,2,\cdots,k}$ 表示当与该组件相关的任何退化过程达到阈值水平时，组件失效。

当与某组件关联的退化过程中的任何一个达到某个阈值水平时，则该组件失效。本章考虑了确定环境条件与随机环境条件下的两种退化过程，并将退化过程建模为 k 维 Wiener 过程，通过建立退化过程与环境条件之间的关系，获得智能机器人系统环境重要度的表达式。

e_t 是一个时变的实值函数，它指定了 t 时刻的环境条件，在确定的环境条件下关系为

$$e_t = e_0, \quad t \geqslant 0 \tag{10-2}$$

组件 i 的退化过程 j 建模如下

$$\mathrm{d}X_j^{(i)}(t;e_0) = \mu_{j,0}^{(i)}\mathrm{d}t + \sigma_{j,0}^{(i)}\mathrm{d}B_t \tag{10-3}$$

其中，$(B_t)_{t\geqslant 0}$ 为标准布朗运动；$\mu_{j,0}^{(i)}$ 和 $\sigma_{j,0}^{(i)}$ 分别为恒定环境 e_0 条件下智能机器人组件 i 退化过程 j 的退化率和漂移率。在实际应用中，恒定环境条件下的退化率通常由物理失效决定，并可以通过退化试验来模拟。漂移率指在每单位时间内退化量变化的期望值，广义 Wiener 过程具有不变的期望漂移率。函数 $k_j^{(i)}(e_t)$ 表示环境条件对退化率和漂移率的影响

$$\frac{\mu_j^{(i)}(t,e_t)}{\mu_{j,0}^{(i)}} = \left(\frac{\sigma_j^{(i)}(t,e_t)}{\sigma_{j,0}^{(i)}}\right)^2 = k_j^{(i)}(e_t) \tag{10-4}$$

其中，$\mu_j^{(i)}(t,e_t)$ 和 $\sigma_j^{(i)}(t,e_t)$ 分别为在 t 时刻环境 e_t 条件下组件 i 退化过程 j 的退化率和漂移率。实践中，$k_j^{(i)}(e_t)$ 的选择与具体情况有关。例如，电子器件的退化通常可以归因于初始态和退化态之间的自由能差，即函数 $k_j^{(i)}(e_t)$ 为 Arrhenius 方程。但在 Arrhenius 模型中，只考虑了单一的温度应力对系统物理、化学性质变化的影响，在工程实际中，往往有多个应力同时作用于智能机器人，而 Eyring 模型属于多应力模型，Eyring 模型表示环境条件 $k_j^{(i)}(e_t)$ 更具有普遍性，其表达式为

$$k_j^{(i)}(e_t) = K(T,S) = \frac{\mathrm{d}M}{\mathrm{d}t} = A\frac{kT}{h}\mathrm{e}^{-\frac{k}{ET}}\mathrm{e}^{S\left(C+\frac{D}{kT}\right)} = K_0 f_1 f_2 \tag{10-5}$$

其中，T 为智能机器人所受的温度应力(热力学温度)；S 为非温度应力；$\frac{\mathrm{d}M}{\mathrm{d}t}$ 为

化学反应速率；$K_0 = A\dfrac{kT}{h}\mathrm{e}^{-\frac{k}{ET}}$ 为只有温度应力时智能机器人的 Eyring 反应速率；h 为普朗克常数；E 为激活能(服从 Boltzmann 分布)；k 为 Boltzmann 常数；$f_1 = \mathrm{e}^{SC}$ 为考虑到有非温度应力存在时对智能机器人能量分布的修正因子；$f_2 = \mathrm{e}^{\frac{DS}{kT}}$ 为考虑到有非温度应力存在时对智能机器人激活能的修正因子。

设 $x_j^{(i)}(0)$ 为组件 i 退化过程 j 的初始退化水平，则在环境 e_t 条件下智能机器人的退化过程为

$$\begin{aligned} X_j^{(i)}(t;e_0) &= x_j^{(i)}(0) + \int_0^t \mathrm{d}X_j^{(i)}(x;e_0) \\ &= x_j^{(i)}(0) + \int_0^t \mu_{j,0}^{(i)} k_j^{(i)}(e_x)\mathrm{d}x + \int_0^t \sigma_{j,0}^{(i)}\left(k_j^{(i)}(e_x)\right)^{\frac{1}{2}}\mathrm{d}B_x \end{aligned} \tag{10-6}$$

根据 Liu 等[68]的证明，此过程是一个均值函数随时间变化且扩散的 Wiener 过程。

令 $X_j^{(i)}(t;e_0)$ 第一次达到阈值水平 $n_j^{(i)}$ 的时间为 $T_j^{(i)} = \inf\left(t; X_j^{(i)}(t;e_0) \geqslant n_j^{(i)}\right)$，当环境条件不随时间变化时，$T_j^{(i)}$ 服从逆高斯分布。由于组件 i 因多维退化而具有多种竞争失效模式，所以将组件 i 的寿命定义为 $T^{(i)} = \min\limits_{j=1,2,\cdots,k_i} T_j^{(i)}$。

由于 e_t 是确定的，与组件 i 相关的 k_i 退化过程的退化率和漂移率也是确定的，并且在统计上是独立的，所以智能机器人组件 i 的可靠度为

$$R^{(i)}(t;e_t) = \Pr\left(T^{(i)} > t;e_t\right) = \prod_{i=1}^{k_i}\left(1 - F_{T_j^{(i)}}(t;e_t)\right) \tag{10-7}$$

为方便表示，设当智能机器人组件 i 正常工作时 $Z^{(i)}(t)=1$，当组件 i 失效时 $Z^{(i)}(t)=0$，且 $Z(t)=\left(Z^{(1)}(t),Z^{(2)}(t),\cdots,Z^{(n)}(t)\right)$，则系统结构函数 $\varphi(Z(t))$ 为

$$\varphi(Z(t)) = \begin{cases} 1, & \text{系统工作} \\ 0, & \text{系统失效} \end{cases} \tag{10-8}$$

由此可获得确定性环境条件下具有多维退化过程的智能机器人组件 i 的环境重要度，其表达式为

$$\begin{aligned} \mathrm{BIM}^{(i)}(t;e_t) &= \Pr\left(\varphi(Z(t))=1 \mid Z^{(i)}=1;e_t\right) - \Pr\left(\varphi(Z(t))=1 \mid Z^{(i)}=0;e_t\right) \\ &= \frac{\partial R(t;e_t)}{\partial R^{(i)}(t;e_t)} \end{aligned} \tag{10-9}$$

10.1.2　随机环境条件下重要度分析模型

当 e_t 随机时，与智能机器人组件 i 相关的 k_i 退化过程的退化率和漂移率也是随机的。此外，由于 k_i 退化过程的退化率和漂移率具有相同的环境条件等，k_i 退化过程不再具有统计独立性。

设环境条件为 $e_t = \widehat{e_t} + b_t$，其中 b_t 为随机过程，$\widehat{e_t}$ 是 t 时刻预测的环境条件。b_t 取值依情况而定。假设 b_t 是一个漂移系数为 0、扩散系数为 σ_e 的布朗运动，当 $b_t = (\sigma_e B_t)_{t>0}$ 且 $\varepsilon_{tn} = 0$ 时，e_t 为均值函数 $\widehat{e_t}$ 和波动 b_t 的布朗运动，或者 b_t 是标准正态随机过程。

随机环境条件下智能机器人组件 i 的环境重要度可以用式(10-10)的蒙特卡罗方法计算

$$\mathrm{BIM}^{(i)}(t;e_t) \approx \widehat{\mathrm{BIM}}^{(i)}(t;e_t) = \frac{1}{N}\sum_{p=1}^{N}\mathrm{BIM}^{(i)}\left(t;\tilde{e}^{(p)}\right) \tag{10-10}$$

10.2　基于环境重要度的智能机器人预防性维修模型构建

假设可以观察到与定位精度相对应的智能机器人各个组件的状态，为了提出针对六轴机器人的预防性维修策略，以实现更为精准的预防性维修，最大化预期的系统定位精度，本节基于上节提出的环境重要度，结合重要度的概念，组件 i 被维修时组件 j 对系统可靠性的影响表示为

$$\mathrm{BIM}_{i|j}(t;e_t) = \frac{\partial^2 R(t;e_t)}{\partial R^{(i)}(t;e_t)\partial R^{(j)}(t;e_t)} \tag{10-11}$$

令 $Y_i(t)$ 表示智能机器人的组件 i 在时间 t 的状态，$Y_i(t) = 0,1,2,\cdots,M_i$，其中，0 表示故障状态，$M_i$ 表示完好状态，其余状态从故障到完好顺序递增；$Y(t) = (Y_1(t), Y_2(t), \cdots, Y_n(t))$ 表示组件的状态向量；$\varphi(Y(t))$ 为系统结构函数。假设状态 n^i 是组件 i 的阈值状态，一旦组件 i 状态退化到 n^i 以下，就会立即出现某种性能症状并引起注意。假设观察到的状态为 $(n_0)^i$，当组件 i 的状态低于 n^i 时，$(n_0)^i < n^i$。

一旦智能机器人组件的状态退化到其阈值状态以下，则需要找到并必须维修相应的组件。在这种情况下，维修的组件可能是关键的或非关键的。假设维修的组件很重要，则系统必须停止工作，预防性维修可以在所有其他组件上执行。如果维护的组件不是关键组件，则系统不必停止工作，预防性维修可以在非关键组

件上执行。

假设组件 i 的状态退化到其阈值状态 n^i 以下，则在上述维修策略下，组件 $j(j \neq i)$ 的 CMP 为

$$\mathrm{CMP}_{i|j}(t;e_t) = H_{i|j}\mathrm{BIM}_{i|j}(t;e_t)$$

$$H_{j|i} = \begin{cases} 1, & \varphi\left((<n)^i, Y(t)\right) < N \\ 1, & \varphi\left((<n)^i, Y(t)\right) \geqslant N \text{和} j \in \left\{ j \mid \varphi\left((<n)^i, (<n)^j, X(t)\right) \geqslant N \right\} a \\ 0, & \text{其他} \end{cases} \quad (10\text{-}12)$$

其中，$(<n)^i$ 表示组件 i 的状态退化到其阈值状态 n^i 以下，$(<n)^j$ 表示组件 j 的状态退化到其阈值状态 n^j 以下。如果组件 i 的状态退化降到 n^i 以下，会导致系统结构函数 $\varphi(\cdot)$ 的值减小到其阈值状态 N 以下，即 $\varphi\left((<n)^i, Y(t)\right) < N$，则组件 i 至关重要，系统停止运行。因此，可对所有其他组件 $j \in \{1, \cdots, i-1, i+1, \cdots, n\}$ 执行预防性维修。如果 $\varphi\left((<n)^i, Y(t)\right) \geqslant N$，则组件 i 是非关键的。因此，可以对非关键组件 $j \in \left\{ j \mid \varphi\left((<n)^i, (<n)^j, X(t)\right) \geqslant N \right\}$ 执行预防性维修。

在对组件 i 进行维修时，应首先选择具有最大 $\mathrm{CMP}_{i|j}(t;e_t)$ 的组件 j 执行预防性维修，以便可以最佳地提高系统定位精度。应按照组件 $\mathrm{CMP}_{i|j}(t;e_t)$ 的排序制定预防性维修顺序。

考虑到有限的维修成本，在固定的总维修成本 C 的情况下，应确定执行预防性维修的组件集，以最大程度地提高预期的系统定位精度。

(1) 当机器人各组件的预防性维修成本相同时，可根据 $\mathrm{CMP}_{i|j}(t;e_t)$ 对组件重要性度量的排名来确定预防性维修的组件。

(2) 当机器人各组件预防性维修成本不同时，重要度较大的组件可能导致较大的维修成本。此时用 $\mathrm{CMP}_{i|j}(t;e_t)$ 将预防性维修优先级分配给具有较大重要度的组件并不总是最优。因此，当组件 i 进行维修时，需要解决如下的整数规划问题

$$\begin{cases} \max\limits_{z_j} \sum\limits_{j \neq i} \mathrm{CMP}_{i|j}(t;e_t) \cdot z_j \\ \text{s.t } c_i + \sum\limits_{j \neq i} c_j z_j \leqslant C \\ z_j \in \{0,1\} \end{cases} \quad (10\text{-}13)$$

其中，c_i 是组件 i 的维修成本，c_j 是组件 j 的维修成本，z_j 是组件 j 的预防性维

修变量，z_j 只能为 0 和 1 之间的值，当 $z_j=1$ 时，表示对机器人的组件 j 进行预防性维修，反之不进行维修。

10.3　六轴搬运机器人预防性维修策略分析

10.3.1　环境条件与失效模式

六轴搬运机器人系统各组件的主要失效模式与代号设置如表 10-1 所示。假设环境条件是确定的，在 t=30 月前完全已知，则环境条件 e_t 用分段函数表示为

$$e_t=\begin{cases}6, & 0\leqslant t<10\\7, & 10\leqslant t<30\end{cases}$$

本节中使用的机器人具体参数值如表 10-2 所示，数据源自某国产机器人服役数据。在组件临界性分析时，搬运机器人为可修复系统，其组件并非全新，所以本节假设伺服电机、伺服驱动器、示教器和机器人本体的初始退化水平大于零。

表 10-1　六轴搬运智能机器人各组件的主要失效模式

代号	名称	代号	名称
A1	针齿破坏	D1	CPU 故障
A2	行星齿轮破坏	D2	液晶显示屏故障
A3	曲柄轴失效	D3	软件主控模块故障
A4	轴承失效	D4	主板故障
A5	摆线轮失效	D5	按键失灵
A6	密封失效	D6	示教器系统故障
A7	齿形带传送失效	E1	转换器故障
B1	定子故障	E2	热交换器故障
B2	转子故障	E3	风扇故障
B3	轴承磨损	E4	总线通信故障
B4	轴承开裂	E5	I/O 模块故障
B5	转轴挠度过大	E6	继电器故障
C1	IGET 过压	F1	垫圈磨损
C2	IGBT 过热	F2	密封圈老化
C3	IGBT 过流	F3	联轴器失效
C4	电阻短路	F4	电源故障
C5	电阻开路	F5	传感器故障
C6	集成电路故障	F6	杆件强度不足

表 10-2　仿真参数值

故障模式	$\mu_{j,0}^{(i)}$	$\sigma_{j,0}^{(i)}$	初始退化水平 $x_j^{(i)}(0)$	$n_j^{(i)}$
减速器				
A1	1	0.5	0	11
A2	1	0.8	0	11
A3	0.8	1	0	11
A4	0.8	0.7	0	11
A5	1	1	0	11
A6	0.9	0.6	0	11
A7	0.7	1.5	0	11
伺服电机				
B1	0.8	0.5	1	12
B2	0.7	1	1	12
B3	0.6	1	1	12
B4	1.1	0.5	1	12
B5	0.5	1	1	12
伺服驱动器				
C1	0.7	1	4	15
C2	0.9	0.8	4	15
C3	1	0.5	4	15
C4	0.5	1	4	15
C5	0.8	1.1	4	15
C6	0.6	1	4	15
示教器				
D1	1.1	0.7	2	13
D2	1.3	0.9	2	13
D3	0.6	1.3	2	13
D4	1.4	0.7	2	13
D5	1	1	2	13
D6	0.9	0.5	2	13
控制柜				
E1	0.8	1.2	0	11
E2	0.7	0.7	0	11
E3	0.5	1.4	0	11
E4	0.9	1.1	0	11

续表

故障模式	$\mu_{j,0}^{(i)}$	$\sigma_{j,0}^{(i)}$	初始退化水平 $x_j^{(i)}(0)$	$n_j^{(i)}$
控制柜				
E5	1	1	0	11
E6	1.1	0.7	0	11
机器人本体				
F1	1.5	0.5	3	14
F2	0.5	1.3	3	14
F3	1	1	3	14
F4	1.2	1.1	3	14
F5	1	1	3	14
F6	0.7	1	3	14

10.3.2　预防性维修策略模型仿真分析

对所构建的预防性维修策略模型进行仿真，分析各组件参数可以得出在某一组件失效的情况下，其余各组件的预防性维修优先级。其仿真结果如图 10-1 所示。

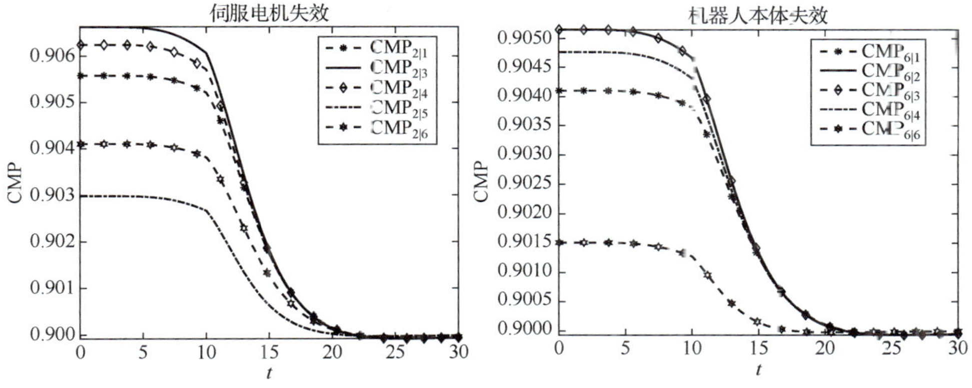

图 10-1　不同失效情形下各组件的 CMP

当存在某一组件退化至阈值以下时，其余组件的预防性维修优先级均是先不变再下降后趋于平缓的趋势。在某一组件失效时其余各组件的预防性维修优先级，如表 10-3 所示。

表 10-3　不同失效情形下各组件的 CMP 综合排名

	减速器	伺服电机	伺服驱动器	示教器	控制柜	本体
减速器失效	—	1	2	3	5	4
伺服电机失效	3	—	1	2	5	4
伺服驱动器失效	3	1	—	2	5	4
示教器失效	3	1	2	—	5	4
控制柜失效	4	1	2	3	—	5
本体失效	4	1	2	3	5	—

确定各组件 CMP 的综合排名之后，考虑到维修以及预防性维修存在一定的成本控制，因此不同的总维修成本会产生不同的预防性维修方案。每个组件的维修及预防性维修成本如表 10-4 所示。

表 10-4　各组件维修和预防性维修成本

序号	组件	维修成本/元	预防性维修成本/元
1	减速器	7000	2200
2	伺服电机	4000	1800
3	伺服驱动器	3900	1700
4	示教器	2600	1400
5	控制柜	3500	1500
6	机器人本体	3000	1000

在不同时间 t，存在某一组件失效的情况时，在不同总维修成本的限制下，选择预防性维护的组件集。以 $t=10$ 时减速器失效，对其他组件进行预防性维修为例进行仿真，结果如图 10-2 所示。

由图 10-2 可知，综合预防性维修成本的限制以及组件维修优先级的考虑，可以看出虽然伺服电机有着较高的预防性维修成本，但是较高的组件维修优先级使得这两个组件不论总维修成本如何变化，都是预防性维修组件集的优先选择。另外，虽然机器人本体的组件维修优先级排名靠后，但是由于预防性维修成本最低，所以当剩余维修费用不足以支撑其他高优先级组件维修时，可以选择机器人本体进入预防性维修组件集。

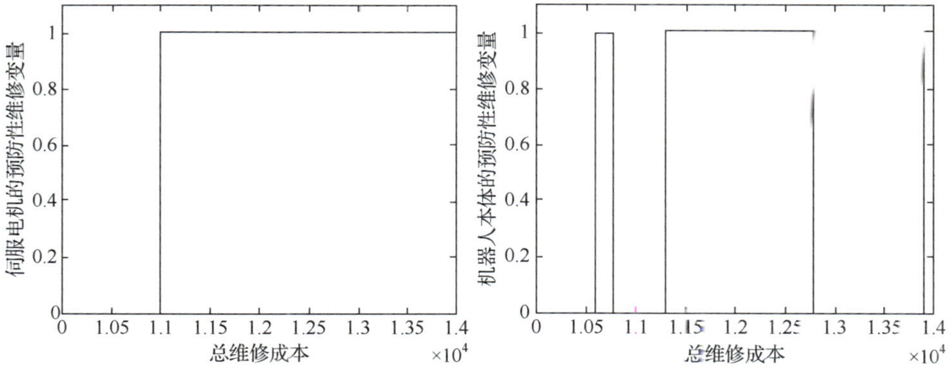

图 10-2　不同总维修成本下的预防性维修组件集选择

以 $t=10$ 时且总维修成本为 11200 元这一情况为例，确定预防性维修组件集为伺服电机和驱动器之后，分析该预防性维修策略对于系统可靠性的影响。预防性维修前后各个组件的可靠性随运行时间的变化曲线如图 10-3 和图 10-4 所示。

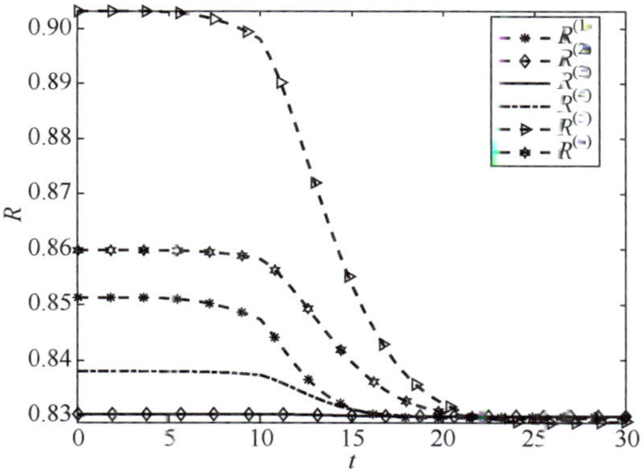

图 10-3　预防性维修前各组件的可靠性

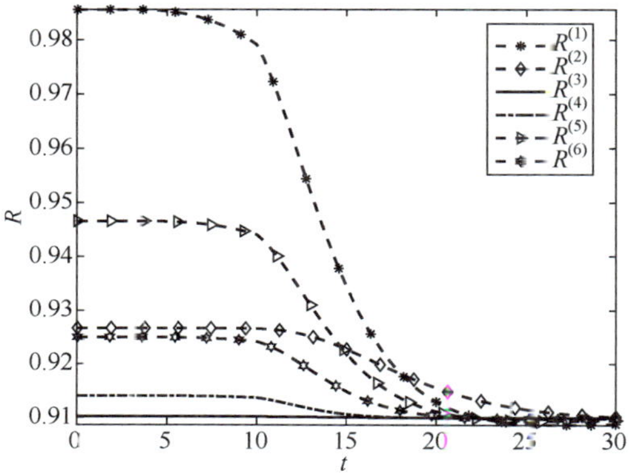

图 10-4　预防性维修后各组件的可靠性

10.4 本章小结

本章为更好地研究智能机器人的可靠性，对智能机器人维修策略制定提供更有价值的技术指导，充分考虑环境对智能机器人的影响，提出环境重要度模型，应用 Wiener 过程对机器人系统进行退化建模，进而提出在资源有限的情况下的预防性维修策略。

第 11 章　智能机器人系统韧性优化

多冲击环境下智能机器人系统失效不可避免，韧性概念可以将智能机器人系统失效和后续维修恢复过程都纳入系统的寿命周期内，进而综合评估系统的抗干扰能力。基于第 7 章分析得到的智能机器人系统在冲击损伤与维修恢复交叉过程中的系统可用度状态分布，本章给出衡量系统韧性的不同指标定义方法，从而可以评估智能机器人系统的综合韧性。智能机器人系统的正常运行是保障相关生产活动顺利进行和使用安全的重要基础，韧性研究有助于指导智能机器人系统在其寿命周期内的使用和维护，从而更好地确保系统的稳定性和长期可靠性。

11.1　智能机器人系统韧性评估

在多冲击环境下，智能机器人系统韧性指的是系统能够满足可用度要求正常执行任务，并且受到外部冲击而失效后，具备通过维修恢复等手段重新回到工作状态的能力。这种韧性不仅关乎智能机器人系统自身的稳定性和可靠性，也涉及其对环境变化和异常情况的适应能力，以确保系统在面对挑战时依然能够高效运转并保持生产活动顺利进行。

虽然明确了智能机器人系统在多冲击环境下的韧性定义，但韧性仍是一个很抽象的概念。韧性指标是分析智能机器人系统韧性的基础，在进行韧性分析时，必须给出韧性指标，以便对系统韧性进行量化评估。度量系统韧性指标有助于提供客观的数据支持，全面评估系统的韧性水平。

智能机器人系统在受到冲击影响后，通常经历三个阶段。第一个阶段为受到冲击后系统仍能稳定运行，系统可用度不受影响。例如，一个焊接机器人系统突然受到材料误差导致的碰撞，系统可能会短暂晃动，但由于系统设计良好且耐冲击能力强，系统可以继续稳定运行，焊接质量不受影响。第二个阶段为可用度逐渐变差，但可以抵抗外界冲击。随着时间的推移和冲击次数的增加，机器人系统可能开始表现出精度下降、速度减慢等，进入一个在低可用度状态下运行的阶段。第三个阶段为系统发生失效，需要维修恢复。在持续受到冲击后，可能出现关键组件受损或失灵，最终系统可能会达到无法正常工作的状态。此时，需要对系统进行维修恢复工作，以使其恢复至正常运行状态。

稳定性是指智能机器人系统在受到不同强度冲击时，仍能持续保持高运行状态而不降低可用度的能力。具备高稳定性的系统能够在多冲击环境下保持精确度和姿态重复性，确保生产质量一致性。智能机器人系统的稳定性指标定义为在$[0,t]$时间内系统能保持其在最佳状态S_1的概率，表示为

$$E_{\mathrm{st}} = P\left[S(u) = S_1\right] \tag{11-1}$$

其中，$0 \leqslant E_{\mathrm{st}} \leqslant 1$；$S(u)$表示智能机器人系统在时刻$u$的性能状态，$S(u) \in \{S_1, S_2, \cdots, S_M\}, u \in [0,t]$。

如果稳定性指标$E_{\mathrm{st}} = 0$，则表明系统没有任何稳定性。当$E_{\mathrm{st}} = 1$时，表明智能机器人系统无论承受多大强度或频次的冲击，系统始终能保持在最佳性能状态S_0。E_{st}的值越趋近于 0，表明系统稳定性越差，更易受冲击环境影响而发生退化或失效。稳定性不佳的智能机器人可能无法保持准确的位置和姿态，使焊接、装配或加工等任务的精度下降，影响产品质量。

抵抗性是指智能机器人系统对外部冲击环境带来的影响具有抵抗和吸收能力，受到冲击后的系统仍能维持其工作状态。例如，由于某些零部件老化或润滑不良，智能机器人的运动速度变慢，虽然生产效率下降，但仍能继续完成工作；机械臂部分关节由于磨损或松动，其负载能力下降，但对于小型件的处理仍能胜任。抵抗性指标可表示为

$$E_{\mathrm{rs}} = P\left[S(u) = S_m, S_m = \{S_1, S_2, \cdots, S_{M-2}\}\right] \tag{11-2}$$

其中，$0 \leqslant E_{\mathrm{rs}} \leqslant 1$；状态$S_1, S_2, \cdots, S_{M-2}$代表智能机器人系统仍能执行工作任务。

如果抵抗性指标$E_{\mathrm{rs}} = 0$，说明智能机器人系统无法承受任何冲击对系统性能的影响，一旦受到冲击就会导致系统发生故障失效。当$E_{\mathrm{rs}} = 1$时，表明系统能够抵抗吸收外部冲击带来的影响而继续工作。E_{rs}的值越接近 1，表明系统抵抗外部冲击环境的能力越强。

恢复性表明智能机器人系统在发生失效后，性能恢复的程度或者恢复的速度。对于系统处于不同的状态，采取预防性维修、事后维修和更换维修这三种维修方式。从恢复时间的角度分析智能机器人系统的恢复性，恢复性指标可表示为

$$E_{\mathrm{re}} = \frac{T_z - \left(T_\alpha + T_\beta + T_\gamma\right)}{T_z} \tag{11-3}$$

其中，$0 \leqslant E_{\mathrm{re}} \leqslant 1$；$T_z$为可接受的最长维修时间，$T_\alpha$为预防性维修时间，$T_\beta$为事后维修时间，$T_\gamma$为更换维修时间。

如果$E_{\mathrm{re}} = 0$，说明智能机器人系统受到冲击后的维修时间较长，长时间的维修会增加由生产线中断造成的生产损失和维修成本。当$E_{\mathrm{re}} = 1$时，表明智能机器人系统可以抵抗外界冲击而一直处于工作状态，无须对其维修。E_{re}的值越接

近 1，表明智能机器人系统的恢复速度越快。

基于以上对稳定性指标、抵抗性指标和恢复性指标的分析，综合韧性指标定义为

$$E = E_{\mathrm{st}} + (1-E_{\mathrm{st}})E_{\mathrm{rs}} + (1-E_{\mathrm{st}})(1-E_{\mathrm{rs}})E_{\mathrm{re}} \tag{11-4}$$

其中，$(1-E_{\mathrm{st}})$ 表示系统在受到冲击后不再能维持稳定状态，可用度开始降低的概率；$(1-E_{\mathrm{st}})(1-E_{\mathrm{rs}})$ 表明系统因可用度降低过多而发生失效的概率。$0 \leqslant E \leqslant 1$，具有较大综合韧性值的智能机器人系统在面对冲击环境干扰时，能够保持系统稳定运行，而且能够适应不同环境、工况和任务要求，具备一定的自适应能力，出现故障时还能够迅速修复并恢复正常生产。

11.2　智能机器人系统韧性优化模型

11.2.1　智能机器人系统总成本

系统经历多次冲击而逐渐退化，最终无法正常运行并需要进行维修时，将会产生经济成本和维修成本。

如果受到冲击的智能机器人系统在低可用度状态下运行，与最佳状态相比，低可用度状态下所产生的经济效益会减少。由低可用度状态造成的经济损失称为冲击造成的经济成本。例如，如果一家物流仓储公司中的搬运货物的机器人可用度下降，导致搬运速度减慢或者操作效率降低，那么整个仓储物流过程将受到影响。这可能导致生产线上堆积货物、生产计划延误、送货不及时等问题，进而增加公司的运营成本，降低工作效率，甚至损害客户关系和品牌声誉，这些都会产生系统的经济成本。

经济成本与智能机器人系统持续处于低可用度状态的时间密切相关。由于长时间处于低状态会带来更多生产效率损失和额外成本支出，系统在较低状态下运行的时长越长，所导致的经济成本越大。系统在 t 时刻的经济成本 $L_e(t)$ 可表示为

$$L_e(t) = \sum_{j=0}^{M} e_j T_j(t) \tag{11-5}$$

其中，$T_j(t)$ 表示智能机器人系统在 $[0,t]$ 时间内在状态 S_j 的累积停留时间，e_j 表示系统在状态 S_j 工作造成的单位时间经济损失。受到多冲击和维修交叉进行的影响，不同状态的停留时间由多段时间组成，$T_j(t)$ 又可表示为

$$T_j(t)=\int_0^t H\left[G_S(u)=G_j\right]\mathrm{d}u \tag{11-6}$$

$$H\left[G_S(u)=G_j\right]=\begin{cases}1, & G_S(u)=G_j\\ 0, & \text{其他}\end{cases}$$

其中，$G_S(u)$为智能机器人系统在时刻u的可用度值，G_j为系统在状态S_j的可用度值。

智能机器人系统的维修成本包括由于维修停机造成的系统误工成本、维修所需的人力成本以及更换维修成本。

由于智能机器人维修停机造成的误工损失费用指的是因机器人停止运作而导致生产线或生产设备无法正常工作，进而引发的生产效率下降和订单延误等直接经济损失。误工损失与维修时间的关系可以表示为

$$L_s(t)=S_c\left(T_\alpha+T_\beta+T_\gamma\right) \tag{11-7}$$

其中，S_c表示智能机器人系统单位时间的误工损失，T_α表示预防性维修时间，T_β表示事后维修时间，T_γ表示更换维修时间。

维修系统所需的人力成本是指维修技术人员的工资和相关人员的费用，支付给维修工的报酬与维修时间的关系可以表示为

$$L_p(t)=P_c\left(T_\alpha+T_\beta+T_\gamma\right) \tag{11-8}$$

其中，P_c表示维修工单位时间的报酬。

智能机器人系统状态退化到状态S_M时，需要更换失效严重的组件才能完全修复性能。更换维修的费用为

$$L_g(t)=\sum_i^6 y_i N_i(t) \tag{11-9}$$

其中，y_i为新组件i的购买成本，$N_i(t)$代表组件i在$[0,t]$时间段内状态转移到完全退化状态k_i的次数。

除经济成本和维修成本之外，系统也会产生与可靠性有关的运行成本，系统运行的可靠性越高，产生的成本一般也就越高。有关可靠性的运行成本表示为

$$L_q(t)=l_q\mathrm{e}^{(1-f)\frac{R(t)-r_1}{r_2-R(t)}} \tag{11-10}$$

其中，$R(t)$为智能机器人在时刻t的系统可靠性，r_1为智能机器人系统满足工作要求的最低可靠性，r_2为可接受的最大可靠性，$f\in[0,1]$，l_q为在时刻t系统可

靠性值等于最低可靠性时产生的基本成本。

因此在多冲击与维修恢复过程中，智能机器人系统总成本 $L_T(t)$ 为

$$
\begin{aligned}
L_T(t) &= L_e(t)+L_s(t)+L_p(t)+L_g(t)+L_q(t) \\
&= \sum_{j=0}^{M} e_j T_j(t)+\left(T_\alpha+T_\beta+T_\gamma\right)\left(S_c+P_c\right)+\sum_{i}^{6} y_i N_i(t)+l_q e^{(1-j)\frac{R(t)-r_1}{r_2-R(t)}}
\end{aligned} \tag{11-11}
$$

11.2.2　韧性优化

智能机器人的可靠性直接影响着生产线的稳定性和生产效率。如果智能机器人的可靠性过低，那么系统可能会频繁发生故障，导致生产线停工。成本是企业运营中一个重要的考量因素，超出成本预算会增加企业的财务负担，并可能影响企业的盈利能力。韧性强的智能机器人系统可以保障生产线连续运行，提高系统灵活性和适应性，降低维修成本和停工时间。所以本节提出以下优化问题：

目标函数为

$$
\max : E = E_{\mathrm{st}} + \left(1-E_{\mathrm{st}}\right)E_{\mathrm{rs}} + \left(1-E_{\mathrm{st}}\right)\left(1-E_{\mathrm{rs}}\right)E_{\mathrm{re}} \tag{11-12}
$$

约束条件为

$$
R(t) \geqslant R_e \tag{11-13}
$$

$$
L_T(t) \leqslant L_t \tag{11-14}
$$

其中，式(11-12)为目标函数，表示最大化智能机器人系统综合韧性；式(11-13)表示可靠性 $R(t)$ 不得低于规定值 R_e；式(11-14)表示智能机器人系统在 $[0,t]$ 时间内产生的总成本不能超过成本预算 L_t。

设置可靠性约束条件可以确保智能机器人在整个运行阶段都符合一定的可靠性标准，从而降低系统故障的概率，提高生产线的稳定性。企业在进行智能机器人系统的优化时，可能会受到人力、物力、财力等资源的限制。通过设置成本约束条件，可以帮助企业在有限的资源下做出合理的决策，确保在追求智能机器人系统韧性的同时，避免因过度投入造成不必要的浪费。

粒子群算法(Particle Swarm Optimization，PSO)是一种基于群体智能的优化算法，灵感源自鸟群或鱼群等生物体群体行为。在粒子群算法中，每个“粒子”代表潜在解空间中的一个候选解，这些粒子在解空间中移动，并根据自身的经验和群体的协作来调整其位置和速度，以寻找最优解。通过模拟粒子在多维搜索空间中的移动和信息交换，粒子群算法可以应用于求解优化问题，如函数最小化、参数优化等。通过模拟粒子在多维搜索空间中的移动和信息共享，PSO 可以帮助寻找复杂问题的全局最优解。粒子群算法不需要导数信息，易于实现且对参数设

置不敏感。它在组合优化、函数优化以及神经网络训练等领域有着广泛的应用。PSO 的具体步骤如下：

(1) 初始化一群粒子（群体规模为 N），在可行域内随机给出粒子位置和粒子速度，粒子速度表示为 $v_i=\left(v_{i1},v_{i2},v_{i3},\cdots,v_{iD}\right)$，粒子位置表示为 $x_i=\left(x_{i1},x_{i2},x_{i3},\cdots,x_{iD}\right)$，$D$ 表示空间维数，即自变量的个数。要设置合理的粒子速度，如果粒子飞行速度过快，很可能直接飞过最优解位置，但如果飞行速度很慢，会使得收敛速度变慢。此外要限制粒子位置，即自变量取值范围。

(2) 选择合适的适应度函数，对所有粒子进行适应度计算。一般来说，对于求最大值的问题，可以直接使用目标函数作为适应度函数，但是对于求最小值的问题，一般要将目标函数处理一下，即目标函数值越小，适应度越高且非负这样的映射关系。

(3) 针对每个粒子，将根据步骤 (2) 计算得到的适应度值与个体最佳位置的适应度值进行对比。若新的较好，则将其设为粒子个体当前最佳位置；反之，则维持其当前状态。

(4) 针对每个粒子，比较其适应度值与群体最佳位置的适应度值。如果新的较好，则将其更新为群体当前最佳位置。

(5) 根据式 (11-15) 和式 (11-16) 调整粒子的位置与速度

$$x_i^{j+1}=x_i^j+v_i^{j+1} \tag{11-15}$$

$$v_i^{j+1}=\omega\times v_i^j+c_1\times\mathrm{rand}()\times\left(\mathrm{pbest}_i-x_i\right)+c_2\times\mathrm{rand}()\times\left(\mathrm{gbest}-x_i\right) \tag{11-16}$$

其中，惯性权重 ω 体现的是粒子继承先前速度的能力；迭代次数 j 太少，解不稳定，太多则浪费时间，复杂问题可以相应提高迭代次数；c_1 和 c_2 为学习因子，分为个体和群体两种，一般要根据自变量取值范围来确定；pbest_i 和 gbest 分别代表粒子个体最佳和群体最佳。

(6) 未达到结束条件则转到步骤 (2)，直到满足结束条件（达到迭代次数或两代之间偏差在指定范围内）。

11.3　算例分析

如果机器人系统在一年内只受到Ⅱ级冲击的影响，且强度为 12，可以得到在总成本和可靠性约束下机器人系统在多冲击与维修各个阶段的综合韧性变化情况，如表 11-1 所示。

表 11-1　单一冲击强度下的综合韧性与约束

时间点/天	事件	综合韧性	可靠性	总成本
20	第一次Ⅱ级冲击发生	1.000	1.000	120.132
121.364	第二次Ⅱ级冲击发生	0.471	0.904	465.323
172.614	第二次Ⅱ级冲击结束	0.278	0.761	1482.173
172.614	第一次预防性维修开始	0.278	0.761	1482.173
188.121	第一次预防性维修结束	0.511	0.887	1593.793
225.312	第三次Ⅱ级冲击发生	0.511	0.887	1815.413
276.812	第三次Ⅱ级冲击结束	0.322	0.771	2038.147
276.812	第二次预防性维修开始	0.322	0.771	2038.147
291.648	第二次预防性维修结束	0.513	0.912	2185.954
365	仿真结束	0.513	0.912	2373.286

从表 11-1 中可以看出，随着冲击和维修的发生，系统总成本在不断增加，但都在成本约束条件下。随着冲击发生，系统可靠性降低，但都满足系统最低可靠性要求，维修恢复后可靠性增加。优化结果意味着系统在考虑总成本和可靠性的前提下，达到了综合韧性的最佳表现。这有助于在系统设计和优化过程中找到一个平衡点，既注重系统的韧性和可靠性，又将成本控制在可接受范围内，从而提升系统整体性能和效益。在第 121.364 天受到第二次冲击后，继续运行至第 172.614 天，综合韧性值达到最小为 0.278，性能严重损伤，对其进行预防性维修，使其恢复到正常运行状态，维修期间综合韧性值逐渐增加。但由于冲击对性能损伤是累积不可逆的，系统退化量继续增加。第 188.121 天维修结束后，系统没有受到冲击，综合韧性值不变。直到第 225.312 天，系统再次受到冲击后，性能逐渐变为严重损伤状态，综合韧性值下降。在第 276.812 天对其实施第二次预防性维修，维修期间综合韧性值逐渐增加。后续不再受到冲击。整个冲击过程中，系统性能退化量没有达到性能阈值，即没有完全退化，不需更换维修。

当存在多种类型的冲击时，假设Ⅱ级冲击强度为 12，Ⅲ级冲击强度为 24，Ⅳ级冲击强度为 30，三种冲击出现概率相同。在总成本和可靠性约束下，可以得到机器人系统在各个阶段的综合韧性变化情况，如表 11-2 所示。

表 11-2　多冲击强度下的综合韧性与约束

时间点/天	事件	综合韧性	可靠性	总成本
25	第一次Ⅳ级冲击发生	1.000	1.000	286.439
53.562	第一次Ⅳ级冲击结束	0.661	0.824	674.423

续表

时间点/天	事件	综合韧性	可靠性	总成本
53.562	第一次事后维修开始	0.661	0.824	674.423
73.639	第一次事后维修结束	0.837	0.943	872.832
124.684	第二次Ⅱ级冲击发生	0.837	0.943	1026.532
171.742	第二次Ⅱ级冲击结束	0.572	0.825	1208.493
171.742	预防性维修开始	0.572	0.825	1208.493
188.783	预防性维修结束	0.780	0.907	1327.063
228.106	第三次Ⅲ级冲击发生	0.780	0.907	1725.392
269.482	第三次Ⅲ级冲击结束	0.458	0.785	2638.156
269.482	第二次事后维修开始	0.458	0.785	2638.156
298.952	第二次事后维修结束	0.739	0.894	2846.832
301.407	更换维修开始	0.000	0.894	3658.738
310.407	更换维修结束	1.000	0.953	4106.843
365	仿真结束	1.000	0.953	4106.843

从表 11-2 中可以看出，随着不同类型冲击事件和多种维修方式的发生，包括经济成本和维修成本在内的系统总成本在满足成本预算内不断增加。随着冲击发生，系统可靠性降低，但都满足系统最低可靠性要求，而且维修恢复后可靠性有所增加。比如，在第 53.562 天，系统可靠性为 0.824，实施事后维修后，在第 73.639 天可靠性为 0.943。在第 124.684 天再次受到冲击，可靠性降为 0.825，预防性维修后可靠性再次增加为 0.907。机器人系统在第 25 天受到第一次Ⅳ级冲击影响，综合韧性值开始下降，系统发生突发失效变为故障状态。在第 53.562 天开始第一次事后维修，综合韧性值增加。维修进行到 73.639 天，系统恢复到正常运行状态，正常运行期间维持综合韧性不变。直至在第 124.684 天，系统受到第二次Ⅱ级冲击后，综合韧性值下降，系统可用度逐渐变为严重损伤状态。在第 171.742 天对其进行预防性维修，综合韧性值再次增加。在第 228.106 天，系统受到第三次Ⅲ级冲击，综合韧性值下降，系统继续退化。退化至第 269.482 天时，系统发生故障，需对其进行第二次事后维修。随后，系统不再受到冲击，但自然退化过程仍然存在，退化进行到第 301.407 天，系统总可用度退化量达到阈值，此时损伤过于严重，已经完全失效，只能进行更换维修操作。更换维修后的系统是一个全新的状态，所以综合韧性值为最大值 1。

11.4 本章小结

本章从智能机器人系统韧性的定义出发，考虑了系统在冲击损伤与维修恢复过程中经历的稳定运行阶段、低性能运行阶段和失效维修阶段。从稳定性指标、抵抗性指标和恢复性指标这三个方面，提出了智能机器人系统的综合韧性度量方法。然后分析了系统在整个运行阶段产生的总成本。并以系统综合韧性最大化为目标，总成本和系统可靠性为约束条件，利用粒子群算法对综合韧性进行优化。这能够综合考虑智能机器人系统的可用性、经济性和可靠性等多个方面的因素，有助于找到一个在各个方面均取得平衡的解决方案，提高系统的整体效益。

参考文献

[1] Marsan M A, Balbo G, Conte G, et al. Modelling with Generalized Stochastic Petri Nets[M]. New York: Wiley, 1995.

[2] 曹晋华, 程侃. 可靠性数学引论[M]. 北京: 高等教育出版社, 2006.

[3] Ram M. Reliability Engineering: Methods and Applications [M]. New York: CRC Press, 2019.

[4] Cheng R C H. The generation of gamma variables with non-integral shape parameter[J]. Journal of the Royal Statistical Society Series C: Applied Statistics, 1977, 26(1): 71-75.

[5] Atkinson A C, Pearce M C. The computer generation of beta, gamma and normal random variables[J]. Journal of the Royal Statistical Society Series A: General, 1976, 139(4): 431-448.

[6] Ahrens J H, Dieter U. Computer methods for sampling from gamma, beta, Poisson, and Binomial distributions[J]. Computing, 1974, 12: 223-246.

[7] Forsythe G E. Von Neumann's comparison method for random sampling from the normal and other distributions[J]. Mathematics of Computation, 1972, 26(120): 817-826.

[8] Schmeiser B W, Lal R. Squeeze methods for generating gamma variates[J]. Journal of the American Statistical Association, 1980, 75(371): 679-682.

[9] Cheng R C H, Feast G M. Some simple gamma variate generators[J]. Journal of the Royal Statistical Society Series C: Applied Statistics, 1979, 28(3): 290-295.

[10] Best D J, Roberts D E. The percentage points of the χ^2 distribution[J]. Journal of the Royal Statistical Society Series C: Applied Statistics, 1975, 24: 385-388.

[11] Press W H, Teukolsky S A, Vetterling W T, et al. Numerical Recipes: The Art of Scientific Computing[M]. Cambridge: Cambridge University Press, 2007.

[12] Box G E, Muller M E. A note on the generation of random normal deviates[J]. The Annals of Mathematical Statistics, 1958, 29(2): 610-611.

[13] Bratley P, Fox B L, Schrage L E. A Guide to Simulation[M]. New York: Springer, 1987.

[14] Marsaglia G, Bray T A. A convenient method for generating normal variables[J]. SIAM Review, 1964, 6(3): 260-264.

[15] Kinderman A J, Ramage J G. Computer generation of normal random variables[J]. Journal of the American Statistical Association,1976, 71(356): 893-896.

[16] Moro B. The full monte[J]. Risk, 1995, 8(2): 57-58.

[17] Atkinson A C, Whittaker J. A switching algorithm for the generation of beta random variables with at least one parameter less than 1[J]. Journal of the Royal Statistical Society Series A: Statistics in Society, 1976, 139(4): 462-467.

[18] Atkinson A C, Whittaker J. Algorithm AS 134: the generation of beta random variables with one parameter greater than and one parameter less than 1[J]. Applied Statistics, 1979, 28(1): 90-93.

[19] Cheng R C. Generating beta variates with nonintegral shape parameters[J]. Communications of

the ACM, 1978, 21(4): 317-322.

[20] Jöhnk M D. Erzeugung von betaverteilten und gammaverteilten Zufallszahlen[J]. Metrika, 1964, 8: 5-15.

[21] Atkinson A C. A family of switching algorithms for the computer generation of beta random variables[J]. Biometrika, 1979, 66(1): 141-145.

[22] Wagner M A F, Wilson J R. Recent developments in input modeling with Bézier distributions[C]// Proceedings of the 28th Conference on Winter Simulation, Washington, 1996.

[23] Chen H C, Asau Y. On generating random variates from an empirical distribution[J]. AIIE Transactions, 1974, 6(2): 163-166.

[24] Kachitvichyanukul V, Schmeiser B W. Binomial random variate generation[J]. Communications of the ACM, 1988, 31(2): 216-222.

[25] Fishman G S. Principles of discrete event simulation[J]. Electronics and Power, 1978, 25(9):651-651.

[26] Atkinson A C. The computer generation of Poisson random variables[J]. Journal of the Royal Statistical Society Series C: Applied Statistics, 1979, 28(1): 29-35.

[27] Devroye L. The computer generation of Poisson random variables[J]. Computing, 1981, 26: 197-207.

[28] Barlow R E, Hunter L C, Proschan F. Optimum checking procedures[J]. Journal of The Society for Industrial and Applied Mathematics, 1963, 11(4): 1078-1095.

[29] Nakagawa T. Maintenance Theory of Reliability[M]. Berlin: Springer, 2006.

[30] Rausand M, Hoyland A. System Reliability Theory: Models, Statistical Methods, and Applications[M]. New York: Wiley, 2003.

[31] Beichelt F, Tittmann P. Reliability and Maintenance-Networks and Systems: Mathematical Models[M]. New York: CRC Press, 2012.

[32] Beichelt F. Optimal inspection strategies bey besieger versus function[J]. Journal of the Operational Research Society, 1971, 22(6): 384-395.

[33] Munford A G, Shahani A K. A nearly optimal inspection policy[J]. Journal of the Operational Research Society, 1972, 23(3): 373-379.

[34] Munford A G, Shahani A K. An inspection policy for the Weibull case[J]. Journal of the Operational Research Society, 1973, 24(3): 453-458.

[35] Tadikamalla P R. An inspection policy for the gamma failure distributions[J]. Journal of the Operational Research Society, 1979, 30(1): 77-80.

[36] Keller J B. Optimum inspection policies[J]. Management Science, 1982, 28(4): 447-450.

[37] Kaio N, Osaki S. Some remarks on optimum inspection policies[J]. IEEE Transactions on Reliability, 1984, 33(4): 277-279.

[38] Kaio N, Osaki S. Inspection policies: comparisons and modifications[J]. RAIRO-Operations Research, 1988, 22(4): 387-400.

[39] Kaio N, Osaki S. Comparison of inspection policies[J]. Journal of the Operational Research Society, 1989, 40: 499-503.

[40] Dekker R. Applications of maintenance optimization models: a review and analysis[J]. Reliability

Engineering and System Safety, 1996, 51(3): 229-240.
[41] Scarf P A. On the modelling of condition-based maintenance[C]//Advances in Safety and Reliability, Proceedings of ESREL'97, International Conference on Safety and Reliability, Lisbon, 1997.
[42] Nakagawa T. A summary of imperfect maintenance policies with minimal repair[J]. RAIRO: Research Operation Nelle, 1980, 14:249-255.
[43] Yun W Y, Liu L, Han Y J, et al. Optimal inspection schedules for one-shot systems with two types of units[C]//International Conference on Quality, Reliability, Risk, Maintenance, and Safety Engineering, Chengdu, 2013.
[44] Noortwijk J M, van Noortwijk J M. A survey of the application of gamma processes in maintenance[J]. Reliability Engineering and System Safety, 2009, 94(1): 2-21.
[45] Yun W Y, Liu L, Han Y J. Metaheuristic-based inspection policy for a one-shot system with two types of units[J]. Journal of Mechanical Science and Technology, 2014, 28(10): 3947-3955.
[46] Li W, Pham H. An inspection-maintenance model for systems with multiple competing processes[J]. IEEE Transaction on Reliability, 2005, 54(2): 318-327.
[47] Zhang Y, Sun Y, Zhao M. A combinatorial estimation approach for storage reliability with initial failures based on periodic testing data[J]. Communications in Statistics: Simulation and Computation, 2017, 46(4): 3319-3340.
[48] Cheng Y, Elsayed E A. Reliability modeling and optimization of operational use of one-shot units[J]. Reliability Engineering and System Safety, 2018, 176: 27-36.
[49] Rooney J P. Storage reliability[C]// Annual Reliability and Maintainability Symposium, Atlanta, 1989.
[50] Zhao M, Xie M. A model of storage reliability with possible initial failures[J]. Reliability Engineering and System Safety, 1994, 43(3): 269-273.
[51] Zhao M, Xie M, Zhang Y T. A study of a storage reliability estimation problem[J]. Quality and Reliability Engineering International, 1995, 11(2): 123-127.
[52] Su C, Zhang Y J, Cao B X. Forecast model for real time reliability of storage system based on periodic inspection and maintenance data[J]. Ekspolatacja Niezawodnosc Maintenance and Reliability, 2012, 14(4): 342-348.
[53] Liu Z, Liu X. Storage reliability assessment for the stored equipment under periodical inspection[J]. Advances in Mechanical Engineering, 2018, 10(6): 1-7.
[54] Jang H J, Son Y K. Development of a storage-reliability estimation method using quantal response data for one-shot systems with low reliability-decreasing rates[J]. Transactions of the Korean Society of Mechanical Engineers, 2011, 35(10):1291-1298.
[55] Balakrishnan N, Ling M H. Gamma lifetimes and one-shot device testing analysis[J]. Reliability Engineering and System Safety, 2014, 126: 54-64.
[56] Balakrishnan N, So H Y, Ling M H. A Bayesian approach for one-shot device testing with exponential lifetimes under competing risks[J]. IEEE Transactions on Reliability, 2016, 65(1): 469-485.
[57] Zhu X, He M, Balakrishnan N. Reliability estimation for one-shot devices under cyclic accelerated

life-testing[J]. Reliability Engineering and System Safety, 2021, 212: 107595.

[58] Leung F K. Inspection schedules when the lifetime distribution of a single-unit system is completely unknown[J]. European Journal of Operational Research, 2001, 132(1): 106-115.

[59] Azimian M, Karbasian M, Atsshgar K. Selecting optimal preventive maintenance periods for one-shot devices: a new fuzzy decision approach[J]. Production and Operations Management, 2022, 12(4): 21-39.

[60] Sarkar J, Sarkar S. Availability of a periodically inspected system under perfect repair[J]. Journal of Statistical Planning and Inference, 2000, 91(1): 77-90.

[61] Cui L R, Xie M. Availability of a periodically inspected system with random repair or replacement times[J]. Journal of Statistical Planning and Inference, 2005, 131(1): 89-100.

[62] Tang T, Lin D, Banjevic D, et al. Availability of a system subject to hidden failure inspected at constant intervals with non-negligible downtime due to inspection and downtime due to repair/replacement[J]. Journal of Statistical Planning and Inference, 2013, 143(1): 176-185.

[63] Qiu Q, Cui L R, Gao H. Availability and maintenance modeling for systems subject to multiple failure models[J]. Computers and Industrial Engineering, 2017, 108: 192-198.

[64] Martinez E C. Storage reliability with periodic test[C]//Annual Reliability and Maintainability Symposium, San Francisco, 1984.

[65] Kim H W, Yun W Y. Reliability analysis for one-shot systems with periodic inspection[J]. Journal of the Korean Institute of Industrial Engineers, 2016, 42(1): 20-29.

[66] Kitagawa T, Yuge T, Yanagi S. Periodic and non-periodic inspection policies for a one-shot system with minimal repair[J]. Journal of Japan Industrial Management Association, 2016, 66(4E): 387-395.

[67] Kitagawa T, Yuge T, Yanagi S. Replacement timing for a one-shot system with minimal repair[J]. Malaya Journal of Matematik, 2018, 19(1): 84-89.

[68] Yun W Y, Han Y J, Kim H W. Simulation-based inspection policies for a one-shot system in storage over a finite time span[J]. Communications in Statistics-Simulation and Computation, 2014, 43(8): 1979-2003.

[69] Zhao Q Q, Yun W Y. Storage availability of one-shot system under periodic inspection considering inspection error[J]. Reliability Engineering and System Safety, 2019, 186:120-133.

[70] Cui L R, Zhao X, Shen J, et al. An availability model for storage products under periodical inspections[J]. International Journal of Reliability, Quality and Safety Engineering, 2010, 17(2): 89-103.

[71] Nelson W. Accelerated Testing, Statistical Models, Test Plans, and Data Analyses[M]. New York: Wiley, 1990.

[72] Liu L, Han Y J, Kim H W, et al. Optimal inspection intervals for multi-one-shot systems[J]. Modeling and Simulation in Industrial Engineering, 2018, 3(1): 57-83.

[73] Menke J T. Deterioration of electronics in storage[C]//National SAMPE Symposium, Anaheim, 1983.

[74] Son Y K, Kwon T. Storage reliability estimation of one-shot systems using accelerated destructive degradation data[J]. Journal of Mechanical Science and Technology, 2016, 30(10): 4439-4442.

[75] Zequeira R I, Berenguer C. Optimal scheduling of non-perfect inspections[J]. IMA Journal of Management Mathematics, 2006, 17(2): 187-207.

[76] Zhao X, Nakagawa T. Optimal periodic and random inspections with first, last and overtime policies[J]. International Journal of Systems Science, 2013, 46(9): 1648-1660.

[77] Berrade M D. A two-phase inspection policy with imperfect testing[J]. Applied Mathematical Modelling, 2012, 36(1): 108-114.

[78] Berrade M D, Cavalcante C A V, Scarf P A. Modeling imperfect inspection over a finite horizon[J]. Reliability Engineering and System Safety, 2013, 111: 18-29.

[79] Nakagawa T, Mizutani S. A summary of maintenance policies for a finite interval[J]. Reliability Engineering and System Safety, 2009, 94(1): 89-96.

[80] Ito K, Nakagawa T. Optimal inspection policies for a system in storage[J]. Computers and Mathematics with Applications, 1992, 24(2): 87-90.

[81] Ito K, Nakagawa T. An optimal inspection for a storage system with three types of hazard rate functions[J]. Journal of the Operations Research Society of Japan, 1995, 38(4): 423-431.

[82] Ito K, Nakagawa T, Nishi K. Extended optimal inspection policies for a system in storage[J]. Mathematical and Computer Modelling, 1995, 22(10-12): 83-87.

[83] Ito K, Nakagawa T. Optimal inspection policies for a storage system with degradation at periodic tests[J]. Mathematical and Computer Modelling, 2000, 31(10): 191-195.

[84] Kitagawa T, Yuge T, Yanagi S. Optimum maintenance policy for a one-shot system with series structure considering minimal repair[J]. Applied Mathematics, 2015, 6(2): 326-331.

[85] Nakagawa T, Mizutani S, Chen M. A summary of periodic and random inspection policies[J]. Reliability Engineering and System Safety, 2010, 95(8): 906-911.

[86] Kaio N, Osaki S. Optimal inspection policy with two types of imperfect inspection probability[J]. Microelectron Reliability, 1986, 26(5): 935-942.

[87] Badía F G, Berrade M D, Campos C A. Optimization of inspection interval based on cost[J]. Journal of Applied Probability, 2001, 38(4): 872-881.

[88] Cho Y S, Lee J H. Optimal two-stage periodic inspection policy for maintaining storage reliability[J]. Communications for Statistical Applications and Methods,2008, 15(3): 387-402.

[89] Ito K, Nakagawa T. An optimal inspection policy for a storage system with high reliability[J]. Microelectron Reliability, 1995, 35(6): 875-882.

[90] Grall A, Berenguer C, Dieulle L. A condition-based maintenance policy for stochastically deteriorating systems[J]. Reliability Engineering and System Safety, 2002, 76(2): 167-180.

[91] Fernandez A J. Economic lot sampling inspection from defect counts with minimum conditional value-at-risk[J]. European Journal of Operational Research, 2017, 258(2): 573-580.

[92] Montgomery D C. Statistical Quality Control[M]. New York: Wiley, 2009.

[93] Schilling E G, Neubauer D V. Acceptance Sampling in Quality Control[M]. Boca Raton: CRC Press, 2009.

[94] Balamurali S, Aslam M, Jun C H. A new system of skip-lot sampling plans including resampling[J]. The Scientific World Journal, 2014, 2014(1): 192-412.

[95] Sohn S Y, Jang J S. Acceptance sampling based on reliability degradation data[J]. Reliability

Engineering and System Safety, 2001, 73(1): 67-72.
[96] Suresh K K, Umamaheswari S. Designing of Bayesian skip lot sampling plan under destructive testing[J]. Journal of Modern Applied Statistical Methods, 2016, 15(2): 41.
[97] Shin B C, Byun J H, Lee C W, et al. Small-sample inspection plans for the new product quality level evaluation of finite population: Focused on guided weapons in development stage[J]. Journal of Korean Institute of Industrial Engineers, 2015, 41(5): 481-487.
[98] Byun J H, Shin B C, Lee C W. A study on small-sample inspection plan for new product quality evaluation of finite population[J]. Journal of Korean Institute of Industrial Engineers, 2015, 41(1): 115-120.
[99] Aslam M, Balamurali S, Jun C H, et al. Optimal designing of an SkSP-V skip-lot sampling plan with double-sampling plan as the reference plan[J]. International Journal of Advanced Manufacturing Technology, 2012, 60(5-8): 733-740.
[100] Al-Salamah M. Economic production quantity in batch manufacturing with imperfect quality, imperfect inspection, and destructive and non-destructive acceptance sampling in a two-tier market[J]. Computers and Industrial Engineering, 2016, 93: 275-285.
[101] Phelps R I. Skip-lot destructive sampling with Bayesian inference[J]. IEEE Transactions on Reliability, 1982, 31(2): 191-193.
[102] Hsu J I S. A cost model for skip-lot destructive sampling[J]. IEEE Transactions on Reliability, 1997, 26(1): 70-72.
[103] Christer A H. Developments in delay time analysis for modelling plant maintenance[J]. Journal of the Operational Research Society, 1999, 50(1): 1120-1137.
[104] Sherif Y S, Smith M L. Optimal maintenance models for systems subject to failure: a review[J]. Naval Research Logistics Quarterly, 1981, 28(1): 47-74.
[105] Pham H, Wang H Z. Imperfect maintenance[J]. European Journal of Operational Research, 1996, 94: 425-438.
[106] McCall J J. Operating characteristics of opportunistic replacement and inspection policies[J]. Management Science, 1963, 10(1): 85-97.
[107] Barlow R E, Proshan F. Mathematical Theory of Reliability[M]. New York: Wiley, 1965.
[108] Pierskalla W P, Voelker J A. A survey of maintenance models: the control and surveillance of deteriorating systems[J]. Naval Research Logistics Quarterly, 1975, 23(3): 353-388.
[109] Osaki S, Nakagawa T. Bibliography for reliability and availability of stochastic systems[J]. IEEE Transactions on Reliability, 1976, 25(4): 284-287.
[110] Jardine A K S, Buzacott J A. Equipment reliability and maintenance[J]. European Journal of Operational Research, 1985, 19(3): 285-296.
[111] Valdez-Flores C, Feldman R M. A survey of preventive maintenance models for stochastically deteriorating single-unit systems[J]. Naval Research Logistics, 1989, 36(4): 419-446.
[112] Cho D I, Parlar M. A survey of maintenance models for multi-unit systems[J]. European Journal of Operational Research, 1991, 51(1): 1-23.
[113] Jensen U. Stochastic Models of Reliability and Maintenance: An Overview[M]// Reliability and Maintenance of Complex Systems. Berlin: Springer, 1996: 3-36.

[114] Dekker R, Wildeman R E, Schouten F A. A review of multi-component maintenance models with economic dependence[J]. Mathematical Methods of Operations Research, 1997, 45: 411-435.

[115] Wang H. A survey of maintenance policies of deteriorating systems[J]. European Journal of Operational Research, 2002, 139(3): 469-489.

[116] Lyu M R. Handbook of Software Reliability Engineering[M]. Los Alamitos: IEEE Computer Society Press, 1996.

[117] Barlow R E, Hunter L C. Optimum preventive maintenance policies[J]. Operations Research, 1960, 8: 90-100.

[118] Kijima M, Morimura H, Suzuki Y. Periodical replacement problem without assuming minimal repair[J]. European Journal of Operational Research, 1988, 37(2): 194-203.

[119] Helvic B E. Periodic maintenance, on the effect of imperfectness[C]//Proceedings of the 10th International Symposium on Fault-Tolerant Computing, Paris, 1980.

[120] Brown M, Proschan F. Imperfect maintenance[J]. Lecture Notes-Monograph Series, 1982, 2: 179-188.

[121] Nakagawa T, Yasui K. Optimum policies for a system with imperfect maintenance[J]. IEEE Transactions on Reliability, 1987, 36(5): 631-633.

[122] Kay E. The effectiveness of preventive maintenance[J]. The International Journal of Production Research, 1976, 14(3): 329-344.

[123] Chan P K W, Downs T. Two criteria for preventive maintenance[J]. IEEE Transactions on Reliability, 1978, 27: 272-273.

[124] Berenguer C A, Grall L, Dieulle, et al. Maintenance policy for a continuously monitored deteriorating system[J]. Probability in Engineering and Informational Sciences, 2003, 17: 235-250.

[125] Nakagawa T, Murthy D N P. Optimal replacement policies for a two-unit system with failure interactions[J]. RAIRO: Research Operation Nelle, 1993, 27(4): 427-438.

[126] Berg M. A proof of optimality for age replacement policies[J]. Journal of Applied Probability, 1976, 13: 751-759.

[127] Berg M. General trigger-off replacement procedures for two-unit systems[J]. Naval Research Logistics, 1978, 25: 15-29.

[128] Zheng X, Fard N. A maintenance policy for repairable systems based on opportunistic failure-rate tolerance[J]. IEEE Transactions on Reliability, 1991, 40(2): 237-244.

[129] Pham H, Wang H Z. Optimal (τ, T) opportunistic maintenance of a k-out-of n: g system with imperfect PM and partial failure[J]. Naval Research Logistics, 2000, 47: 223-239.

[130] Dagpunar J S. Maintenance model with opportunities and interrupt replacement options[J]. Journal of the Operational Research Society, 1996, 47(11): 1406-1409.

[131] Rander R, Jorgenson D W. Opportunistic replacement of a single part in the presence of several monitored parts[J]. Management Science, 1963, 10(1): 70-83.

[132] Wang H Z, Pham H, Izundu A E. Optimal Preparedness Maintenance of Multi-Unit Systems with Imperfect Maintenance and Economic Dependence[M]// Recent Advances in Reliability and Quality Engineering. New York: World Scientific, 2001: 75-92.

[133] Wang H, Pham H. Reliability and Optimal Maintenance[M]. London: Springer, 2006.